U0246372

北京高等教育精品教材
BEIJING GAODENG JIAOYU JINGPIN JIAOCAI

北京大学数学教学系列丛书

数 值 分 析

张平文　李铁军　编著

北京大学出版社
PEKING UNIVERSITY PRESS

图书在版编目(CIP)数据

数值分析 / 张平文，李铁军编著. —北京: 北京大学出版社，2007.1
（北京大学数学教学系列丛书）
ISBN 978-7-301-10794-2

Ⅰ. 数…　Ⅱ. ①张… ②李…　Ⅲ. 数值分析–高等学校–教材
Ⅳ. O241

中国版本图书馆 CIP 数据核字（2006）第 062032 号

书　　　　名：**数值分析**
著作责任者：张平文　李铁军　编著
责 任 编 辑：曾琬婷
标 准 书 号：ISBN 978-7-301-10794-2/O·0700
出 版 发 行：北京大学出版社
地　　　　址：北京市海淀区成府路 205 号　　100871
网　　　　址：http://www.pup.cn
电　　　　话：邮购部 62752015　发行部 62750672　编辑部 62752021
　　　　　　　出版部 62754962
电 子 信 箱：zpup@pup.pku.edu.cn
印 刷 者：大厂回族自治县彩虹印刷有限公司
经 销 者：新华书店
　　　　　　　890 毫米×1240 毫米　A5　8.75 印张　250 千字
　　　　　　　2007 年 1 月第 1 版　　2023 年 3 月第 5 次印刷
印　　　　数：15 001—17 000 册
定　　　　价：38.00 元

作者简介

张平文　北京大学数学科学学院教授，博士生导师，教育部长江特聘教授，主要从事科学计算、复杂流体多尺度建模与计算、移动网格等方面的研究. 现任科学与工程计算系系主任，北京大学科学与工程计算中心常务副主任. 兼任 973 项目"高性能科学计算研究"第四课题"材料物性多物理多尺度计算研究"课题组长；中国计算数学学会副理事长及青年工作委员会和高校工作委员会主任；中国工业与应用数学学会副理事长及学术委员会主任；"SIAM Journal on Numerical Analysis"等国内外杂志编委. 发表论文 50 余篇，出版专著《涡度法》、教材《数值线性代数》和《计算方法》(合编). 1999 年获冯康科学计算奖，霍英东教育基金会第七届高等院校青年教师奖(研究类)一等奖； 2000 年获教育部首届高等学校优秀青年教师教学科研奖励计划青年教师奖； 2002 年国家杰出青年基金获得者并于同年获北京市五四青年奖章.

李铁军　北京大学数学科学学院科学与工程计算系副教授，博士. 研究方向为复杂流体多尺度分析、随机建模与算法、随机微分方程数值解. 2001 年开始从事数值分析、流体力学引论、随机模拟等课程的建设和教学工作. 出版教材《计算方法》(合编).

内 容 简 介

本书是高等院校计算数学专业本科生学习数值分析课程的教材. 全书内容除包括传统数值分析课程讲授的误差分析、多项式插值、数值微分与积分、非线性方程的数值解法、常微分方程初值问题的数值解法等以外,还加入了快速 Fourier 变换和 Monte Carlo 方法. 此外,在传统的内容中也加入了新的元素,例如在多项式插值中加入了有理逼近,数值积分中介绍了谱精度的概念,常微分方程数值解中加入了刚性方程的介绍,等等. 本书不仅强调各种数值算法的数学分析与原理,而且强调算法实现过程中必须注意的一些基本问题. 另外,本书还介绍了一些实现算法的常用数学软件及其获取的途径,以便于读者学习和使用. 每章末尾都附有相当数量的理论和上机计算的习题,并对有一定难度的部分给出提示,以供读者选用.

本书也可供从事与数值计算相关工作的科技人员参考.

序　言

　　自 1995 年以来，在姜伯驹院士的主持下，北京大学数学科学学院根据国际数学发展的要求和北京大学数学教育的实际，创造性地贯彻教育部"加强基础，淡化专业，因材施教，分流培养"的办学方针，全面发挥我院学科门类齐全和师资力量雄厚的综合优势，在培养模式的转变、教学计划的修订、教学内容与方法的革新，以及教材建设等方面进行了全方位、大力度的改革，取得了显著的成效．2001 年，北京大学数学科学学院的这项改革成果荣获全国教学成果特等奖，在国内外产生很大反响．

　　在本科教育改革方面，我们按照加强基础、淡化专业的要求，对教学各主要环节进行了调整，使数学科学学院的全体学生在数学分析、高等代数、几何学、计算机等主干基础课程上，接受学时充分、强度足够的严格训练；在对学生分流培养阶段，我们在课程内容上坚决贯彻"少而精"的原则，大力压缩后续课程中多年逐步形成的过窄、过深和过繁的教学内容，为新的培养方向、实践性教学环节，以及为培养学生的创新能力所进行的基础科研训练争取到了必要的学时和空间．这样既使学生打下宽广、坚实的基础，又充分照顾到每个人的不同特长、爱好和发展取向．与上述改革相适应，积极而慎重地进行教学计划的修订，适当压缩常微、复变、偏微、实变、微分几何、抽象代数、泛函分析等后续课程的周学时．并增加了数学模型和计算机的相关课程，使学生有更大的选课余地．

　　在研究生教育中，在注重专题课程的同时，我们制定了 30 多门研究生普选基础课程 (其中数学系 18 门)，重点拓宽学生的专业基础和加强学生对数学整体发展及最新进展的了解．

　　教材建设是教学成果的一个重要体现．与修订的教学计划相配合，我们进行了有组织的教材建设．计划自 1999 年起用 8 年的时间修订、编写和出版 40 余种教材. 这就是将陆续呈现在大家面前的《北京大学数学教学系列丛书》. 这套丛书凝聚了我们近十年在人才培养方面的思考, 记录了我们教学实践的足迹, 体现了我们教学改革的成果, 反映了我们对新世纪人才培养的理念, 代表了我们新时期的数学教学水平.

　　经过 20 世纪的空前发展, 数学的基本理论更加深入而完善, 而计算机技术的发展使得数学的应用更加直接和广泛, 而且活跃于生产第一线, 促进着技术和经济的发展, 所有这些都正在改变着人们对数学的传统认识. 同时也促使数学研究的方式发生巨大变化. 作为整个科学技术基础的数学, 正突破传统的范围而向人类一切知识领域渗透. 作为一种文化, 数学科学已成为推动人类文明进化、知识创新的重要因素, 将更深刻地改变着客观现实的面貌和人们对世界的认识. 数学素质已成为今天培养高层次创新人才的重要基础. 数学的理论和应用的巨大发展必然引起数学教育的深刻变革. 我们现在的改革还是初步的. 教学改革无禁区, 但要十分稳重和积极; 人才培养无止境, 既要遵循基本规律, 更要不断创新. 我们现在推出这套丛书, 目的是向大家学习. 让我们大家携起手来, 为提高中国数学教育水平和建设世界一流数学强国而共同努力.

张 继 平

2002 年 5 月 18 日

于北京大学蓝旗营

前　言

　　在教育部 1998 年颁布的普通高等学校专业目录中, 出现了 "信息与计算科学" 这一数学类新专业. 它包含了原有的计算数学及应用软件和信息科学专业. 它的出现很好地适应了目前以信息技术和计算技术为核心的专业人才培养和学科发展的需要.

　　另外, 近年来在教育部领导下, 高等学校每年大量扩大招生, 从而使得我国的高等教育从精英化向大众化转变. 现在全国大约有四百所高校开办了 "信息与计算科学" 专业. 虽然数学与统计学教学指导委员会对这个新的数学类专业课程设置开展了研究, 但专业课设置与凝练及教材建设还需要很长一段时间. 现阶段, 北京大学还是采取计算科学与信息科学分开设置课程, 尽量保持精英化教育的一些特色.

　　数值分析是计算科学的重要专业基础课, 它讨论的是如何运用现代计算工具高效求解科学与工程中的数值计算问题. 这门课程在我国高等学校中最早是为计算数学专业的学生开设的, 时间可以追溯到 1950 年代. 从那时开始, 就有很多优秀的教材在国内出版. 为适应科学计算迅速发展的需要, 我们在本书中增加了一些传统的教材中并不涉及的内容, 如第五章、第六章的 §6.7 ∼ §6.10 和第七章.

　　学习本书的所有内容必须具备的数学基础是微积分、线性代数和概率统计. 但第一章到第六章只涉及微积分和线性代数. 我们建议这门课程的教学时间为 48 ∼ 54 学时.

　　数值分析课程作为计算数学专业的必修课程, 学生很容易感觉为不断地使用 Taylor 公式, 美感不如数学分析. 为了扭转这种看法, 老师在讲授方法时应尽可能体现一些普遍原则:

　　• 冯康原理: 同一物理问题可以有许多不同的数学形式, 这些数学形式在理论上等价, 但在实践中并不等效, 从不同的数学形式可能导致不同的数值计算方法. 原问题的基本特征在离散后应尽可能得到保持.

- 在研究数学和计算方法时，要尽可能注重物理、力学思想.
- 算法可以是小范围低精度重复使用，也可以在大范围用高精度格式，实践表明前者有较好的稳定性，这是为什么实践中大量使用线性及二次逼近的原因. 要正确对待高精度方法，在设计算法增加精度时，要以不重算为好，如果能考虑并行更好. 高精度格式依赖于解的光滑性，实践中并不是精度越高越好.
- 很多情况下，可以用逐次一维求解高维问题，但直接研究高维问题的计算方法，很多情况下是必须的.
- 外推可以用于各种问题改进精度，但同样依赖于解的光滑性，并不是外推依次数越多越好.
- 计算机数系不是数域，算术运算的一般法则不成立，必须小心处理，这是为什么要研究算法的收敛性和稳定性的原因之一.

数值分析课程的学习与其他数学基础课有一点很大的不同，那就是必须使用计算机完成一些计算实习. 本书每章最后都把需要使用计算机完成的习题单独列出. 我们还建议读者在学习本书的同时能学会使用数学软件. 本书第一章的 §1.6 对现有的软件作了一个简单介绍. 在这些软件中，我们建议把 MATLAB 作为首选. 对将来准备从事计算科学研究的同学，希望尽量先用 C 或 FORTRAN 语言来编写程序完成上机习题.

随着计算技术的不断发展，计算机的日益普及，许多其他理工科专业也都提出了学习"计算方法"或"数值分析"的需求. 到目前为止，国内各理工科高校都为高年级本科生开设了这门课. 除了作为"信息与计算科学"专业课教材之外，我们认为本书也适合给理工科高年级本科生作为此课程的教材或参考书使用.

在本书的编写过程中，我们参考了国内外许多有关的书、讲义和论文. 我们将它们一一列在本书最后的参考文献中. 本书中很多章节的内容、例题和习题都并非作者原创，而是取材于这些参考文献，在此一并致谢. 由于水平所限，本书难免有错漏与不足，欢迎读者批评指正.

作者特别要感谢雷功炎教授，雷教授不仅审阅了全稿，而且提出了大量宝贵的建议. 本书初稿在北京大学数学科学学院 2001 ～ 2003 级试用过, 很多学生提出了大量的修改意见, 在此对他们表示感谢. 另外, 感谢北京大学出版社对此书的支持.

编　者

2006 年 5 月

目 录

第一章 绪 论

§1.1 引 言

计算数学是一门随着计算机的发展而形成的新兴学科, 是数学、计算机科学与其他学科交叉的产物. 它是专门研究如何利用计算机有效地求解各类计算问题的有关方法和理论的一门学科. 由于其所涉及的计算问题主要来源于科学研究和工程设计, 因此近年来人们常常称这门科学为科学计算.

对于一些复杂的科学与工程问题, 理论分析往往无能为力, 而实验又无法进行, 社会的发展和科学的进步呼唤着新的科学研究方法的出现. 20 世纪 40 年代, 电子计算机的发明为计算成为第三种科学研究手段提供了可能. 半个世纪来, 计算机的飞速发展已把计算推向人类科学活动的前沿, 它作为科学研究方法的地位不断地上升. 现在, 实验、理论分析和计算 "三足鼎立", 已成为当今科学活动的主要方式 (见图 1.1). 在自然科学和工程技术的发展过程中, 先后产生了计算

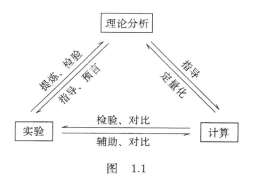

图 1.1

数学、计算力学、计算物理、计算化学、计算材料学、计算生物学等一系列计算性的分支学科, 我们统称为计算科学. 今天, 计算在科学

研究和工程设计中已几乎无处不在, 对科技的发展起到了举足轻重的作用.

计算科学是通过计算的手段来解决实际问题的一门科学, 其处理问题的过程主要有如下三个环节:

- 建立数学模型;
- 设计计算方案 (简称算法)—— 编制程序 —— 上机运行 —— 展示数值结果;
- 将数值结果与理论分析和实验的结果相结合给出实际问题的答案, 或提出对模型的修正方案.

上述第二个环节中核心是算法的设计与分析. 不同的学科, 不同的工程应用会提出不同的问题, 其中多数都可归结为若干典型的数学模型. 给出这些典型问题的数值求解方法, 也就为大多数科学与工程计算问题的解决提供了可能性. 因此, 本课程将着重介绍几类典型问题的数值解法. 20 世纪末由 Computing in Science and Engineering 杂志社评出了十大算法 (Top 10 algorithms):

(1) Metropolis 算法 (Metropolis Algorithm);

(2) 单纯形法 (Simplex method);

(3) Krylov 子空间迭代法 (Krylov subspace iteration methods);

(4) 矩阵分解技术 (Matrix decomposition approach);

(5) Fortran 编译器 (Fortran Compiler);

(6) QR 算法 (QR algorithm);

(7) 快速排序算法 (Quicksort algorithm);

(8) 快速 Fourier 变换 (FFT);

(9) 整数关系检测 (Integer relation detector);

(10) 快速多极子算法 (Fast multipole method).

这些算法以其广泛的适用性及高效性在各个领域产生了深远的影响. 其中 (1), (2), (3), (4), (6), (8), (10) 是与数值分析和数值代数紧密相关的.

大家知道, 电子计算机的运算速度越来越快, 可以承担大运算量的工作. 这是否意味着计算机上的算法可以随意选择呢? 事实上, 对于一个具体的计算问题, 所使用算法的优劣, 不仅影响计算结果的精确程度, 而且有的甚至关系到计算的成败.

此外, 许多科学与工程计算问题都有如下特点: 高维数、多尺度、非线性、不适定、长时间、奇异性、复杂区域、高度病态, 不仅计算规模大, 而且要求精度高. 其计算困难也有各种不同的表现, 如计算规模大, 大得难以承受或失去时效; 计算不稳定, 数值结果不可信; 包含奇异性, 计算可能非正常终止; 等等. 这样的问题, 如果不进行深入细致的算法研究, 即使是现在最强大的计算机也无能为力. 人类的计算能力既依赖于计算机的性能, 也取决于计算方法的效能. 计算方法的发展对于提高人类计算能力的贡献与计算机的进步是同等重要的. 计算数学与计算机的发展史也证明了这一论断. 以典型的 Laplace 方程求解问题为例, 过去几十年中, 计算机的发展与计算方法的进步, 基本上平分秋色. 参见图 1.2.

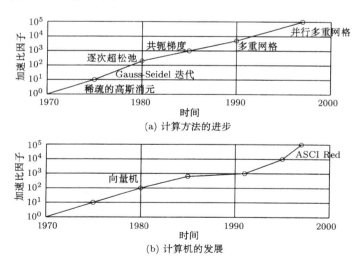

图 1.2 Laplace 方程求解问题计算机的发展与计算方法进步的比较

由此可见, 设计好的算法是尤为重要的. 一般认为, 一个好的算法的评价标准是:

- 运算次数少;
- 运算过程具有规律性, 便于编制程序;
- 要记录的中间结果少;
- 能控制误差的传播和积累, 以保证精度.

简言之, 上述标准就是要求一个好的算法应该既 "快" 又 "准". 但在实际应用中, 二者一般并不能兼顾, 这就需要根据需要, 权衡利弊, 有所取舍. 例如, 短期天气预报, 预报时间要求紧迫, 我们应着重于 "快"; 而要计算某些精密仪器的设计参数, 就要侧重于 "准".

要判断一个算法的快慢程度和误差对计算结果的影响需要进行适当的理论分析, 我们将对这些理论分析所涉及的基本概念和所用的基本方法作一概括性的介绍.

§1.2   误差的基本概念

1.2.1   误差来源

通过科学计算求出的解通常都是近似解, 原问题的精确解与这个近似解之间的偏差就是误差. 误差的来源有如下四个方面:

(1) **模型误差**   从实际问题提炼出数学模型时往往忽略了许多次要因素, 因而即使数学模型能求出精确解, 也与实际问题的真解不同, 它们之差称为模型误差. 一个模型的好坏, 模型误差是关键的因素, 现代计算科学越来越重视模型的建立, 这是因为往往模型误差是四种误差中最大的, 而且是不可能用数学手段减少的.

(2) **观测误差**   原始数据是由观测、实验, 并加以记录而获得的. 由于仪器的精密性、实验手段的局限性、周围环境的变化以及人的工作态度和能力等因素, 而使数据必然带有误差, 这种误差称做观测误差.

(3) **截断误差**   理论上的精确值往往要求用无限次的运算才能获得, 而实际计算时只能用有限次运算的结果来近似, 这样引起的误差称做截断误差.

(4) **舍入误差** 计算机只能对有限位数字进行运算, 每个超出计算机字长的数据都要经过取舍或截断方法处理, 这样引起的误差就称做舍入误差.

为了对这些误差有一个更清晰的了解, 我们来看一个简单的例子.

假如我们希望知道地球的表面积 A 是多少, 则我们首先需将地球近似地看做球体, 可得到如下的计算公式:

$$A = 4\pi r^2,$$

其中 r 为地球半径. 显然, 即使由这一公式可以精确地计算, 所得到的值也与地球的真实表面积有一定的误差, 这一步的误差就是模型误差. 假如我们在计算中取地球的半径 $r = 6370\,\mathrm{km}$, 这一值是由前人观测和计算得到的, 具有一定的误差, 这就是观测误差. 公式中的 π 是圆周率, 它是一个无理数, 我们必须取它的有限位, 例如取 $\pi = 3.141$, 这样就产生了截断误差. 最后将 $4 \times 3.141 \times 6370^2$ 的计算结果进行四舍五入得

$$A = 5.0981 \times 10^8,$$

这一步就产生了舍入误差.

1.2.2 绝对误差、相对误差和有效数字

设 x 为某量的精确值, $\tilde{x}$ 为其近似值, 称

$$e(x) = |x - \tilde{x}|$$

为近似值 $\tilde{x}$ 的**绝对误差**. 由于精确值 x 一般是未知的, 因此通常只能给出绝对误差大小 $|x - \tilde{x}|$ 的某个上界 ε, 即

$$|x - \tilde{x}| \leqslant \varepsilon.$$

通常称这个数 ε 为近似值 $\tilde{x}$ 的**绝对误差限**.

有了绝对误差限后, 工程上常用

$$x = \tilde{x} \pm \varepsilon$$

表示精确值所在的范围. 请注意, 此式的确切含义为

$$\tilde{x} - \varepsilon \leqslant x \leqslant \tilde{x} + \varepsilon.$$

而且在很多时候, 就将绝对误差限 ε 称为绝对误差, 本书也沿用这一习惯.

但是, 绝对误差还不足以刻画出近似值的精确程度, 需要引入一个更能刻画出误差本质的概念, 这就是相对误差的概念. 称绝对误差与精确值之比

$$e_r = \frac{e(x)}{|x|} = \frac{|x - \tilde{x}|}{|x|}$$

为近似值 $\tilde{x}$ 的 **相对误差**, 而称

$$\varepsilon_r = \frac{\varepsilon}{|x|}$$

为近似值 $\tilde{x}$ 的 **相对误差限**, 其中 $\varepsilon > 0$ 为近似值 $\tilde{x}$ 的绝对误差限. 由于 x 一般是未知的, 我们常常用

$$e_r = \frac{|x - \tilde{x}|}{|\tilde{x}|}$$

来表示相对误差, 并用

$$x = \tilde{x}(1 \pm \varepsilon_r)$$

表示精确值所在的范围.

在实际应用中, 还经常用有效数字的概念来反映一个近似值的精确程度. 若

$$|x - \tilde{x}| \leqslant \frac{1}{2} \times 10^{-k},$$

其中 k 为非负整数, 则称 $\tilde{x}$ 是 x 的一个近似到小数点后第 k 位的近似值, 并称从小数点后的第 k 位数字起直到最左边的非零数字之间的所有数字为 **有效数字**.

把 $\tilde{x}$ 写成规范形式

$$\tilde{x} = \pm 0.a_1 a_2 \cdots a_i \cdots \times 10^m,$$

其中 m 为整数, $a_i \in \{0, 1, 2, \cdots, 9\}, a_1 \neq 0$. 如果有

$$|x - \tilde{x}| \leqslant \frac{1}{2} \times 10^{m-n},$$

则 $\tilde{x}$ 有 n 位有效数字: $a_1, a_2, \cdots, a_n$. 例如,

$$\tilde{\pi} = 3.1416 = 0.31416 \times 10$$

为 π 的近似值, 由于

$$|\pi - \tilde{\pi}| < \frac{1}{2} \times 10^{1-5},$$

所以 $\tilde{\pi}$ 是 π 的具有 5 位有效数字的近似值. 近似值的有效数字位数与相对误差限密切相关, 具有 n 位有效数字与相对误差限的量级为 10^{-n} 是等价的.

从精确值按四舍五入原则截取得到的近似数, 其每一位数字都是有效数字. 值得注意的是, 从计算机输出的近似值, 一般并非每一位数字都是有效数字.

1.2.3 运算误差分析

任何数学问题的解 y 总与某些参量 $x_1, x_2, \cdots, x_n$ 有关, 即

$$y = \varphi(x_1, x_2, \cdots, x_n),$$

参量的值若有误差, 则解也有误差. 设 $x_1, x_2, \cdots, x_n$ 的近似值为 $\tilde{x}_1, \tilde{x}_2, \cdots, \tilde{x}_n$, 相应解为 $\tilde{y}$, 则解 $\tilde{y}$ 的绝对误差为

$$|y - \tilde{y}| = |\varphi(x_1, x_2, \cdots, x_n) - \varphi(\tilde{x}_1, \tilde{x}_2, \cdots, \tilde{x}_n)|,$$

相对误差为

$$\frac{|y - \tilde{y}|}{|y|} = \frac{|y - \tilde{y}|}{|\varphi(x_1, x_2, \cdots, x_n)|}.$$

由此得误差估计

$$|y - \tilde{y}| \leq \sum_{i=1}^{n} \left| \frac{\partial \varphi}{\partial x_i} \right| |x_i - \tilde{x}_i|,$$

$$\frac{|y - \tilde{y}|}{|y|} \leq \sum_{i=1}^{n} \left| \frac{x_i}{y} \cdot \frac{\partial \varphi}{\partial x_i} \right| \frac{|x_i - \tilde{x}_i|}{|x_i|}.$$

在这两个公式中,

$$\left|\frac{\partial\varphi}{\partial x_i}\right| \quad \text{和} \quad \left|\frac{x_i}{y}\cdot\frac{\partial\varphi}{\partial x_i}\right|$$

表示解的误差相对参量 x_i 的误差放大或缩小的倍数.

把两个数 a,b 的 $+,-,\times,\div$ 看成二元函数, 则有

$$e(a\pm b) \leqslant e(a)+e(b), \tag{1.2.1}$$

$$e_r(a\pm b) \leqslant \frac{e(a)+e(b)}{|a\pm b|} = \frac{|a|\,e_r(a)+|b|\,e_r(b)}{|a\pm b|}, \tag{1.2.2}$$

$$e(ab) \leqslant |b|\,e(a)+|a|\,e(b), \tag{1.2.3}$$

$$e_r(ab) \leqslant \frac{e(a)}{|a|}+\frac{e(b)}{|b|} = e_r(a)+e_r(b), \tag{1.2.4}$$

$$e\left(\frac{a}{b}\right) \leq \frac{e(a)}{|b|}+\left|\frac{a}{b^2}\right|e(b), \tag{1.2.5}$$

$$e_r\left(\frac{a}{b}\right) \leqslant e_r(a)+e_r(b), \tag{1.2.6}$$

上述式中所有以 a,b 为分母时都要求 $a,b\neq 0$. 式 (1.2.2) 表明: 在绝对误差 $e(a),e(b)$ 不变时, a 与 b 越接近, 则 $a-b$ 的相对误差就变得越大. 也就是说, 相近数相减会严重丢失有效数字. 式 (1.2.3) 表明: 在作乘法运算时, 两数中如果有一个绝对值很大的数, 则积的绝对误差就会很大. 式 (1.2.5) 表明: 在作除法运算时, 如果除数的绝对值很小, 则商的绝对误差就会很大.

§1.3　浮点数系统

在数字电子计算机上, 实数系 $\mathbb{R}$ 是用所谓的浮点数系统 $\mathbb{F}$ 来近似的. 2 进制浮点数系统 $\mathbb{F}(2,t,L,U)$ 定义为:

$$\mathbb{F} = \{\pm 0.d_1d_2\cdots d_t\times 2^m\}\cup\{0\},$$

其中 $d_1=1, d_j(2\leqslant j\leqslant t)$ 为 0 或 1; t 为一个给定的自然数, 称为字

长; m 为整数, 满足 $L \leqslant m \leqslant U$, 而 L, U 为给定的整数.

表 1.1 列出了几种浮点数系统, 其中在 IEEE (Institute of Electrical and Electronics Engineers) 标准中规定的系统最常见.

表 1.1

系　　统	进制 β	t	L	U
IEEE 单精度	2	24	-126	127
IEEE 双精度	2	53	-1022	1023
Cray	2	48	-16383	16384
HP calculator	10	12	-499	499
IBM mainframe	16	6	-64	63

对 $\forall x \in \mathbb{R}$, 它总可以写成

$$x = \pm 0.1 d_2 \cdots d_t d_{t+1} \cdots \times 2^m.$$

记 x 在一个浮点数系统 $\mathbb{F}$ 中的表示为 $fl(x)$. 一般来说, $fl(x)$ 只是 x 的某种近似. 常用的近似方法有两种: 一种是截断 (chop); 另一种 是舍入 (round to nearest). 在 IEEE 标准中采用的是舍入. 于是有

$$\left| \frac{fl(x) - x}{x} \right| \leqslant 2^{-t}.$$

这就是实数的浮点数表示所产生的误差. 我们把常数 β^{-t} 称为**机器精度**, 常常记为 $\varepsilon_{\text{mach}}$.

总之, 浮点数系统 $\mathbb{F}$ 有下列值得注意的特点:

• 它是实数系 $\mathbb{R}$ 的一个只包含 $\beta^t(U - L + 1) + 1$ 个数的有限集, 这些数对称地离散分布在区间 [UFL, OFL] 和 [$-$OFL, $-$UFL] 中, 这 里 UFL 指下溢限 (underflow limit), OFL 指上溢限 (overflow limit). 其中在 2 进制下,

$$\text{UFL} = 2^L \times 0.1, \quad \text{OFL} = 0.11 \cdots 1 \times 2^U. \tag{1.3.1}$$

值得注意的是, 这些数的分布是不等距的. 例如, 若 $\beta = 2$, $t = 2$,

$L = -1$ 和 $U = 2$, 则 $\mathbb{F}$ 中 17 个数的分布如图 1.3 所示.

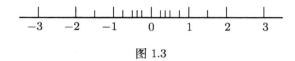

图 1.3

- 具有最小正数 UFL $= \beta^L \times 0.1$.
- 具有最大正数 OFL $= 0.11 \cdots 1 \times \beta^U$.
- 具有机器精度 $\varepsilon_{\text{mach}} = \beta^{-t}$.
- 其中的四则运算并不满足实数系中的运算规律.

在一个浮点数系统中 (或一台计算机上), 绝对值超过 OFL 的实数就被认为是无穷大, 绝对值小于 UFL 的实数就被认为是零. 最后我们需要指出的是, 由于浮点数系统只是一个有限的数集, 因而一些数学上等价的计算公式, 在计算机上的计算结果可能是不相同的. 例如, 数学上有三角恒等式

$$\sin(x + \varepsilon) - \sin x = 2\cos\left(x + \frac{\varepsilon}{2}\right)\sin\frac{\varepsilon}{2},$$

当 ε 比较小时, 在计算机上用后者计算的结果要比用前者计算的结果精确得多, 这是因为两个相近的数相减, 在计算机上会导致严重损失有效数字. 再如假设我们是在字长为 8 的 10 进制浮点数系统下计算 $(x + y) + z$ 和 $x + (y + z)$, 其中

$$x = 0.23371258 \times 10^{-4},$$
$$y = 0.33678429 \times 10^{2},$$
$$z = -0.33677811 \times 10^{2},$$

则由浮点数的运算规则可得

$$(x + y) + z = 0.64100000 \times 10^{-3},$$
$$x + (y + z) = 0.64137126 \times 10^{-3},$$

其精确值为

$$x + y + z = 0.641371258 \times 10^{-3}.$$

比较可以发现，$(x+y)+z \neq x+(y+z)$，而且 $x+(y+z)$ 要比 $(x+y)+z$ 精确得多. 这是由于计算机上实行对位及有限字长导致的 "大数吃小数" 现象. 因此，我们在设计算法时要尽可能避免一个很大的数和一个很小的数相加的问题. 多个数相加时，应从绝对值较小的数依次加起，以避免有效数字的损失.

此外，要特别注意计算过程的中间环节出现上溢和下溢的问题；要尽可能地控制误差的过分积累和传播. 在一个大型问题的计算中，每次运算的误差微不足道，然而成千上万的运算就可能会导致误差的过分积累，而将精确解完全淹没，使计算结果毫无意义. 这方面最惨痛的教训是， 1996 年 6 月 4 日欧洲宇航局发射的 Ariane 5 号火箭坠毁事件，其原因就是因为误差处理不当而造成的.

§1.4　计算复杂性和收敛速度

算法的快慢是衡量算法优劣的又一重要标志. 算法大致可分为两类：一类是**直接法**，指在没有误差的情况下可在有限步得到计算问题之精确解的算法；另一类是**迭代法**，指采取逐次逼近的方法来逼近问题的精确解，而在任意有限步都不能得到其精确解的算法. 对于直接法，其运算量的大小通常可作为其快慢的一个主要标志. 算法复杂性分析就是计算或估计算法的运算量. 20 世纪 90 年代之前的计算方法教科书中，计算运算量时通常只计算乘除运算的次数，这是因为当初的计算机作乘除运算要比加减运算慢的缘故. 进入 90 年代以后，由于计算机的运算速度大幅度地提高，加减运算与乘除运算的速度已相差甚微，因此现在是将一个算法的所有运算次数的总和作为运算量. 另外，设某一算法共需作 $3n^3 + 20n^2 + 50$ 次加、减、乘、除运算，则通常是略去其低阶项而说该算法的运算量为 $3n^3$.

这里需指出的是，虽然运算量在一定程度上反映了算法的快慢程度, 但又不能完全依据运算量来判定一个算法的快慢, 这是因为现代计算机的运算速度远远高于数据的传输速度, 而这使得一个算法实际运行的快慢在很大程度上依赖于该算法软件实现后数据传输量的大小.

对于迭代法, 除了对每步所需的运算量进行分析外, 还需对其收敛速度进行分析. 设某一迭代法产生的序列 $\{x_k\}$ 收敛于 x, 而且假定对于某个正数 $r \in [1, +\infty)$, 极限

$$\lim_{k \to \infty} \frac{\|x_k - x\|}{\|x_{k-1} - x\|^r} = c_r$$

存在. 如果 $0 < c_r < +\infty$, 则称该算法是 r **阶收敛**的. 显然, r 越大, 收敛越快. 最常见的是 $r = 1, 2, 3$ 的情形:

(1) 当 $r = 1$ 时, 称为**线性收敛**, 此时必有 $0 < c_r < 1$, 而且 c_r 越小越好;

(2) 当 $r = 2$ 时, 称为**平方收敛** (有时也称为**二次收敛**);

(3) 当 $r = 3$ 时, 称为**立方收敛** (有时也称为**三次收敛**).

此外, 若

$$\lim_{k \to \infty} \frac{\|x_k - x\|}{\|x_{k-1} - x\|} = 0,$$

则称该算法是**超线性收敛**的. 显然, 对于任意的 $r > 1$, r 阶收敛必然是超线性收敛的.

§1.5　敏度分析与误差分析

当我们用某种算法求解某一计算问题得到计算解之后, 自然要问: 计算解与精确解相差多少? 这就是计算的精确性问题. 要回答这一问题, 需要做两个方面的理论分析: 敏度分析与误差分析.

敏度分析就是研究计算问题本身对原始数据的微小变化将会引起解的多大变化. 为了叙述简单起见, 假定我们所考虑的计算问题是: 给定自变量 x, 计算函数值 $f(x)$. 对于这一计算问题, 敏度分析就是研

究 x 有微小的变化 δx 之后函数值将会发生多大变化. 当然, 最理想的做法应该是首先找到自变量的改变量与函数值的改变量之间的依赖关系. 但实际上, 这是相当困难的, 有时即使碰巧找到了这种依赖关系, 常常由于其太复杂而变得毫无实用价值. 因此, 通常的做法是在 $|\delta x|/|x|$ 很小的前提下, 设法寻找一个尽可能小的正数 $c(x)$ 使得

$$\frac{|f(x+\delta x)-f(x)|}{|f(x)|} \leqslant c(x)\frac{|\delta x|}{|x|}.$$

这样, $c(x)$ 的大小就在一定程度上反映了自变量的微小变化对函数值的影响程度. 因此, 我们称数 $c(x)$ 为 f 在 x 点的**条件数**. 当 $c(x)$ 很大时, 自变量的微小变化就有可能引起函数值的巨大变化, 因而称此种情况为 f 在 x 点是**病态**的; 反之, 当 $c(x)$ 较小时, 我们就说 f 在 x 点是**良态**的.

这里需强调的一点是, 一个计算问题是否病态是计算问题本身的固有属性, 与所使用的计算方法没有关系.

此外, 对于刚才所讨论的计算问题, 容易推出, 当 f 在 x 点可微时, 有

$$c(x) \approx \frac{|f'(x)||x|}{|f(x)|}.$$

但对于一般的计算问题要给出条件数的一个较为合适的估计是相当困难的.

大家知道, 计算机只能表示有限个数, 即计算机的精度是有限的. 因此, 分析舍入误差对一个算法的计算结果是否影响很大就显得尤为重要, 它是衡量一个算法优劣的重要标志. 即使一个十分良态的计算问题, 由于使用的计算方法不当, 也可使计算结果面目全非而变得毫无用处.

现在我们再以刚才所讨论的计算问题为例来说明误差分析的要点. 假设用某种算法计算得到的函数 f 在 x 点的函数值是 $\hat{y}$. 当然由于舍入误差的影响我们不能期望 $\hat{y}$ 与 $f(x)$ 相等, 但是我们通过对每

步具体运算做误差分析可以证明：存在 δx 满足

$$\hat{y} = f(x + \delta x), \quad |\delta x| \leqslant |x|\varepsilon,$$

其中 ε 是一个与计算机精度和算法有关的正数. 这种把计算结果归结为原始数据经扰动之后的精确结果的误差分析方法称做 **向后误差分析法**.

很显然，ε 越小，说明舍入误差对算法的影响越小. 因此，当 ε 较小时，我们就说该算法是**数值稳定**的；否则，就说该算法是**数值不稳定**的. 一个算法是否数值稳定是算法本身的固有属性，与计算问题是否病态无关.

当对给定的计算问题做了敏度分析，并且对所用的算法做了误差分析之后，我们就可给出计算结果的精度估计：

$$\frac{|\hat{y} - f(x)|}{|f(x)|} = \frac{|f(x + \delta x) - f(x)|}{|f(x)|} \leqslant c(x)\frac{|\delta x|}{|x|} \leqslant c(x)\varepsilon.$$

由此可见，计算结果是否可靠，依赖于计算问题是否病态和所用算法是否数值稳定. 只有使用数值稳定的算法去求解良态的计算问题，才能期望得到可靠的计算结果！

§1.6　常用数学软件介绍

本书所涉及的数值算法都已经有前人用各种计算机编程语言写成程序，并做成软件. 这种软件我们称之为数学软件. 目前我们可以利用的数学软件已有很多，而且新的数学软件仍然不断出现. 现有的数学软件有些是商业软件，需要支付相当昂贵的费用才能使用；有些是可以无偿使用、开放源代码的自由软件. 这两类软件都有各自的杰出代表，它们经过了数十年时间的考验和无数专业人士的调试、优化，完全可以说是成熟、可靠的. 我们在今后的学习与工作中，完全可以利用这些已有的软件资源减轻编程负担，提高工作效率. 我们可以将主要精力放在对问题的数学描述和对计算结果的分析上面，而把繁琐

的算法实现与优化细节交给现成的数学软件来处理. 需要强调的是:
要想准确地选择及使用数学软件, 我们应该对计算方法的数学原理有
透彻的理解.

互联网 (Internet) 是查找和获得数学软件的主要工具. 较值得参
考的三个网站是:

- http://www.netlib.org
- http://gmas.nist.gov
- http://sourceforge.net

其中第一个网站在中国科学院计算数学与科学工程计算研究所有镜
像: netlib.amss.ac.cn.

利用以上网站提供的搜索功能, 我们可以找到特定数学软件的介
绍、说明书、使用手册, 以及购买方法或下载地址, 甚至该软件使用
者交流经验的讨论区 (bbs, blog).

数学软件基本上可以分为三种类型: 第一种是针对某一类数值计
算问题的子程序集 —— 在此我们称之为数学软件包, 这种软件以自由
软件居多; 第二种是面向各类数值计算问题的子程序集 —— 在此我们
称之为数学软件库, 它一般都是由软件厂商在一些优秀数学软件包的
基础上进一步开发和包装而产生的; 第三种是面向各类数值计算、符
号计算和图形显示问题, 而且具有交互式用户界面的科学计算工作集
成平台 —— 在此我们称之为交互式科学计算环境. 要想使用数学软件
包或数学软件库, 我们必须事先掌握相应的计算机编程语言 (以前主
要是 FORTRAN 语言, 现在 C 和 C++ 语言等也渐多), 并编写一个
主程序来调用软件包中的子程序. 而交互式科学计算环境的使用则相
对简单, 它是将计算、可视化和编程功能集成于一个交互式的环境中
的一种解释性编程语言, 使用者只要在其命令窗口中键入一条命令,
或者使用若干条命令编写一个脚本文件, 立即就可以执行并得出结
果, 没有编译、连接的过程. 交互式科学计算环境一般都有非常详细
的图形化帮助系统, 因此只要我们了解计算方法的数学原理并能阅读
英文, 就可以开始在这种环境下从事科学计算工作. 交互式科学计算

环境比较适合于不太熟悉计算机编程的人使用. 它的执行效率比编译好的 FORTRAN 或 C 程序低很多, 因此只能用来解决较小规模的问题.

下面简单介绍一些我们认为有代表性的数学软件.

数学软件包:

以下软件包除特殊说明以外都可以在 www.netlib.org 上免费下载.

● FITPACK 是用于解决曲线与曲面拟合、数值微积分问题的 FOR-TRAN 77 子程序包.

● LAPACK (Linear Algebra PACKage) 是用于求解线性代数方程组, 线性最小二乘问题和矩阵特征值、奇异值问题的 FORTRAN 77 子程序包. 它不包含处理稀疏矩阵的功能.

● ITPACK 是用于迭代求解大型稀疏线性代数方程组的 FOR-TRAN 77 子程序包.

● MINPACK 是用于求解非线性方程组和非线性最小二乘问题的 FORTRAN 77 子程序包.

● ODEPACK 是用于求解常微分方程的 FORTRAN 77 子程序包.

● ScaLAPACK 是可扩展的并行数值线性代数软件包.

● DIFFPACK 是用 Visual C++ 语言开发的求解偏微分方程的商业软件. 详情请见 www.diffpack.com.

● PETSc 是用 C 语言开发的求解偏微分方程的并行计算软件包, 而且还具有计算性能分析和图形可视化功能. 它主要用于在超级计算机上求解大规模问题, 可以在 www.mcs.anl.gov/petsc 处免费下载. 它的一个中文介绍可参见: www.hpc.cn/sce/data/papers/sccas-sc-001.doc.

数学软件库:

● IMSL 是由 Visual Numerics 公司开发的商业软件, 它是用 FOR-TRAN 和 C 语言编写的数值计算与统计程序库, 已有三十多年历史,常与 UNIX 工作站捆绑在一起销售 (见 www.vni.com).

• NAG 是由 Numerical Algorithms Group (NAG) 公司开发的数值计算与统计 FORTRAN 和 C 程序库, 有二十多年历史, 可以在各种硬件平台上使用 (见 www.nag.com).

• NR 与数值计算领域中的经典工具书《 Numerical Recipes 》一起发布的 FORTRAN, C 和 C++ 语言数值计算软件库, 可以在 www.nr.com 上免费下载.

• SLATEC 是由美国能源部发布的大型数值与统计计算 FOR-TRAN 程序库. 它可以在 www.netlib.org 上免费下载.

• TOMS 是在有关数学软件方面的权威期刊《 ACM Transactions on Mathematical Software 》上发布的程序代码, 都可以从网站 www.netlib.org 上免费下载.

交互式科学计算环境:

• MATLAB 是 MathWorks 公司 (美国) 开发的商业软件. 它以矩阵运算为核心而且拥有数百个内部函数和数十种工具箱 (Toolbox). 其内部函数用于解决基本的数值计算与图形显示问题. 其工具箱分为功能性工具箱和学科工具箱. 功能工具箱用来扩充 MATLAB 的科学计算、可视化建模仿真、文字处理及实时控制等功能. 学科工具箱则具有明显的专业指向, 其中包括有控制、信号处理、图像处理、通信等工具箱. MATLAB 还具有极好的开放性, 利用其自身提供的应用程序 API, 它可以实现与外部应用程序的 "无缝" 结合. 在欧美的许多高校, MATLAB 已经成为线性代数、自动控制理论、数理统计、数字信号处理、时间序列分析、动态系统仿真等高级课程的基本教学工具, 成为攻读学位的大学生、硕士生、博士生必须掌握的基本技能. 在设计研究单位和工业部门, MATLAB 被广泛用于科学研究和解决各种具体问题. 其生产厂家主页的网址是: www.mathworks.com. 国内已经出版了许多有关 MATLAB 的中文参考书, 也有一些交流使用经验的网站, 例如: www.matlab-world.com.

• MAPLE 是由加拿大 Waterloo 大学计算机系开发的优秀商业数

学分析软件. 与 MATLAB 相比, 其数值计算功能较弱, 但符号计算功能较强, 因此被称为是 "无所不能的数学大师, 数学教师的得力助手". 其官方主页的网址是: www.maplesoft.com.

• SCILAB 是由法国国家信息与自动化研究院 (INRIA) 开发的自由数学软件. 与 MATLAB 相同, 它也以 netlib 中收集的数值计算程序为核心算法, 也具有图形化的交互界面和解释性编程语言, 以及各种工具箱. SCILAB 的功能、表达式语法、函数调用规则和大多数控制指令与 MATLAB 都非常类似, 可以说它们是兼容的. 遗憾的是, 目前 SCILAB 的学科工具箱不如 MATLAB 的丰富. SCILAB 的最大优点是源代码完全公开, 使用者可以根据需要自行修改利用. 其官方网站是: www.scilab.org. 国内也出版过一些 SCILAB 的参考书.

• MATHEMATICA 是美国 Wolfram Reasearch 公司拥有版权的商业数学分析软件. 其功能与 MAPLE 类似, 也长于符号计算. 其官方主页是: www.mathematica.com.

• GAUSS 是由 Aptech Systems 公司 (美国) 开发的商业软件. 由于它具有很强的统计分析功能, 因此它在计量经济学中应用非常广泛. 上海和深圳证券交易所每日收盘的综合股价指数及总交易量的数据就是用 GAUSS 进行处理的. 其生产厂家主页的网址是: www.aptech.com.

习 题 一

1. 真空中的自由落体位移 h 与时间 t 的关系为 $h = \frac{1}{2}gt^2$, 其中 g 为重力加速度. 现设 g 是精确的, 而对 t 的测量有 $\pm 1\mathrm{s}$ 的误差. 证明: 当 t 增加时, 距离的绝对误差增加, 而相对误差减少.

2. 用下列迭代法计算 $\sqrt{7}$:
$$\begin{cases} x_0 = 2, \\ x_{k+1} = \frac{1}{2}\left(x_k + \frac{7}{x_k}\right), & k = 0, 1, 2, \cdots. \end{cases}$$

证明：若 x_k 是 $\sqrt{7}$ 的具有 n 位有效数字的近似值，则 x_{k+1} 必是 $\sqrt{7}$ 的具有 $2n$ 位有效数字的近似值.

3. 已知

$$(\sqrt{2}-1)^6 = (3-2\sqrt{2})^3 = 99 - 70\sqrt{2}$$

$$= \frac{1}{(1+\sqrt{2})^6} = \frac{1}{(3+2\sqrt{2})^3} = \frac{1}{99+70\sqrt{2}}.$$

请指明用哪一个公式进行计算误差较小，并说明理由.

4. 已知 $a \neq 0, b \neq 0, b^2 - 4ac > 0$. 说明在计算机上求一元二次方程

$$ax^2 + bx + c = 0$$

的两个实根时，为什么不用公式

$$x_1 = \frac{-b - \sqrt{b^2-4ac}}{2a}, \quad x_2 = \frac{-b+\sqrt{b^2-4ac}}{2a},$$

而要用公式

$$x_1 = \frac{-b - \operatorname{sgn}(b)\sqrt{b^2-4ac}}{2a}, \quad x_2 = \frac{c}{ax_1}$$

呢？这里

$$\operatorname{sgn}(b) = \begin{cases} 1, & b > 0, \\ -1, & b < 0. \end{cases}$$

5. 试改变下列表达式使计算结果比较精确：

(1) $\dfrac{1}{1+2x} - \dfrac{1-x}{1+x}, \quad |x| \ll 1$;

(2) $\sqrt{x+\dfrac{1}{x}} - \sqrt{x-\dfrac{1}{x}}, \quad x \gg 1$;

(3) $\dfrac{1-\cos x}{x}, \quad x \neq 0, |x| \ll 1$.

注: 符号"$\ll$"表示远远小于，而符号"$\gg$"表示远远大于.

6. 在计算一元实系数多项式

$$P(x) = a_n x^n + a_{n-1} x^{n-1} + \cdots + a_0$$

的函数值时, 若先计算 $x^2, x^3, \cdots, x^n$, 再用 $a_0, a_1, \cdots, a_n$ 作线性组合, 运算量是多少? 占用的存储空间是几个单位 (假设存一个实数用的存储空间是一个单位) ? 若按算法

$$\begin{cases} u_n = a_n, \\ u_k = x u_{k+1} + a_k, \quad k = n-1, n-2, \cdots, 1, 0 \\ p(x) = u_0, \end{cases}$$

计算, 运算量是多少? 占用的存储空间是几个单位?

注: 第二种递归算法称为**秦九韶算法**, 国外称 **Horner 算法**.

7. 设 $0 < q < 1$, 请指出下列数列的收敛速度, 并说明理由:

(1) $q, q^2, q^3, q^4, q^5, \cdots$;

(2) $q^2, q^3, q^5, q^8, q^{12}, \cdots$;

(3) $q, q^2, q^4, q^8, q^{16}, \cdots$.

8. 给定 $x \in [10, 12]$, 试估计 $y = \dfrac{x}{x-1}$ 的可能范围.

9. 一个浮点数系统可用四元数组 (β, t, L, U) 来刻画.

(1) 若 $\beta = 10$, 欲使数 2365.27 和 0.0000512 能够准确地用规范化的浮点数来表出, 最小的 t 和 U, 及最大的 L 各是多少?

(2) 若在题 (1) 中去掉 "规范化" 的要求, 答案将发生什么样的变化?

上机习题一

1. 利用 Taylor 展开公式

$$e^x = \sum_{k=0}^{\infty} \frac{x^k}{k!}$$

编一段小程序上机用单精度计算 e^x 的函数值. 分别取

$$x = 1,\ 5,\ 10,\ 15,\ 20,\ -1,\ -5,\ -10,\ -15,\ -20,$$

观察所得结果是否合理，如不合理请分析原因并给出解决方法.

2. 对于积分

$$I_n = \int_0^1 \frac{x^n}{x+5}\mathrm{d}x, \quad n = 0,1,2,\cdots,$$

(1) 证明递推关系

$$\begin{cases} I_0 = \ln 1.2, \\ I_n = -5I_{n-1} + \dfrac{1}{n}, \quad n = 1,2,\cdots; \end{cases}$$

(2) 用上述递推关系计算 $I_1, I_2, \cdots, I_{20}$，观察数值结果是否合理，并说明原因.

第二章　函数的多项式插值与逼近

§2.1　引　　言

用多项式函数逼近一般的函数是数值计算的一类基本问题. 原因之一是, 多项式函数非常简单, 其函数值的计算只需有限次加、减、乘、除就可以完成, 而且, 多项式函数的导数和原函数仍是多项式函数, 如果不考虑舍入误差, 多项式函数可以在计算机上准确地表达和运算; 其原因之二是, 多项式函数虽然简单, 但是它与其他函数的关系却非常密切. 学过微积分的人都知道, 当函数 $y = f(x)$ 在其定义域内某一点 x_0 附近的各阶导数都存在时, 在 x_0 的充分小邻域中, $f(x)$ 就与一个多项式

$$P_k(x) = f(x_0) + f'(x_0)(x - x_0) + \cdots + \frac{1}{k!} f^{(k)}(x_0)(x - x_0)^k$$

非常接近, 即 $|f(x) - P_k(x)|$ 是 $|x - x_0|$ 的高阶无穷小. 这就说明, 对于任何充分光滑的函数, 我们总可以在每一点局部用多项式近似它. 而从整体上来说, 在函数逼近论中还有下述重要定理:

定理 2.1.1 (Weierstrass 定理)　设 $f(x)$ 是闭区间 $[a, b]$ 上的连续函数. 对于任给的 $\varepsilon > 0$, 都存在一个 N 次多项式 $P_N(x)$(正整数 N 与 ε 有关), 使得

$$\|f(x) - P_N(x)\|_\infty < \varepsilon,$$

其中 $\|f\|_\infty = \max\limits_{a \leqslant x \leqslant b} |f(x)|$.

这个定理告诉我们, 定义在闭区间上的任何连续函数, 都可以用一系列多项式来逼近, 而且逼近的效果能达到充分好. 此定理的证明将在 §2.6 给出.

用多项式逼近一般函数的方法主要有两大类: 一类是插值逼近;

另一类是最佳逼近以及最小二乘逼近. 在本章中, 我们将分别介绍这两类方法的基本原理.

§2.2 多项式插值问题的提法

设 $y = f(x)$ 是定义在区间 $[a,b]$ 上的某个函数, 已知它在该区间上 $n + 1$ 个不同点 $x_0, x_1, x_2, \cdots, x_n$ 处的函数值为

$$y_i = f(x_i), \quad i = 0, 1, 2, \cdots, n, \tag{2.2.1}$$

或者写成一个函数表:

表 2.1

x	x_0	x_1	$\cdots$	x_n
$f(x)$	y_0	y_1	$\cdots$	y_n

我们称之为插值数据. 对于上述事先给定的插值数据, 函数 $f(x)$ 的多项式插值问题的提法是: 在区间 $[a,b]$ 上求一个多项式 $P(x)$, 使得

$$P(x_i) = y_i, \quad i = 0, 1, 2, \cdots, n. \tag{2.2.2}$$

对于上述多项式插值问题, 我们给出下面的定义.

定义 2.2.1 对于给定的插值数据 (2.2.1) 或函数表 2.1, 满足条件 (2.2.2) 的多项式 $P(x)$ 称为 $f(x)$ 的**插值多项式**, 其中 $x_0, x_1, \cdots, x_n$ 称为**插值节点**, $f(x)$ 称为**被插函数**, 关系式 (2.2.2) 称为**插值条件**.

寻找满足条件 (2.2.2) 的多项式 $P(x)$, 从几何的观点来看, 就是找一条代数曲线 (一元多项式的图像称为代数曲线), 使它通过平面上的 $n + 1$ 个点 $\{(x_i, y_i)\}_{i=0}^n$. 首先要解决的问题是, 这样的代数曲线是否存在? 如果存在, 是否唯一? 下面的定理就解决了存在唯一性问题.

定理 2.2.1 当 $n + 1$ 个插值节点互不相同时, 必存在唯一的次数不超过 n 的多项式 $P(x)$ 满足条件 (2.2.2).

证明 记

$$P(x) = a_n x^n + a_{n-1}x^{n-1} + \cdots + a_0.$$

我们只要证明由条件 (2.2.2) 可以唯一确定上式中的系数

$$a_0, \ a_1, \ \cdots, \ a_n.$$

实际上，由条件 (2.2.2) 我们得到一个关于 $a_n, a_{n-1}, \cdots, a_0$ 的 n 阶线性代数方程组：

$$a_n x_i^n + a_{n-1}x_i^{n-1} + \cdots + a_0 = y_i, \quad i = 0, 1, \cdots, n. \tag{2.2.3}$$

其系数矩阵为一个 $n+1$ 阶 Vandermonde 矩阵. 当事先给定的 $n+1$ 个插值节点互不相同时，这个矩阵是非奇异的. 由线性代数中的 Cramer 法则，线性代数方程组 (2.2.3) 的解 $a_n, a_{n-1}, \cdots, a_0$ 对任意事先给定的 $y_0, y_1, \cdots, y_n$ 是存在唯一的. 证毕.

记所有次数不超过 n 的实系数多项式组成的线性空间为 $\mathbb{P}_n$，定理 2.2.1 表明：给定 $n+1$ 个互异插值节点以及被插函数 $f(x)$ 在这些点的函数值，上述多项式插值问题的解在 $\mathbb{P}_n$ 中是存在唯一的.

虽然定理 2.2.1 的证明本身就提供了一种寻找插值多项式的方法 —— 解线性代数方程组 (2.2.3)，但这并不是最好的方法 (计算量比较大而且系数矩阵可能是病态的). 在下面两节中我们将介绍求插值多项式的两种更有效的方法.

§2.3 Lagrange 插值方法

由 §2.2 的讨论，我们可以把多项式插值问题更明确地表述为：在线性空间 $\mathbb{P}_n$ 中寻找元素 $P(x)$ 使得它满足插值条件 (2.2.2).

先来看看最简单的情形 $n = 1$，即两点一次插值. 此时，我们要求的 $P(x)$ 就是通过 (x_0, y_0), (x_1, y_1) 两点的直线. 这条直线的方程可写为

$$L_1(x) = y_0 \cdot \frac{x - x_1}{x_0 - x_1} + y_1 \cdot \frac{x - x_0}{x_1 - x_0}. \tag{2.3.1}$$

即 $L_1(x)$ 可表为两个一次多项式

$$l_0(x) = \frac{x - x_1}{x_0 - x_1} \quad \text{和} \quad l_1(x) = \frac{x - x_0}{x_1 - x_0} \tag{2.3.2}$$

的线性组合, 组合系数为 y_0, y_1. 式 (2.3.2) 中的两个一次多项式具有非常明显的特征:

$$l_0(x_0) = 1, \quad l_0(x_1) = 0; \quad l_1(x_0) = 0, \quad l_1(x_1) = 1. \tag{2.3.3}$$

由此我们可以证明 $\{l_0(x), l_1(x)\}$ 构成线性空间 $\mathbb{P}_1$ 的一组基.

从以上的讨论我们得到一个重要启发: 利用插值条件 (2.2.2) 构造 n 次插值多项式 $P(x)$ 的关键在于找到线性空间 $\mathbb{P}_n$ 中的满足条件

$$l_i(x_j) = \delta_{ij} = \begin{cases} 1, & i = j, \\ 0, & i \neq j \end{cases} \tag{2.3.4}$$

的一组基函数 $\{l_i(x)\}_{i=0}^n$. 由式 (2.3.2) 容易想到, $l_i(x)$ 的表达式应该为

$$l_i(x) = \frac{\prod\limits_{j=0, j \neq i}^{n} (x - x_j)}{\prod\limits_{j=0, j \neq i}^{n} (x_i - x_j)}, \quad i = 0, 1, \cdots, n. \tag{2.3.5}$$

有了基函数 $\{l_i(x)\}_{i=0}^n$, n 次插值多项式 $L_n(x)$ 就可以表示为

$$L_n(x) = \sum_{i=0}^{n} y_i \cdot l_i(x). \tag{2.3.6}$$

由式 (2.3.5), (2.3.6) 表示的插值多项式 $L_n(x)$, 我们称之为 n 次 **Lagrange 插值多项式**, 而对应的插值方法称为 **Lagrange 插值方法**, 其中 $\{l_i(x)\}_{i=0}^n$ 称为 **Lagrange 插值基函数**.

利用 Lagrange 插值方法, 我们可以比较容易地得到被插函数 $f(x)$ 的 n 次多项式逼近 $L_n(x)$. 除了在插值节点处以外, $L_n(x)$ 与被插函数 $f(x)$ 是有差别的. 这个差别可以用函数

$$R_n(x) \triangleq f(x) - L_n(x) \tag{2.3.7}$$

来表示 (符号 "≜" 表示 "定义"). $R_n(x)$ 实际上就是用多项式 $L_n(x)$ 逼近 $f(x)$ 的截断误差, 又称为**余项**. 下面的定理给出了这个余项的一个表达式.

定理 2.3.1 设被插函数 $f(x) \in C^{(n+1)}[a, b]$, 且插值节点 $x_0, x_1, \cdots,$ x_n 互不相同, 则对 $\forall x \in [a, b]$, 都存在 $\xi \in [a, b]$, 使得

$$R_n(x) = \frac{f^{(n+1)}(\xi)}{(n+1)!}(x - x_0)(x - x_1) \cdots (x - x_n). \tag{2.3.8}$$

证明 当 x 是插值节点时, 在 $[a, b]$ 中任取一个 ξ, 式 (2.3.8) 都显然成立.

当 x 不是插值节点时, 由于

$$R_n(x_i) = f(x_i) - L_n(x_i) = y_i - y_i = 0, \quad i = 0, 1, \cdots, n, \tag{2.3.9}$$

所以 $R_n(x)$ 必可写成如下形式:

$$R_n(x) = K(x)(x - x_0)(x - x_1) \cdots (x - x_n). \tag{2.3.10}$$

下面只要针对固定的 x 确定 $K(x)$. 记

$$\omega_{n+1}(t) = (t - x_0)(t - x_1) \cdots (t - x_n),$$

并定义函数 $E(t)$ 为

$$E(t) = R_n(t) - K(x) \cdot \omega_{n+1}(t). \tag{2.3.11}$$

由式 (2.3.9) 和 (2.3.10), 函数 $E(t)$ 在区间 $[a, b]$ 上有 $n + 2$ 个零点

$$x_0, x_1, \cdots, x_n, x.$$

因为 $f(x) \in C^{(n+1)}[a, b]$, 利用微积分中的 Rolle 定理, 必存在 $\xi \in [a, b]$, 使得

$$E^{(n+1)}(\xi) = 0.$$

由 $E(t)$ 的定义, 就有

$$f^{(n+1)}(\xi) - K(x) \cdot (n+1)! = 0,$$

即

$$K(x) = \frac{f^{(n+1)}(\xi(x))}{(n+1)!}.$$

将此式代入式 (2.3.10), 定理得证.

下面考虑 Lagrange 插值方法的收敛性. 不妨设在点列

$$x_0^{(0)};$$
$$x_0^{(1)} \quad x_1^{(1)};$$
$$\cdots \quad \cdots$$
$$x_0^{(n)} \quad x_1^{(n)} \quad \cdots \quad x_n^{(n)};$$
$$\cdots \quad \cdots \quad \cdots \quad \cdots$$

上作 Lagrange 插值多项式来逼近函数 $f(x)$, 这里 $x, x_j^{(i)}(0 \leqslant j \leqslant i) \in [a, b]$, 并记插值多项式函数为

$$P_n(x) = P_n(f; x_0^{(n)}, x_1^{(n)}, \cdots, x_n^{(n)}; x), \quad x \in [a, b].$$

我们有如下定理:

定理 2.3.2 对复函数 $f(z)$, 如果存在 $r_0 > \frac{3}{2}(b-a)$, 使得 $f(z)$ 在 $B_{r_0}\left(\frac{a+b}{2}\right)$ 内解析, 则 $P_n(x)$ 在 $[a, b]$ 内一致收敛于 $f(x)$. 这里 $B_{r_0}\left(\frac{a+b}{2}\right)$ 是指在复平面上圆心在 $\frac{a+b}{2}$, 半径为 r_0 的圆.

证明 由定理 2.3.1 有

$$|f(x) - P_n(x)| = \left|\frac{f^{(n+1)}(\xi)}{(n+1)!}\omega_{n+1}(x)\right|, \quad \xi \in [a, b].$$

因 $f(z)$ 在 $B_{r_0}\left(\frac{a+b}{2}\right)$ 上解析, 由 Cauchy 定理有

$$f^{(n+1)}(x) = \frac{(n+1)!}{2\pi i} \oint_{\partial B_{r_0}} \frac{f(z)}{(z-x)^{n+2}} dz, \quad x \in [a, b],$$

其中 ∂B_{r_0} 为圆 $B_{r_0}\left(\frac{a+b}{2}\right)$ 的边界. 而

$$|\omega_{n+1}(x)| = |(x - x_0^{(n)}) \cdots (x - x_n^{(n)})| \leqslant |b-a|^{n+1},$$

$$|z - x| \geqslant r_0 - \left| x - \frac{a+b}{2} \right| \geqslant r_0 - \frac{b-a}{2},$$

于是

$$|f(x) - P_n(x)| \leqslant \frac{M r_0 (b-a)^{n+1}}{\left(r_0 - \dfrac{b-a}{2} \right)^{n+2}},$$

这里 $M = \max\limits_{\partial B_{r_0}} |f(z)|$. 当 $r_0 > \dfrac{3}{2}(b-a)$ 时, $\dfrac{b-a}{r_0 - \dfrac{b-a}{2}} < 1$, 即得

$$\lim_{n \to +\infty} |f(x) - P_n(x)| = 0.$$

定理得证.

等距节点高次插值非常不稳定. 考查等距插值点列

$$x_{-n} < x_{-n+1} < \cdots < x_{-1} < x_0 < x_1 < \cdots < x_n,$$

这里 $x_{i+1} - x_i = h$ $(i = -n, \cdots, n-1)$, 其中一个 Lagrange 插值基函数

$$l_0(x) = \frac{\prod\limits_{j \neq 0} (x - x_j)}{\prod\limits_{j \neq 0} (x_0 - x_j)}.$$

取 $x^* = x_n - \dfrac{h}{2}$, 则 $|l_0(x^*)| = \dfrac{U}{L}$, 这里

$$U = h^{2n} \cdot \frac{1}{2^{2n}} \cdot (2n-3)!! \frac{(4n-1)!!}{(2n-1)!!},$$

$$L = h^{2n} \cdot (n!)^2.$$

由 Stirling 公式 $n! \sim \sqrt{2\pi} n^{n+\frac{1}{2}} \mathrm{e}^{-n}$, 得到

$$|l_0(x^*)| = \frac{U}{L} = \frac{(4n)!}{2^{4n}(n!)^2(2n)!} \cdot \frac{1}{2n-1}$$

$$\sim \frac{(4n)^{4n+\frac{1}{2}} \mathrm{e}^{-4n}}{2\pi 2^{4n} n^{2n+1} \mathrm{e}^{-2n} (2n)^{2n+\frac{1}{2}} \mathrm{e}^{-2n}} \cdot \frac{1}{2n-1} \to +\infty$$

$$(n \to +\infty).$$

由于插值函数值不可避免存在误差，设 $\bar{y}_i = y_i + \varepsilon_i$ 为扰动后的值，而 $\bar{P}_n(x)$ 为以 $\bar{y}_0, \bar{y}_1, \cdots, \bar{y}_n$ 为插值函数值的多项式，则

$$f(x) - \bar{P}_n(x) = f(x) - P_n(x) + [P_n(x) - \bar{P}_n(x)].$$

而 $P_n(x) - \bar{P}_n(x) = -\sum_{j=-n}^{n} \varepsilon_j l_j(x)$. 不妨设 $\varepsilon_0 \neq 0$, 其他 $\varepsilon_j = 0$, 我们得到

$$[f(x) - P_n(x)] - [f(x) - \bar{P}_n(x)] = \varepsilon_0 l_0(x).$$

由前推导，$l_0(x^*)$ 非常大，从而 $\varepsilon_0 l_0(x^*)$ 也非常大. 这表明即使是函数值的微小扰动也将带来插值函数的巨大变化，误差会充分放大！这正说明了高次 Lagrange 插值的不稳定性，因而实际计算中极少用到！

例 2.3.1 已知函数 $f(x)$ 在三点的函数值为

x	1.0	1.5	2.0
$f(x)$	0.0000	0.4055	0.6931

求它的二次插值多项式 $P_2(x)$, 并用 $P_2(x)$ 估算 $f(1.2)$.

解 记 $x_0 = 1.0$, $x_1 = 1.5$, $x_2 = 2.0$, 由式 (2.3.5), (2.3.6) 有

$$P_2(x) = f(x_0) \cdot \frac{(x-x_1)(x-x_2)}{(x_0-x_1)(x_0-x_2)} + f(x_1) \cdot \frac{(x-x_0)(x-x_2)}{(x_1-x_0)(x_1-x_2)}$$
$$+ f(x_2) \cdot \frac{(x-x_0)(x-x_1)}{(x_2-x_0)(x_2-x_1)}$$
$$= 0.0000 \times \frac{(x-1.5)(x-2.0)}{(1.0-1.5)(1.0-2.0)} + 0.4055 \times \frac{(x-1.0)(x-2.0)}{(1.5-1.0)(1.5-2.0)}$$
$$+ 0.6931 \times \frac{(x-1.0)(x-1.5)}{(2.0-1.0)(2.0-1.5)}.$$

取 $x = 1.2$, 得

$$f(1.2) \approx P_2(1.2)$$

$$= 0.4055 \times \frac{(1.2 - 1.0)(1.2 - 2.0)}{(1.5 - 1.0)(1.5 - 2.0)}$$

$$+ 0.6931 \times \frac{(1.2 - 1.0)(1.2 - 1.5)}{(2.0 - 1.0)(2.0 - 1.5)}$$

$$= 0.176348.$$

由于原始数据只有 4 位小数, 我们可以取 $f(1.2) = 0.1763$.

§2.4　Newton 插值方法

我们还是从两点一次插值谈起, 这里用点斜式写出过 (x_0, y_0), (x_1, y_1) 两点的直线方程:

$$N_1(x) = y_0 + \frac{y_1 - y_0}{x_1 - x_0} \cdot (x - x_0).$$

容易证明 $\{1, (x - x_0)\}$ 也是线性空间 $\mathbb{P}_1$ 的基. $N_1(x)$ 在这组基下的线性组合系数分别为 y_0 和 $\dfrac{y_1 - y_0}{x_1 - x_0}$, 其中第二个系数为函数 $y = f(x)$ 在两个点 x_0, x_1 上的一阶差商, 我们把它记为 $f[x_0, x_1]$, 即

$$f[x_0, x_1] \triangleq \frac{y_1 - y_0}{x_1 - x_0} = \frac{f(x_1) - f(x_0)}{x_1 - x_0}. \tag{2.4.1}$$

如果我们定义函数 $y = f(x)$ 在点 x_0 处的零阶差商就是它的函数值, 即 $f[x_0] = f(x_0)$, 则两点一次插值多项式就可以利用差商写成

$$N_1(x) = f[x_0] + f[x_0, x_1] \cdot (x - x_0).$$

我们再看 $n = 2$ 时的情形. 可以证明

$$\{1, (x - x_0), (x - x_0)(x - x_1)\}$$

是线性空间 $\mathbb{P}_2$ 的一组基, 因此, 由 $(x_0, y_0), (x_1, y_1), (x_2, y_2)$ 三点决定的二次插值多项式必可表为

$$N_2(x) = f[x_0] + f[x_0, x_1] \cdot (x - x_0) + C \cdot (x - x_0)(x - x_1),$$

其中 C 为待定的常数. 我们用插值条件 $N_2(x_2) = f(x_2)$ 可以定出 C 为

$$C = \frac{f(x_2) - f[x_0] - f[x_0, x_1] \cdot (x_2 - x_0)}{(x_2 - x_0)(x_2 - x_1)}$$

$$= \frac{\dfrac{f(x_2) - f(x_1)}{x_2 - x_1} - \dfrac{f(x_1) - f(x_0)}{x_1 - x_0}}{x_2 - x_0}$$

$$= \frac{f[x_1, x_2] - f[x_0, x_1]}{x_2 - x_0}.$$

如果定义 $f(x)$ 在 x_0, x_1, x_2 上的二阶差商为

$$f[x_0, x_1, x_2] \triangleq \frac{f[x_1, x_2] - f[x_0, x_1]}{x_2 - x_0},$$

则三点二次插值多项式 $N_2(x)$ 就可写为

$$N_2(x) = f[x_0] + f[x_0, x_1] \cdot (x - x_0) + f[x_0, x_1, x_2] \cdot (x - x_0)(x - x_1).$$

这种用各阶差商表示的插值多项式称为 **Newton 插值多项式**, 相应的插值方法称为 **Newton 插值方法**.

一般地, 我们可以递推地定义 $f(x)$ 在节点 $x_i, x_{i+1}, \cdots, x_{i+n}$ 上的各阶差商如下:

0 阶差商: $\quad f[x_j] \triangleq f(x_j)$, $j = i, i+1, \cdots, i+n$;

$k\ (1 \leqslant k \leqslant n)$ 阶差商:

$$f[x_i, x_{i+1}, \cdots, x_{i+k}]$$
$$\triangleq \frac{f[x_{i+1}, x_{i+2}, \cdots, x_{i+k}] - f[x_i, x_{i+1}, \cdots, x_{i+k-1}]}{x_{i+k} - x_i}.$$

这样定义的各阶差商具有下列基本性质:

定理 2.4.1 (1) $f(x)$ 在节点 $x_0, x_1, \cdots, x_m$ 上的 m 阶差商

$$f[x_0, x_1, \cdots, x_m] = \sum_{i=0}^{m} \frac{f(x_i)}{\prod\limits_{j=0, j \neq i}^{m} (x_i - x_j)}; \tag{2.4.2}$$

(2) 差商的值与所含节点的排列次序无关, 即

$$f[x_0, x_1, \cdots, x_m] = f[x_{i_0}, x_{i_1}, \cdots, x_{i_m}], \tag{2.4.3}$$

其中 $\{i_0, i_1, \cdots, i_m\}$ 是 $\{0, 1, \cdots, m\}$ 的任意排列;

(3) 如果 $x_m \notin \{x_0, x_1, \cdots, x_k\}$, 则有

$$
\begin{aligned}
&f[x_0, x_1, \cdots, x_k, x_m] \\
&= \frac{f[x_0, x_1, \cdots, x_{k-1}, x_m] - f[x_0, x_1, \cdots, x_k]}{x_m - x_k};
\end{aligned}
\tag{2.4.4}
$$

(4) 设 $f(x)$ 的 m 阶导数存在, 则有

$$f[x_0, x_1, \cdots, x_m] = \frac{f^{(m)}(\xi)}{m!}, \tag{2.4.5}$$

其中 $\xi \in (\min\{x_0, x_1, \cdots, x_m\}, \max\{x_0, x_1, \cdots, x_m\})$.

定理 2.4.1 中, (1) 可用数学归纳法证明 (留作练习). (2) 是 (1) 的直接推论. 利用 (2) 以及差商的定义可以证明 (3). (4) 的证明留到稍后.

有了各阶差商的定义, $n+1$ 个插值节点 $x_0, x_1, \cdots, x_n$ 上的 n 次 Newton 插值多项式就可以表为

$$
\begin{aligned}
N_n(x) &= f[x_0] + f[x_0, x_1](x - x_0) + \cdots \\
&\quad + f[x_0, x_1, \cdots, x_n](x - x_0)(x - x_1) \cdots (x - x_{n-1}).
\end{aligned}
\tag{2.4.6}
$$

关于 Newton 插值多项式的余项 $R_n(x) = f(x) - N_n(x)$, 我们有如下定理:

定理 2.4.2 设 $y = f(x)$ 为定义在 $[a, b]$ 上的函数, $x_0, x_1, \cdots, x_n$ 是 $[a, b]$ 上的 $n+1$ 个互异插值节点, 则对于 $\forall x \in [a, b]$, 且 x 不是插值节点, Newton 插值多项式 (2.4.6) 的余项为

$$R_n(x) = f[x, x_0, x_1, \cdots, x_n] \prod_{i=0}^{n} (x - x_i). \tag{2.4.7}$$

证明 根据差商的定义和性质 (定理 2.4.1), 我们有下列等式:

$$f[x] = f[x_0] + f[x, x_0](x - x_0),$$

$$f[x, x_0] = f[x_0, x_1] + f[x, x_0, x_1](x - x_1),$$

$$f[x, x_0, x_1] = f[x_0, x_1, x_2] + f[x, x_0, x_1, x_2](x - x_2),$$

$$\cdots\cdots\cdots\cdots\cdots\cdots\cdots\cdots\cdots\cdots\cdots\cdots\cdots\cdots$$

$$f[x, x_0, \cdots, x_{n-2}] = f[x_0, x_1, \cdots, x_{n-1}]$$
$$+ f[x, x_0, x_1, \cdots, x_{n-1}](x - x_{n-1}),$$

$$f[x, x_0, \cdots, x_{n-1}] = f[x_0, x_1, \cdots, x_n] + f[x, x_0, x_1, \cdots, x_n](x - x_n).$$

依次将后一式代入前一式, 最后有

$$f(x) = f[x] = N_n(x) + f[x, x_0, x_1, \cdots, x_n]\prod_{i=0}^{n}(x - x_i),$$

即式 (2.4.7) 成立. 证毕.

由于 Newton 插值多项式 (2.4.6) 和 Lagrange 插值多项式 (2.3.6) 都是满足插值条件 (2.2.2) 的 n 次多项式, 根据插值多项式的存在唯一性 (定理 2.2.1), 它们是同一个插值多项式的不同表现形式, 因此, 当 $f(x)$ 的 $n+1$ 阶导数存在时, 余项 (2.4.7) 与余项 (2.3.8) 也是等价的. 注意到这一点, 就可以得到**定理 2.4.1 之 (4) 的证明**. 这里需要指出的是: 用差商表示的余项 (2.4.7) 比用导数表示的余项 (2.3.8) 适用范围更广, 前者在 $f(x)$ 的导数不存在, 甚至 $f(x)$ 不连续时仍有意义.

Newton 插值多项式的另一个优点是: 已知 n 次插值多项式为 (2.4.6), 如果再增加一个新的插值节点 x_{n+1}, 则 $n+1$ 次的插值多项式 $N_{n+1}(x)$ 只要在 $N_n(x)$ 的基础上增加一项, 即

$$N_{n+1}(x) = N_n(x) + f[x_0, x_1, x_2, \cdots, x_n, x_{n+1}](x - x_0)\cdots(x - x_n).$$

但是, 如果用 Lagrange 插值多项式 (2.3.6), 则每个 Lagrange 插值基函数 $l_i(x)$ 都要重新算. 因此, 当我们需要通过逐渐地增加插值节点

的个数来构造一系列次数从低到高的插值多项式时，Newton 插值方法显然比 Lagrange 插值方法的效率高.

例 2.4.1 已知函数 $f(x)$ 的插值数据为

x	0.00	0.20	0.30	0.50
$f(x)$	0.00000	0.20134	0.30452	0.52110

求它的 Newton 插值多项式，并估算 $f(0.23)$.

解 首先计算所需的各阶差商，列表如下：

表   2.2

i	x_i	$f[x_i]$	$f[x_{i-1}, x_i]$	$f[x_{i-2}, x_{i-1}, x_i]$	$f[x_0, x_1, x_2, x_3]$
0	0.00	0.00000			
1	0.20	0.20134	1.0067		
2	0.30	0.30452	1.0318	0.08367	
3	0.50	0.52110	1.0829	0.17033	0.17332

利用表 2.2, Newton 插值多项式为

$$N_3(x) = f[x_0] + f[x_0, x_1](x - x_0) + f[x_0, x_1, x_2](x - x_0)(x - x_1)$$
$$+ f[x_0, x_1, x_2, x_3](x - x_0)(x - x_1)(x - x_2)$$
$$= 1.0067x + 0.08367x(x - 0.20) + 0.17332x(x - 0.20)(x - 0.30).$$

由此可算出

$$f(0.23) \approx N_3(0.23) \approx 0.23103.$$

§2.5   分段低次多项式插值

2.5.1   等距节点上高次插值多项式的 Runge 现象

为了在一个区间上更好地逼近函数 $f(x)$, 我们自然地想到用比较多的插值节点，这时会得到一个次数很高的插值多项式. 这个多项式

虽然在很多点处与 $f(x)$ 严格相等, 但从整体上看逼近效果并不一定好. 为了表示插值节点的疏密程度, 我们记

$$h = \max_{0 \leqslant i \leqslant n-1} |x_{i+1} - x_i|. \tag{2.5.1}$$

h 可以作为逼近问题的基本参数. $h \to 0$ 意味着 $n \to \infty$, 但反过来不一定成立. 当我们采用等距插值节点

$$x_i = a + ih \quad \left(i = 0, 1, 2, \cdots, n; h = \frac{b-a}{n}\right)$$

时, $h \to 0$ 与 $n \to \infty$ 完全对应. 此时, 我们又把 n 次插值多项式 L_n 记为 $L_h(x)$. 函数逼近理论研究表明, 即使 $f(x)$ 无穷次可微, 一般也不能推出

$$\lim_{h \to 0} |L_h(x) - f(x)| = 0$$

对所有 $x \in [a, b]$ 成立. 特别是在采用等距插值节点时, 有下面著名的例子:

例 2.5.1 设函数 $R(x)$ 为

$$R(x) = \frac{1}{1+x^2}, \quad x \in [-5, 5]. \tag{2.5.2}$$

如果我们用等距插值节点

$$x_i = -5 + \frac{10i}{n}, \quad i = 0, 1, 2, \cdots, n \tag{2.5.3}$$

上的 Lagrange 插值多项式 $L_n(x)$ 去逼近它, 就会发现: 当 n 逐渐增大时, 在区间 $[-5, 5]$ 的两端附近, $L_n(x)$ 与 $R(x)$ 的偏差是迅速增加的. 图 2.1 中以 x 为横坐标, 函数值为纵坐标画出了 $R(x)$ 与其 10 次 Lagrange 插值多项式的图像对比, 其中细线为 $R(x)$ 函数, 粗线为其 10 次 Lagrange 插值多项式.

这种现象首先被德国数学家 C. Runge 在 1901 年发现, 因此被称为 **Runge 现象**, 其原因在于从复函数角度看, $R(z)$ 在 $z = \pm i$ 处有奇性. 函数 $R(x)$ 被称为 Runge 函数.

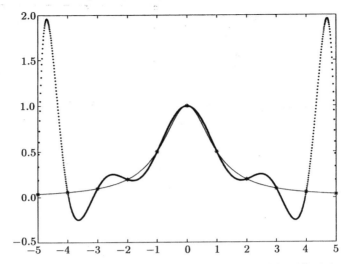

图 2.1 $R(x)$ 函数与其 10 次 Lagrange 插值多项式的图像对比

　　另外，高次的插值多项式，不论是 Newton 形式，还是 Lagrange 形式，它们的数值稳定性都很差，也就是说，计算的舍入误差会迅速地扩大，最终将对计算结果产生灾难性的影响. 基于以上原因，用高次插值多项式 (七、八次以上) 去逼近函数并不是好的方法！从 1950 年开始，人们就有了用分段低次多项式作逼近的想法.

2.5.2　分段线性插值

　　近似一条曲线最简单的办法是过曲线上若干点作一条折线，这就是分段线性插值问题，它的确切提法是：设 $f(x)$ 在区间 $[a,b]$ 上的插值数据为式 (2.2.1) 或表 2.1, h 由式 (2.5.1) 定义，求一个函数 $\phi_h(x)$ 满足：

　　(1) $\phi_h(x) \in C[a,b]$;

　　(2) 在每个子区间 $[x_i, x_{i+1}]$ $(i = 0, 1, \cdots, n-1)$ 上 $\phi_h(x) \in \mathbb{P}_1$;

　　(3) $\phi_h(x_i) = y_i, i = 0, 1, \cdots, n$.

　　我们可以用 Lagrange 插值的思想来构造分段线性插值函数 $\phi_h(x)$.

设满足上述条件 (1) 和 (2) 的所有函数构成的线性空间为 Φ_h. 先找线性空间 Φ_h 的基函数 $l_{n,i}(x)$ $(i = 0, 1, \cdots, n)$, 使得

$$l_{n,i}(x_j) = \delta_{ij}, \quad i, j = 0, 1, \cdots, n.$$

不难得出, $l_{n,i}(x)$ 的表达式为

$$l_{n,0}(x) = \begin{cases} \dfrac{x - x_1}{x_0 - x_1}, & x \in [x_0, x_1], \\ 0, & x \in [x_1, x_n], \end{cases}$$

$$l_{n,i}(x) = \begin{cases} \dfrac{x - x_{i-1}}{x_i - x_{i-1}}, & x \in [x_{i-1}, x_i], \\ \dfrac{x - x_{i+1}}{x_i - x_{i+1}}, & x \in [x_i, x_{i+1}], \qquad i = 1, 2, \cdots, n-1, \\ 0, & x \notin [x_{i-1}, x_{i+1}], \end{cases}$$

$$l_{n,n}(x) = \begin{cases} \dfrac{x - x_{n-1}}{x_n - x_{n-1}}, & x \in [x_{n-1}, x_n], \\ 0, & x \in [x_0, x_{n-1}], \end{cases}$$

它们的图像见图 2.2.

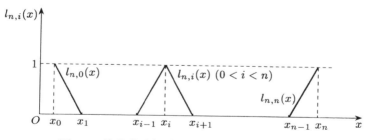

图 2.2 分段线性插值基函数 $l_{n,i}(x)$ 的图像

有了基函数 $l_{n,i}(x)$, 满足条件 $(1) \sim (3)$ 的分段线性插值函数 $\phi_h(x)$ 就可写为

$$\phi_h(x) = \sum_{i=0}^{n} y_i \cdot l_{n,i}(x).$$

关于分段线性插值函数 $\phi_h(x)$ 与被插函数 $f(x)$ 的截断误差, 有下列定理:

定理 2.5.1   设被插函数 $f(x) \in C^2[a, b]$, 则

$$|f(x) - \phi_h(x)| \leqslant \frac{Mh^2}{8}, \quad x \in [a, b], \tag{2.5.4}$$

其中 $M = \max\limits_{x \in [a,b]} |f''|$.

证明 $\forall x \in [a, b]$, 必有某个子区间 $[x_{i-1}, x_i]$ 包含 x, 即 $x_{i-1} \leqslant x \leqslant x_i$. 分段线性插值函数 $\phi_h(x)$ 在这个子区间 $[x_{i-1}, x_i]$ 中就等于两点线性插值多项式:

$$L_1(x) = y_i \cdot \frac{x - x_{i-1}}{x_i - x_{i-1}} + y_{i-1} \cdot \frac{x - x_i}{x_{i-1} - x_i}.$$

利用定理 2.3.1 的结果, 有

$$|\phi_h(x) - f(x)| = |L_1(x) - f(x)| = \frac{1}{2} |f''(\xi) \cdot |(x - x_{i-1})(x - x_i)|.$$

注意 $h = x_i - x_{i-1}$ 及 $x_{i-1} \leqslant x \leqslant x_i$, 利用一个简单的不等式

$$|(x - x_{i-1})(x - x_i)| \leqslant \frac{h^2}{4},$$

以及 $|f''| \leqslant M$, 即得证明.

定理 2.5.1 表明, 对于二阶连续的被插函数, 分段线性插值函数 $\phi_h(x)$ 有很好的逼近性质, 它是一致收敛到被插函数的, 其截断误差的量级为 $O(h^2)$. 但是它也有一个明显的缺点, 即不够光滑. 从图 2.2 中可看到它的图像在每个插值节点处都不可微 (这种点又称为**尖点**).

2.5.3   Hermite 插值

在有些插值问题中, 插值数据不仅包含被插函数 $f(x)$ 的函数值, 还包含被插函数在插值节点上的导数值, 这种插值称为 **Hermite 插值**. 我们先考虑一种具体的情形 —— 两点三次 Hermite 插值. 已知被插函数 $f(x)$ 在区间 $[x_i, x_{i+1}]$ 两个端点的函数值与导数值为

$$y_i = f(x_i), \quad y_{i+1} = f(x_{i+1}), \quad m_i = f'(x_i), \quad m_{i+1} = f'(x_{i+1}).$$

我们要找一个三次多项式 $H_3(x)$ 满足:

$$H_3(x_i) = y_i, \quad H_3(x_{i+1}) = y_{i+1}, \quad H_3'(x_i) = m_i, \quad H_3'(x_{i+1}) = m_{i+1}.$$

仍然可以用 Lagrange 插值的思想来构造 $H_3(x)$. 首先构造区间 $[x_i, x_{i+1}]$ 上三次多项式空间 $\mathbb{P}_3$ 的基函数

$$\{\alpha_i(x), \tilde{\alpha}_{i+1}(x), \beta_i(x), \tilde{\beta}_{i+1}(x)\},$$

使之满足:

$$\begin{aligned}
&\alpha_i(x_i) = 1, \quad \tilde{\alpha}_{i+1}(x_i) = \beta_i(x_i) = \tilde{\beta}_{i+1}(x_i) = 0, \\
&\tilde{\alpha}_{i+1}(x_{i+1}) = 1, \quad \alpha_i(x_{i+1}) = \beta_i(x_{i+1}) = \tilde{\beta}_{i+1}(x_{i+1}) = 0, \\
&\beta_i'(x_i) = 1, \quad \alpha_i'(x_i) = \tilde{\alpha}_{i+1}'(x_i) = \tilde{\beta}_{i+1}'(x_i) = 0, \\
&\tilde{\beta}_{i+1}'(x_{i+1}) = 1, \quad \alpha_i'(x_{i+1}) = \tilde{\alpha}_{i+1}'(x_{i+1}) = \tilde{\beta}_i'(x_{i+1}) = 0.
\end{aligned}$$

容易推导出 (作为习题), 基函数 $\alpha_i(x)$, $\tilde{\alpha}_{i+1}(x)$, $\beta_i(x)$, $\tilde{\beta}_{i+1}(x)$ 的表达式为

$$\alpha_i(x) = \left(1 + 2\frac{x - x_i}{x_{i+1} - x_i}\right)\left(\frac{x - x_{i+1}}{x_i - x_{i+1}}\right)^2, \tag{2.5.5}$$

$$\tilde{\alpha}_{i+1}(x) = \left(1 + 2\frac{x - x_{i+1}}{x_i - x_{i+1}}\right)\left(\frac{x - x_i}{x_{i+1} - x_i}\right)^2, \tag{2.5.6}$$

$$\beta_i(x) = (x - x_i)\left(\frac{x - x_{i+1}}{x_i - x_{i+1}}\right)^2, \tag{2.5.7}$$

$$\tilde{\beta}_{i+1}(x) = (x - x_{i+1})\left(\frac{x - x_i}{x_{i+1} - x_i}\right)^2, \tag{2.5.8}$$

其中 $x \in [x_i, x_{i+1}]$. 它们的图像见图 2.3.

有了基函数 $\alpha_i(x)$, $\tilde{\alpha}_{i+1}(x)$, $\beta_i(x)$, $\tilde{\beta}_{i+1}(x)$, 满足上述插值条件的两点三次 Hermite 插值多项式 $H_3(x)$ 就可以表为

$$H_3(x) = y_i\alpha_i(x) + y_{i+1}\tilde{\alpha}_{i+1}(x) + m_i\beta_i(x) + m_{i+1}\tilde{\beta}_{i+1}(x).$$

关于其截断误差, 我们有下面的定理.

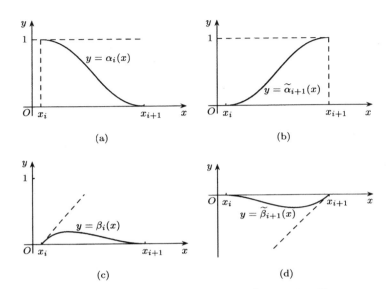

图 2.3 基函数 $\alpha_i(x), \tilde{\alpha}_{i+1}(x), \beta_i(x), \tilde{\beta}_{i+1}(x)$ 的图像

定理 2.5.2 设被插函数 $f(x) \in C^4[x_i, x_{i+1}]$, 则对 $\forall x \in [x_i, x_{i+1}]$, 都存在 $\xi \in [x_i, x_{i+1}]$, 使得

$$f(x) - H_3(x) = \frac{1}{4!} f^{(4)}(\xi)(x - x_i)^2 (x - x_{i+1})^2.$$

证明作为习题.

2.5.4 分段三次 Hermite 插值

分段三次 Hermite 插值问题的提法为: 给定 $[a, b]$ 上的 $n + 1$ 个插值节点的插值数据表 2.1, 仍记 $h = \max\limits_{0 \leqslant i \leqslant n-1} |x_{i+1} - x_i|$, 并设被插函数 $f(x)$ 在这些节点处的函数值 $y_i = f(x_i)$ 和导数值 $m_i = f'(x_i)$ 都已知, 要求 $f(x)$ 的一个插值函数 $H_h(x)$, 使之满足:

(1) 对 $i = 0, 1, \cdots, n$, 有 $H_h(x_i) = y_i$, $H'_h(x_i) = m_i$;

(2) 在每个子区间 $[x_i, x_{i+1}]$ 上, $H_h(x)$ 是不超过三次的多项式.

结合两点三次 Hermite 插值与分段线性插值的想法, 要找的分段

三次多项式函数 $H_h(x)$ 可写为

$$H_h(x) = \sum_{i=0}^{n} [y_i h_i(x) + m_i \hat{h}_i(x)], \qquad (2.5.9)$$

其中基函数 h_i 和 $\hat{h}_i$ 的表达式可以用 2.5.3 小节中的 $\alpha_i(x)$ 和 $\beta_i(x)$ 给出:

$$h_0(x) = \begin{cases} \alpha_0(x), & x \in [x_0, x_1], \\ 0, & x \in [x_1, x_n], \end{cases} \qquad (2.5.10)$$

$$\hat{h}_0(x) = \begin{cases} \beta_0(x), & x \in [x_0, x_1], \\ 0, & x \in [x_1, x_n], \end{cases} \qquad (2.5.11)$$

$$h_n(x) = \begin{cases} 0, & x \in [x_0, x_{n-1}], \\ \tilde{\alpha}_n(x), & x \in [x_{n-1}, x_n], \end{cases} \qquad (2.5.12)$$

$$\hat{h}_n(x) = \begin{cases} 0, & x \in [x_0, x_{n-1}], \\ \tilde{\beta}_n(x), & x \in [x_{n-1}, x_n], \end{cases} \qquad (2.5.13)$$

$$h_i(x) = \begin{cases} \tilde{\alpha}_i(x), & x \in [x_{i-1}, x_i], \\ \alpha_i(x), & x \in [x_i, x_{i+1}], \\ 0, & x \notin [x_{i-1}, x_{i+1}], \end{cases} \qquad (2.5.14)$$

$$\hat{h}_i(x) = \begin{cases} \tilde{\beta}_i(x), & x \in [x_{i-1}, x_i], \\ \beta_i(x), & x \in [x_i, x_{i+1}], \\ 0, & x \notin [x_{i-1}, x_{i+1}], \end{cases} \qquad (2.5.15)$$

$$i = 1, 2, \cdots, n-1.$$

定理 2.5.3 当被插函数 $f(x) \in C^4[a,b]$ 时,$H_h(x)$ 与 $f(x)$ 的误差满足

$$\|f(x) - H_h(x)\|_\infty \leqslant \frac{h^4}{384} M,$$

其中 $\|f\|_\infty = \max_{x \in [a,b]} |f(x)|$,$M = \max_{x \in [a,b]} |f^{(4)}(x)|$.

定理 2.5.3 的证明利用定理 2.5.2 的结论可得到, 留作习题.

对于四阶导数连续的被插函数, 用分段三次 Hermite 插值函数 $H_h(x)$ 去逼近, 截断误差的量级为 $O(h^4)$. 不仅如此, 在每个插值节点处, $H_h(x)$ 不仅本身连续, 而且一阶导数也连续. 也就是说, $H_h(x)$ 在整个区间 $[a, b]$ 上比分段线性插值函数 $\phi_h(x)$ 更光滑, 不存在尖点.

2.5.5 三次样条插值

三次样条插值函数也是一种分段三次多项式插值函数, 它在每个插值节点二阶导数连续, 也就是说具有连续的曲率, 因而比分段三次 Hermite 插值函数更光滑. k 次样条插值问题的确切提法是: 给定区间 $[a, b]$ 上 $n+1$ 个互异的插值节点 $x_0, x_1, \cdots, x_n$, 以及被插函数 $f(x)$ 在这些节点处的函数值 $y_i = f(x_i)$, 求一个函数 $S_k(x)$, 使之满足:

(1) $S_k(x)$ 在每个子区间 $[x_i, x_{i+1}]$ 上是不超过 k 次的多项式;
(2) $S_k(x_i) = y_i, i = 0, 1, \cdots, n$;
(3) $S_k(x) \in C^{k-1}[a, b]$.

下面讨论 $S_3(x)$ 的构造方法. 先设 $S_3'(x_i) = m_i$ $(i = 0, 1, \cdots, n)$, 注意此时 m_i 是未知量. 因为 $S_3(x)$ 是分段三次多项式, 所以利用三次 Hermite 插值的基函数 h_i 和 $\hat{h}_i$(见 2.5.4 小节), $S_3(x)$ 可以表为

$$S_3(x) = \sum_{i=0}^{n} [y_i h_i(x) + m_i \hat{h}_i(x)]. \tag{2.5.16}$$

显然, 我们只需再定出 m_i 即可得到三次样条插值函数 $S_3(x)$ (也简称为样条函数). 上述条件 (1), (2), (3) 中, (1) 和 (2) 已经满足, 我们希望用 (3) 定出 m_i. 为此任取一个子区间 $[x_i, x_{i+1}]$, 记 $\Delta x_i = x_{i+1} - x_i$. 当 $x \in [x_i, x_{i+1}]$ 时, 有

$$S_3(x) = y_i h_i(x) + y_{i+1} h_{i+1}(x) + m_i \hat{h}_i(x) + m_{i+1} \hat{h}_{i+1}(x). \tag{2.5.17}$$

对上式求二阶导数, 有

$$S_3''(x) = y_i h_i''(x) + y_{i+1} h_{i+1}''(x) + m_i \hat{h}_i''(x) + m_{i+1} \hat{h}_{i+1}''(x). \tag{2.5.18}$$

利用式 (2.5.10) ~ (2.5.15) 计算出 $h_i''(x)$, $h_{i+1}''(x)$, $\hat{h}_i''(x)$, $\hat{h}_{i+1}''(x)$, 并代入上式, 有

$$S_3''(x) = \left[\frac{6}{\Delta x_i^2} - \frac{12}{\Delta x_i^3}(x_{i+1} - x)\right]y_i$$

$$+ \left[\frac{6}{\Delta x_i^2} - \frac{12}{\Delta x_i^3}(x - x_i)\right]y_{i+1}$$

$$+ \left[\frac{2}{\Delta x_i} - \frac{6}{\Delta x_i^2}(x_{i+1} - x)\right]m_i$$

$$- \left[\frac{2}{\Delta x_i} - \frac{6}{\Delta x_i^2}(x - x_i)\right]m_{i+1}.$$

利用此式, 可得 $S_3''(x)$ 在 x_i 处的右极限为

$$S_3''(x_i + 0) = -\frac{6}{\Delta x_i^2}y_i + \frac{6}{\Delta x_i^2}y_{i+1} - \frac{4}{\Delta x_i}m_i - \frac{2}{\Delta x_i}m_{i+1}.$$

在子区间 $[x_{i-1}, x_i]$ 上用同样的方法可计算出 $S_3'(x)$ 在 x_i 处的左极限为

$$S_3''(x_i - 0) = \frac{6}{\Delta x_{i-1}^2}y_{i-1} - \frac{6}{\Delta x_{i-1}^2}y_i + \frac{2}{\Delta x_{i-1}}m_{i-1} + \frac{4}{\Delta x_{i-1}}m_i.$$

要使 $S_3(x) \in C^2[a, b]$, 只要

$$S_3''(x_i + 0) = S_3''(x_i - 0), \quad i = 1, 2, \cdots, n - 1$$

(注意 $i \neq 0, i \neq n$), 即

$$\frac{2}{\Delta x_{i-1}}m_{i-1} + \left(\frac{4}{\Delta x_{i-1}} + \frac{4}{\Delta x_i}\right)m_i + \frac{2}{\Delta x_i}m_{i+1}$$

$$= -\frac{6}{\Delta x_{i-1}^2}y_{i-1} + \frac{6}{\Delta x_{i-1}^2}y_i - \frac{6}{\Delta x_i^2}y_i + \frac{6}{\Delta x_i^2}y_{i+1},$$

整理得

$$(1 - \lambda_i)\,m_{i-1} + 2m_i + \lambda_i\,m_{i+1} = \mu_i, \quad i = 1, 2, \cdots, n - 1, \quad (2.5.19)$$

其中

$$\lambda_i = \frac{\Delta x_{i-1}}{\Delta x_{i-1} + \Delta x_i}, \tag{2.5.20}$$

$$\mu_i = 3\left[\frac{1-\lambda_i}{\Delta x_{i-1}}(y_i - y_{i-1}) + \frac{\lambda_i}{\Delta x_i}(y_{i+1} - y_i)\right]. \tag{2.5.21}$$

式 (2.5.19) 为关于 m_i 的线性代数方程组, 但是未知量 m_i 共有 $n+1$ 个而方程只有 $n-1$ 个, 因此还要在 x_0 和 x_n 处补充两个边界条件. 常用的边界条件有下列三种:

(1) **固支边界条件**: $S_3'(x_0) = f'(x_0)$, $S_3'(x_n) = f'(x_n)$;

(2) **自然边界条件**: $S_3''(x_0) = 0$, $S_3''(x_n) = 0$;

(3) **周期边界条件**:

$$S_3(x_0) = S_3(x_n) = y_0, \quad S_3'(x_0) = S_3'(x_n), \quad S_3''(x_0) = S_3''(x_n).$$

在上述三种边界条件中任取其一, 都可以与式 (2.5.19) 一起构成关于 m_i 的封闭线性代数方程组 (指含方程个数和未知量个数相同的方程组), 而且这些线性代数方程组的形式还很特殊. 以自然边界条件为例 (这种样条插值称为**自然样条插值**), 此时得到的线性代数方程组为

$$\begin{pmatrix} 2 & \lambda_0 & 0 & \cdots & & 0 \\ 1-\lambda_1 & 2 & \lambda_1 & & & \vdots \\ 0 & \ddots & \ddots & \ddots & & 0 \\ \vdots & & 1-\lambda_{n-1} & 2 & \lambda_{n-1} \\ 0 & \cdots & 0 & 1-\lambda_n & 2 \end{pmatrix} \begin{pmatrix} m_0 \\ m_1 \\ m_2 \\ \vdots \\ m_{n-1} \\ m_n \end{pmatrix} = \begin{pmatrix} \mu_0 \\ \mu_1 \\ \mu_2 \\ \vdots \\ \mu_{n-1} \\ \mu_n \end{pmatrix},$$

其中 $\lambda_0 = 1$, $\lambda_n = 0$, $\mu_0 = 3[(y_1 - y_0)/\triangle x_0]$, $\mu_n = 3[(y_n - y_{n-1})/\triangle x_{n-1}]$, 其他 λ_i, μ_i 由式 (2.5.20) 和 (2.5.21) 定义. 显然, 这是一个强对角占优的三对角方程组, 可以用追赶法快速求解.

关于三次样条插值的截断误差, 我们有下面的定理.

定理 2.5.4 设被插函数 $f(x) \in C^4[a,b]$, 则

$$\|S_3^{(k)} - f^{(k)}\|_\infty \leqslant C_k \|f^{(4)}\|_\infty h^{4-k}, \quad k = 0, 1, 2,$$

其中 C_k $(k = 0, 1, 2)$ 为常数, $f^{(k)}$ 表示 f 的 k 阶导数, $\|f\|_\infty = \max\limits_{x \in [a,b]} |f(x)|$.

证明略, 读者可参阅文献 [43].

样条函数有着鲜明的力学背景, 从数学上看它有某种极小性质.

定理 2.5.5 设 $f(x)$ 为被插函数, $g(x) \in C^2[a,b]$ 满足插值条件 $g(x_i) = f(x_i)$ $(i = 0, 1, \cdots, n)$, 则

$$\int_a^b [g''(x)]^2 \mathrm{d}x \geqslant \int_a^b [S_3''(x)]^2 \mathrm{d}x,$$

且 "=" 成立等价于 $g(x) = S_3(x)$, 其中 $S_3(x)$ 是满足自然边界条件的三次样条函数.

证明 经恒等变形, 有

$$\int_a^b \{[g''(x)]^2 - [S_3''(x)]^2\}\mathrm{d}x$$

$$= \int_a^b [g''(x) - S_3''(x)]^2 \mathrm{d}x + 2 \int_a^b S_3''(x)[g''(x) - S_3''(x)]\mathrm{d}x,$$

注意到

$$\int_a^b S_3''(x)[g''(x) - S_3''(x)]\mathrm{d}x$$

$$= S_3''(x)[g'(x) - S_3'(x)]\Big|_a^b - \int_a^b [g'(x) - S_3'(x)]S_3'''(x)\mathrm{d}x,$$

而对于自然边界条件有 $S_3''(x)[g'(x) - S_3'(x)]\Big|_a^b = 0$, 且

$$\int_a^b [g'(x) - S_3'(x)]S_3'''(x)\mathrm{d}x = \sum_i \left\{ \int_{x_i}^{x_{i+1}} [g'(x) - S_3'(x)]\mathrm{d}x \cdot C_i \right\} = 0,$$

其中 C_i 为常数, 这样得到

$$\int_a^b [g''(x)]^2 \mathrm{d}x - \int_a^b [S_3''(x)]^2 \mathrm{d}x = \int_a^b [g''(x) - S_3''(x)]^2 \mathrm{d}x \geqslant 0.$$

定理得证.

注 从物理意义上看, 弹性杆的弯曲能为

$$E = \int_a^b |\kappa|^2 \mathrm{d}x = \int_a^b \frac{g''^2}{(1 + g'^2)^3} \mathrm{d}x,$$

其中 κ 表示曲率. 当 $\|g'\|_\infty \ll 1$ 时, 则有

$$\min_g E \approx \min_g \int_a^b g''^2 \mathrm{d}x.$$

这从某种意义上表明样条函数是弯曲能最低的函数, 即自然界本身呈现的就是光滑样条.

2.5.6 B - 样条函数

设

$$\cdots < x_{-2} < x_{-1} < x_0 < x_1 < \cdots < x_j < \cdots,$$

$x_j \to \pm\infty \ (j \to \pm\infty)$, k 为正整数, 定义

$$M_k(x; y) \triangleq k(y - x)_+^{k-1} = \begin{cases} k(y - x)^{k-1}, & y \geqslant x, \\ 0, & y < x, \end{cases} \tag{2.5.22}$$

视其中 x 为参数, 把 $M_k(x; y)$ 看做 y 的函数, 考虑其在 $y = x_0, x_1, \cdots, x_n$ 处的 n 阶差商 $M_n(x; x_0, x_1, \cdots, x_n)$:

$$M_n(x) = M_n(x; x_0, x_1, \cdots, x_n) = \sum_{j=0}^n \frac{n(x_j - x)_+^{n-1}}{\omega_n'(x_j)}, \tag{2.5.23}$$

其中 $\omega_n(x) = (x - x_0)(x - x_1) \cdots (x - x_n)$.

显然 $M_n(x)$ 是一个以 $x_0, x_1, \cdots, x_n$ 为节点的 $n-1$ 次样条函数, 并且按截断多项式的定义, 当 $x > x_n$ 时, $M_n(x) \equiv 0$; 又当 $x < x_0$ 时, 式 (2.5.23) 右端中的截断号 "+" 可以去掉, 而使 $M_n(x)$ 是一个 $n-1$

次多项式的 n 阶差商, 于是由差商的性质可知, 此时也有 $M_n(x) \equiv 0$. 总之

$$M_n(x) \equiv 0, \quad x \notin [x_0, x_n]. \tag{2.5.24}$$

定理 2.5.6 $M_n^{(i)}(x)$ $(i = 0, 1, \cdots, n-2)$ 在区间 (x_0, x_n) 内恰有 i 个不同的零点, 特别地有

$$M_n(x) > 0, \quad x \in (x_0, x_n).$$

证明 由式 (2.5.23) 知

$$M_n(x) = \frac{n(x_n - x)^{n-1}}{\omega_n'(x_n)}, \quad x_{n-1} < x < x_n,$$

因而在区间 (x_{n-1}, x_n) 内, $M_n(x) > 0$. 从而可以找到三个点 $x_0 < x^* < x_n$, 使 $M_n(x)$ 在其上的符号依次为 0, +, 0; 由中值定理, 又可找到四个点 $x_0 < x_1^* < x_2^* < x_n$, 使 $M_n'(x)$ 在其上的符号依次为 0, +, −, 0(变号一次) $\cdots\cdots$ 最后, 我们可以找到 $n+1$ 个点 $x_0 < \bar{x}_1 < \bar{x}_2 < \cdots < \bar{x}_{n-1} < x_n$, 使 $M_n^{(n-2)}(x)$ 在其上的符号依次为 0, +, −, +, −, $\cdots$, 0 (变号 $n-2$ 次). 另外, 由式 (2.5.23),

$$M_n^{(n-2)}(x) = (-1)^{n-2} n! \sum_{j=0}^{n} \frac{(x_j - x)_+}{\omega_n'(x_j)}$$

是一条以 $x = x_0, x_1, \cdots, x_n$ 为顶点横坐标的折线, 该折线在两端点处 $y = 0$, 而且 $M_n^{(n-2)}(\bar{x}_j)$ $(j = 1, 2, \cdots, n-1)$ 不等于 0 且交错变号. 从而 $M_n^{(n-2)}(x) = 0$ 在 (x_0, x_n) 内恰好有 $n-2$ 个单根.

因为 $M_n^{(i)}(x) = 0$ 在 (x_0, x_n) 内至少有 i 个互异的根, 若它的根多于 i 个 (重数计算在内), 则由 Rolle 定理可知 $M_n^{(n-2)}(x) = 0$ 的根多于 $n-2$ 个 (包括重数). 但这是不可能的, 定理证毕.

由式 (2.5.23) 给出的 $M_n(x)$ 称为 **B - 样条函数**.

对于等距节点情况, Schoenberg(1946) 还给出了 B - 样条函数的差分表达式. 对于以 1 为步长的等距节点情况, 他给出

$$M_n(x) = \frac{1}{2\pi} \int_{-\infty}^{+\infty} \left(\frac{2\sin\frac{u}{2}}{u} \right)^n e^{iux} du = \frac{1}{(n-1)!} \delta^n x_+^n,$$

其中 δ^n 表示 n 阶中心差分.

特别地,

$$M_1(x) = \begin{cases} 1, & -1/2 \leqslant x \leqslant 1/2, \\ 0, & |x| > 1/2; \end{cases}$$

$$M_2(x) = \begin{cases} x+1, & -1 \leqslant x \leqslant 0, \\ -x+1, & 0 \leqslant x \leqslant 1, \\ 0, & |x| > 1; \end{cases}$$

$$M_3(x) = \begin{cases} \dfrac{1}{2}\left(x+\dfrac{3}{2}\right)^2, & -\dfrac{3}{2} \leqslant x \leqslant -\dfrac{1}{2}, \\ \dfrac{1}{2}\left(x+\dfrac{3}{2}\right)^2 - \dfrac{3}{2}\left(x+\dfrac{1}{2}\right)^2, & -\dfrac{1}{2} \leqslant x \leqslant \dfrac{1}{2}, \\ \dfrac{1}{2}\left(-x+\dfrac{3}{2}\right)^2, & \dfrac{1}{2} \leqslant x \leqslant \dfrac{3}{2}, \\ 0, & |x| > \dfrac{3}{2}. \end{cases}$$

它们的图形见图 2.4 (以 x 为横坐标, 函数值 $M_i(x)$ $(i = 1, 2, 3)$ 为纵坐标).

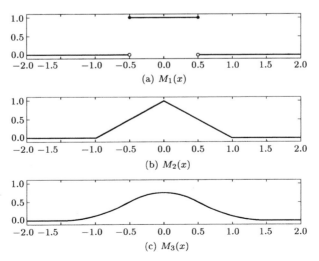

(a) $M_1(x)$

(b) $M_2(x)$

(c) $M_3(x)$

图 2.4 函数 $M_1(x), M_2(x), M_3(x)$ 的图像

设区间 $[a,b]$ 的剖分 $a = x_0 < x_1 < \cdots < x_n = b$ 的 m 次样条函数全体组成的集合为 $\mathbb{S}_m(x_0, x_1, x_2, \cdots, x_n)$，它是一个线性空间. 因为 $\mathbb{S}_m(x_0, x_1, x_2, \cdots, x_n)$ 至多有 $(m+1) \times n$ 个自由参数，由连续性条件知有 $m \times (n-1)$ 个约束条件，因此 $\mathbb{S}_m(x_0, x_1, x_2, \cdots, x_n)$ 的维数至多为 $(m+1) \times n - m \times (n-1) = n + m$. 下面证明 $\mathbb{S}_m(x_0, x_1, x_2, \cdots, x_n)$ 中的 $n+m$ 个样条函数

$$x^k, \quad k = 0, 1, \cdots, m,$$
$$(x - x_j)_+^m, \quad j = 1, 2, \cdots, n-1$$

在区间 $[a,b]$ 上线性无关，从而可得出 $\mathbb{S}_m(x_0, x_1, x_2, \cdots, x_n)$ 的维数为 $n + m$.

用反证法. 假定上述 $n+m$ 个函数在区间 $[a,b]$ 上线性相关，即存在不全为零常数 a_k $(k = 0, 1, \cdots, m)$ 与 c_j $(j = 1, 2, \cdots, n-1)$ 使

$$\sum_{k=0}^{m} a_k x^k + \sum_{j=1}^{n-1} c_j (x - x_j)_+^m = 0.$$

当 $x < x_1$ 时，上式变为

$$\sum_{k=0}^{m} a_k x^k = 0,$$

由 $1, x, \cdots, x^m$ 的线性无关性，有 $a_k = 0$ $(k = 0, 1, \cdots, m)$.

当 $x \in (x_1, x_2)$ 时，有

$$c_1 (x - x_1)^m = 0,$$

从而 $c_1 = 0$. 以此类推，可得出所有 $c_j = 0$ $(j = 2, 3, \cdots, n-1)$.

综合可得与假定矛盾，故上述 $n+m$ 个函数线性无关.

定义

$$B_{j,m}(x) \triangleq \frac{x_{j+m+1} - x_j}{m+1} M_{m+1}(x; x_j, x_{j+1}, \cdots, x_{j+m+1}),$$
$$j = -m, -m+1, \cdots, n-1,$$

也称其为 B-样条函数. 上述 $n+m$ 个样条函数是线性无关的, 所以组成 $\mathbb{S}_m(x_0, x_1, x_2, \cdots, x_n)$ 的一组基, 任何 $S_m(x) \in \mathbb{S}_m(x_0, x_1, x_2, \cdots, x_n)$ 都可表示为

$$S_m(x) = \sum_{j=-m}^{n-1} a_j B_{j,m}(x), \qquad (2.5.25)$$

其中 a_j $(j = -m, -m+1, \cdots, n-1)$ 为待定常数. 这样求 $S_m(x)$ 的问题就归结为求系数 $a_{-m}, a_{-m+1}, \cdots, a_{n-1}$, 实际上就是解线性代数方程组. 例如, 已知在点 $x_0, x_1, \cdots, x_n$ 上的函数值 $f_0, f_1, \cdots, f_n$, 以及 x_0, x_n 处的导数值 f_0' 及 f_n', 求三次样条函数 $S_3(x)$. 由式 (2.5.25) 式可得方程组

$$\sum_{j=-3}^{n-1} a_j B_{j,3}'(x_0) = f_0',$$

$$\sum_{j=-3}^{n-1} a_j B_{j,3}(x_i) = f_i, \quad i = 0, 1, \cdots, n,$$

$$\sum_{j=-3}^{n-1} a_j B_{j,3}'(x_n) = f_n',$$

求出 $a_{-3}, a_{-2}, \cdots, a_{n-1}$ 这 $n+3$ 个系数则得到三次样条函数 $S_3(x)$.

§2.6   最佳一致逼近

与多项式插值不同, 多项式逼近是寻求在某种范数的意义下, 用一个多项式 $P_0(x)$ 去最好地近似一个连续函数 $f(x)$, 更具体而言, 是寻找 $P_0(x) \in \mathbb{P}_n$, 使得

$$\|P_0(x) - f(x)\| = \min_{P \in \mathbb{P}_n} \|P(x) - f(x)\|.$$

这里常用的范数 $\|\cdot\|$ 有:

L^∞范数: $\quad \|\cdot\|_\infty, \quad \|f\|_\infty = \max_{[a,b]} |f(x)|;$

$$L^1\text{范数}: \quad \|\cdot\|_1, \quad \|f\|_1 = \int_a^b |f(x)|\mathrm{d}x;$$

$$L^p\text{范数}: \quad \|\cdot\|_p, \quad \|f\|_p = \left(\int_a^b |f(x)|^p \mathrm{d}x\right)^{\frac{1}{p}}.$$

如果取为 L^∞ 范数, 通常称为**最佳一致逼近**; 如果取为 L^2 范数, 则称为**最佳平方逼近**.

定理 2.6.1 设 $f(x)$ 是闭区间 $[-\pi, \pi]$ 上周期的连续函数. 对于任给的 $\varepsilon > 0$, 都存在一个 N 阶三角多项式

$$T_N(x) = A + \sum_{k=1}^{N}(a_k \cos kx + b_k \sin kx)$$

(正整数 N 与 ε 有关, A 为常数), 使得

$$\max_{x\in[-\pi,\pi]}|T_N(x) - f(x)| < \varepsilon.$$

这个定理与定理 2.1.1 是等价的, 这里我们仅引述 Bernstein 对定理 2.1.1 的构造性证明.

证明 定义多项式

$$B_n^f(x) = \sum_{k=0}^{n} f\left(\frac{k}{n}\right) \mathrm{C}_n^k x^k (1-x)^{n-k}.$$

下证当 $n \to +\infty$ 时,

$$B_n^f(x) \to f(x), \quad x \in [0,1].$$

仅设 $x \in [0,1]$ 是不失一般性的, 因为总可以通过线性变换实现这一点. 有恒等式

$$\sum_{k=0}^{n} \mathrm{C}_n^k x^k (1-x)^{n-k} = 1,$$

$$\sum_{k=0}^{n} (nx-k)^2 \mathrm{C}_n^k x^k (1-x)^{n-k} = nx(1-x).$$

定义

$$\varepsilon_n(x) = \max_{|\frac{k}{n}-x| < (\frac{1}{n})^{\frac{1}{4}}} \left| f(x) - f\left(\frac{k}{n}\right) \right|.$$

由于 $f(x)$ 在 $C[0,1]$ 内, 由一致连续性不难得到: 存在 ε_n 单调下降趋于 0, 且 $\varepsilon_n(x) < \varepsilon_n$.

考查

$$f(x) - B_n^f(x) = \left(\sum^{1} + \sum^{2} \right) \left[f(x) - f\left(\frac{k}{n}\right) \right] \lambda_{n,k}(x),$$

这里 $\lambda_{n,k}(x) = C_n^k x^k (1-x)^{n-k}$, 其中 $\sum^{1}$ 表示对 $|k - nx| < n^{\frac{3}{4}}$ 部分求和, $\sum^{2}$ 表示对 $|k - nx| \geqslant n^{\frac{3}{4}}$ 部分求和. 令 $M = \max_x |f(x)|$, 则

$$|f(x) - B_n^f(x)| \leqslant \sum^{1} \varepsilon_n \lambda_{n,k}(x) + 2M \sum^{2} \lambda_{n,k}(x)$$

$$< \varepsilon_n + 2M \sum^{2} \lambda_{n,k}(x).$$

而

$$n^{\frac{3}{2}} \sum^{2} \lambda_{n,k}(x) \leqslant \sum_{k=0}^{n} (k - nx)^2 \lambda_{n,k}(x) = nx(1-x) \leqslant \frac{n}{4},$$

于是有

$$|f(x) - B_n^f(x)| < \varepsilon_n + 2M \cdot \frac{1}{4} \left(\frac{1}{n}\right)^{\frac{1}{2}} \to 0 \quad (n \to +\infty).$$

注意到收敛性与 x 无关, 即定理 2.1.1 得证.

设 $f(x) \in C[a,b]$, 定义

$$\Delta(P) \triangleq \max_x |f(x) - P(x)|, \quad P(x) \in \mathbb{P}_n,$$

称 $\Delta(P)$ 为 $P(x)$ 与 $f(x)$ 的 **偏差**. 定义

$$E_n \triangleq \inf_{P \in \mathbb{P}_n} \Delta(P),$$

称 E_n 为 $\mathbb{P}_n$ 对 $f(x)$ 的 **最小偏差** 或 **最佳逼近**. 显然有

$$E_n \geqslant E_{n+1} \geqslant \cdots,$$

并且 Weierstrass 定理保证了 $\lim\limits_{n \to +\infty} E_n = 0$.

最佳一致逼近关心的问题是：是否存在 $P^* \in \mathbb{P}_n$, 使得 $\Delta(P^*) = E_n$; 如果有，是否唯一？

称 $P^*(x)$ 为 $f(x)$ 在 $\mathbb{P}_n$ 中的 **最佳逼近多项式** (BUAP).

定理 2.6.2 (Borel 存在定理)　对 $\forall f(x) \in C[a,b]$, $\exists P^*(x) \in \mathbb{P}_n$, 使得

$$\Delta(P^*) = E_n.$$

证明　对 $\forall \varepsilon > 0$, $\exists P_\varepsilon(x) \in \mathbb{P}_n$, 使得

$$E_n \leqslant \Delta(P_\varepsilon) \leqslant E_n + \varepsilon.$$

取 $\varepsilon = \dfrac{1}{m}$, 若 $P_m(x)$ 一致收敛到 P^*, 则 P^* 即为所求. 因为

$$E_n \leqslant \Delta(P^*) = \max_x |f(x) - P^*(x)|$$

$$\leqslant \Delta(P_m) + \max_x |P_m - P^*|$$

$$\leqslant E_n + \frac{1}{m} + \varepsilon_m \to E_n \quad (m \to +\infty).$$

于是设 $P_m(x) = a_{0,m} + a_{1,m}x + \cdots + a_{n,m}x^n$, 显然有

$$\max_x |P_m(x)| \leqslant \Delta(P_m) + \max_x |f(x)| \leqslant C,$$

其中 C 为某正数. 取定点 $x_0, x_1, \cdots, x_n \in [a,b]$, 由

$$\sum_{k=0}^{n} a_{k,m} x_i^k = P_m(x_i), \quad i = 0, 1, \cdots, n$$

得线性方程组

$$\begin{pmatrix} 1 & x_0 & \cdots & x_0^n \\ 1 & x_1 & \cdots & x_1^n \\ \vdots & \vdots & & \vdots \\ 1 & x_n & \cdots & x_n^n \end{pmatrix} \begin{pmatrix} a_{0,m} \\ a_{1,m} \\ \vdots \\ a_{n,m} \end{pmatrix} = \begin{pmatrix} P_m(x_0) \\ P_m(x_1) \\ \vdots \\ P_m(x_n) \end{pmatrix}.$$

由于其系数矩阵为 Vandermonde 矩阵, 从而系数 $a_{0,m}, a_{1,m}, \cdots, a_{n,m}$
可由 Cramer 法则给出. 对任意的 m, 利用 $|P_m(x)|$ 的有界性可得到
$|a_{i,m}| \leqslant A\ (i = 0, 1, \cdots, n)$.

　　由紧性可抽收敛的子列 $\{a_{i,m_j}\}$, 记其极限为 $a_i^*\ (i = 0, 1, \cdots, n)$,
即

$$a_{i,m_j} \to a_i^*\ (i = 0, 1, \cdots, n)\quad (j \to +\infty).$$

令 $P^*(x) = \sum\limits_{i=0}^{n} a_i^* x^i$, 则 $P_{m_j}(x) \to P^*(x)\ (j \to +\infty)$. 定理得证.

　　记 $\varepsilon(x) = P(x) - f(x)$, 称 $x_0 \in [a, b]$ 为 $P(x)$ 关于 $f(x)$ 的**偏离点**,
如果

$$|\varepsilon(x_0)| = \Delta(P).$$

如区分符号, 则有正、负偏离点 ($\varepsilon(x_0) > 0$ 时为正偏离点, $\varepsilon(x_0) < 0$
时为负偏离点). 最佳逼近多项式有下面的特征:

　　命题 2.6.1　若 $P(x)$ 为 $f(x)\ (x \in [a, b])$ 的最佳逼近多项式, 则
正、负偏离点必都存在.

　　证明　用反证法. 如果仅有正偏离点存在, 即

$$\varepsilon(x) > -\Delta(P),\quad \forall x \in [a, b],$$

则 $\min\limits_{x} \varepsilon(x) > -\Delta(P)$. 令 $h = [\Delta(P) + \min\limits_{x} \varepsilon(x)]/2$,

$$\tilde{P}(x) = P(x) - h,$$

于是

$$\begin{aligned}
\tilde{\varepsilon}(x) &= \tilde{P}(x) - f(x) \\
&= \varepsilon(x) - h \in \left[-\frac{\Delta(P) - \min\limits_{x} \varepsilon(x)}{2}, \frac{\Delta(P) - \min\limits_{x} \varepsilon(x)}{2} \right],
\end{aligned}$$

即

$$|\tilde{\varepsilon}(x)| \leqslant \frac{\Delta(P) - \min\limits_{x} \varepsilon(x)}{2} < \Delta(P).$$

这与 $P(x)$ 为 $f(x)$ 最佳逼近多项式矛盾！命题得证.

上述命题的几何意义是明显的. 当 $\varepsilon(x)$ 不能同时达到正、负偏离点时，总可使之适当上或下平移而减小偏差.

定理 2.6.3 (Vallée-Poussin 定理) 设 $P(x) \in \mathbb{P}_n$，$\varepsilon(x)$ 在 $x_1 < x_2 < \cdots < x_N$ 上取值为非零的正负相间值 $\lambda_1, -\lambda_2, \cdots, (-1)^{N-1}\lambda_N$ $(\lambda_j > 0, j = 1, 2, \cdots, N)$，且 $N \geqslant n + 2$，则对 $\forall Q(x) \in \mathbb{P}_n$，

$$\Delta(Q) \geqslant \min_{1 \leqslant i \leqslant N} \lambda_i$$

证明 用反证法. 不然，存在 $Q(x) \in \mathbb{P}_n$，使得 $\Delta(Q) < \min\limits_{1 \leqslant i \leqslant N} \lambda_i$. 考查

$$\eta(x) = P(x) - Q(x) = [P(x) - f(x)] - [Q(x) - f(x)],$$

则

$$\begin{aligned} \mathrm{sgn}(\eta(x_j)) &= \mathrm{sgn}(P(x_j) - f(x_j)) \\ &= \mathrm{sgn}(\varepsilon(x_j)) = (-1)^{j-1}, \quad j = 1, 2, \cdots, N. \end{aligned}$$

由中值定理知，$\exists N - 1 \geqslant n + 1$ 个点 x_i^*，使得

$$\eta(x_i^*) = 0, \quad i = 1, 2, \cdots, N - 1.$$

又由 $\eta(x) \in \mathbb{P}_n$ 知 $\eta(x) \equiv 0$，即 $P(x) = Q(x)$，矛盾！定理得证.

定理 2.6.4 (Chebyshev 定理) $\mathbb{P}_n$ 中最佳逼近多项式存在唯一，且 $P(x)$ 为最佳逼近多项式当且仅当 $\varepsilon(x)$ 在 $[a, b]$ 中点数不少于 $n + 2$ 的点列 $x_1 < x_2 < \cdots < x_N$ $(N \geqslant n + 2)$ 上正负交错地取到 $\Delta(P)$.

证明 存在性由 Borel 存在定理已保证. 下面先证充要性，再证唯一性.

充分性 由 Vallée-Poussin 定理知，对 $\forall Q(x) \in \mathbb{P}_n$，都有 $\Delta(Q) \geqslant \Delta(P)$，故 $P(x)$ 为最佳逼近多项式.

必要性 用反证法. 设 $P(x)$ 的交错偏离点数 $N' \leqslant n + 1$，取 $[a, b]$ 的 N' 个子区间 $[a, \xi_1], [\xi_1, \xi_2], \cdots, [\xi_{N'-1}, b]$ 使得任一区间内 x 总满足下面两条件之一：

$$-\Delta(P) \leqslant \varepsilon(x) < \Delta(P) - \alpha,$$

$$-\Delta(P) + \alpha < \varepsilon(x) \leqslant \Delta(P),$$

这里 $\alpha > 0$ 为一充分小的正数. 令

$$\phi(x) = \prod_{i=1}^{N'-1} (x - \xi_i) \in \mathbb{P}_n,$$

作 $Q(x) = P(x) + \omega\phi(x)$, 则

$$Q(x) - f(x) = P(x) - f(x) + \omega\phi(x).$$

令 $|\omega| \ll 1$, 并适当选取 ω 的符号, 则可有 $\Delta(Q) < \Delta(P)$, 矛盾!

最后证明唯一性. 用反证法. 设存在 $Q(x) \in \mathbb{P}_n$, $Q(x) \neq P(x)$, 使得

$$\Delta(P) = \Delta(Q) = E_n,$$

则由前面的充要条件知, 存在交错点数 $N_p \geqslant n+2, N_q \geqslant n+2$. 不妨设 $N_q \geqslant N_p$, 且相应交错点坐标为: $\beta_1 < \beta_2 < \cdots < \beta_{N_q}$. 考查

$$\eta(x) = Q(x) - P(x) = [Q(x) - f(x)] - [P(x) - f(x)] \in \mathbb{P}_n,$$

则 $\eta(\beta_j)$ 可能为 0, 也可能不为 0. 以下分情形讨论:

(1) 如 $\eta(\beta_j) = 0$ 的点数 $\geqslant n+1$, 则由中值定理有 $\eta(x) \equiv 0$, 即 $P(x) = Q(x)$, 矛盾!

(2) 如 $\eta(\beta_j) = 0$ 的点数 $< n+1$, 注意若 $\eta(\beta_j) \neq 0$, 则

$$\mathrm{sgn}\,[\eta(\beta_j)] = \mathrm{sgn}\,[Q(\beta_j) - f(\beta_j)].$$

首先考查一个最简单的情形, 即

$$\eta(\beta_{i-1}) \neq 0, \quad \eta(\beta_i) = \cdots = \eta(\beta_{i+k}) = 0, \quad \eta(\beta_{i+k+1}) \neq 0.$$

由上知

$$\mathrm{sgn}\,[\eta(\beta_{i-1})] = \mathrm{sgn}\,[Q(\beta_{i-1}) - f(\beta_{i-1})],$$

$$\operatorname{sgn}\left[\eta(\beta_{i+k+1})\right] = \operatorname{sgn}\left[Q(\beta_{i+k+1}) - f(\beta_{i+k+1})\right],$$

则 $\eta(\beta_{i-1})$ 与 $(-1)^k \eta(\beta_{i+k+1})$ 同号, 此时有两种可能:

① $k = $ 偶数, 此时 $\eta(\beta_{i-1})$ 与 $\eta(\beta_{i+k+1})$ 同号, 则 $\eta(x) = 0$ 在 $[\beta_{i-1}, \beta_{i+k+1}]$ 内必有偶数个根 (重根记重数), 已有 $k+1$ 个, 必定还有一个, 至少 $k+2$ 个根;

② $k = $ 奇数, 此时 $\eta(\beta_{i-1})$ 与 $\eta(\beta_{i+k+1})$ 异号, 则 $\eta(x) = 0$ 在 $[\beta_{i-1}, \beta_{i+k+1}]$ 内必有奇数个根 (重根记重数), 已有 $k+1$ 个根, 必定还有一个, 至少 $k+2$ 个根.

将这一个结果推广到一般情形: $\eta(\beta_i) \neq 0$, $\eta(\beta_j) \neq 0$, 则 $\eta(x) = 0$ 在 $[\beta_i, \beta_j]$ 内一定至少有 $j - i$ 个根.

于是 $\eta(x) = 0$ 在 $[a, b]$ 内根的个数 $\geqslant N_q - 1 \geq n + 1$, 则 $\eta(x) \equiv 0$, 即 $P(x) = Q(x)$, 矛盾! 定理得证.

Chebyshev 最佳逼近多项式也称**最小零偏差多项式**, 是指 $f(x) = 0$, 而 $P(x)$ 是形如 $P(x) = x^n + C_{n-1}x^{n-1} + \cdots + C_0$, $x \in [-1, 1]$ 的多项式中的最佳逼近多项式, 故而求最小零偏差多项式也就等价于求 x^n 的在 $\mathbb{P}_{n-1}$ 中的最佳逼近多项式.

定理 2.6.5 最小零偏差多项式为 $2^{1-n}T_n(x)$, 其中 $T_n(x)$ 为 Chebyshev 多项式:

$$T_n(x) = \cos(n \arccos x).$$

证明 对于 x^n 在 $\mathbb{P}_{n-1}$ 中的最佳逼近多项式, 由 Chebyshev 定理所刻画至少应有 $n+1$ 个交错偏离点的点列. 取 $x_k = \cos\dfrac{k\pi}{n}$, $k = 0, 1, \cdots, n$, 则 $T_n(x_k) = \pm 1$, 于是满足要求, 定理得证.

注 $T_n(x)$ 有很多很好的性质, 它与我们后面将要讲到的正交多项式又紧密相关, 下面仅列出其递推式:

$$\begin{cases} T_{n+1}(x) = 2xT_n(x) - T_{n-1}(x), \\ T_0(x) = 1, \quad T_1(x) = x. \end{cases}$$

§2.7 最小二乘多项式拟合

根据函数 $y = f(x)$ 在一些离散点上的值 (又称为已知数据)

$$\{(x_i, y_i)\}_{i=0}^n \tag{2.7.1}$$

构造其逼近多项式, 除了上面讨论的插值法, 还有另外一种方法 —— 最小二乘多项式拟合法. 这种方法对于具有下列特点的已知数据非常有效:

(1) 数据本身就有误差 (例如从观测得到的数据就不可避免地有随机误差);

(2) 数据量比较大 (即式 (2.7.1) 中的 n 较大);

(3) 数据的采样分布能基本反映函数的变化趋势.

显然, 对于这样的数据, 用插值法是不合适的, 也就是说, 我们应该抛弃让所构造的逼近函数 $P(x)$ 满足插值条件 $P(x_i) = y_i$ 的想法.

最小二乘多项式拟合法的主要想法是这样的: 首先根据数据的采样分布选定多项式的阶, 即选定逼近函数的模型, 然后再按照某种标准在选定的模型中寻找一个 “最佳” 的逼近函数.

我们先看最简单的模型 $P(x) \in \mathbb{P}_1$, 此时 $P(x)$ 可以写成

$$P(x) = ax + b.$$

下面我们利用已知数据 (2.7.1) 来确定参数 a, b. 为此记所有数据点的误差平方和为

$$I(a,b) = \sum_{i=0}^n [y_i - P(x_i)]^2 = \sum_{i=0}^n (y_i - ax_i - b)^2. \tag{2.7.2}$$

很自然, 我们希望选择参数 a, b 使得 $I(a,b)$ 尽可能的小, 即通过解优化问题

$$I(a^*, b^*) = \min_{a, b \in \mathbb{R}} I(a, b) \tag{2.7.3}$$

来确定参数 a,b. 这个优化问题我们称之为**最小二乘问题**. 显然 $I(a,b)$ 是关于 a,b 的一个非负的二次函数, 它在 $\mathbb{R}^2$ 中必有唯一的最小值点, 而且这个最小值点必为 $I(a,b)$ 的驻点. 因此我们只要求解关于 a,b 的线性代数方程组

$$\begin{cases} \dfrac{\partial I}{\partial a} = \sum_{i=0}^{n} 2(y_i - ax_i - b)(-x_i) = 0, \\ \dfrac{\partial I}{\partial b} = \sum_{i=0}^{n} 2(y_i - ax_i - b)(-1) = 0 \end{cases}$$

或

$$\begin{cases} \left(\sum_{i=0}^{n} x_i^2\right)a + \left(\sum_{i=0}^{n} x_i\right)b = \sum_{i=0}^{n} y_i x_i, \\ \left(\sum_{i=0}^{n} x_i\right)a + (n+1)b = \sum_{i=0}^{n} y_i \end{cases}$$

就可以得到问题 (2.7.3) 的解. 上述线性代数方程组称为最小二乘问题 (2.7.3) 的**法方程组** (normal system). 在一定条件下, 可以证明它的解是存在唯一的. 由法方程组解出 $I(a,b)$ 的最小值点 (a^*,b^*), 并取逼近函数为

$$P(x) = a^*x + b^*.$$

这样就得到了要找的一次逼近多项式.

对有的数据, 用一次多项式做模型不适合, 我们可以取 k 次模型

$$P(x) = a_0 + a_1 x + a_2 x^2 + \cdots + a_k x^k.$$

此时误差平方和为

$$I(a_0, a_1, \cdots, a_k) = \sum_{i=0}^{n} [y_i - p(x_i)]^2$$
$$= \sum_{i=0}^{n} (y_i - a_0 - a_1 x_i - \cdots - a_k x_i^k)^2, \tag{2.7.4}$$

相应的最小二乘问题为: 求 $a_0^*, a_1^*, \cdots, a_k^*$, 使得

$$I(a_0^*, a_1^*, \cdots, a_k^*) = \min_{a_0, a_1, \cdots, a_k} I(a_0, a_1, \cdots, a_k). \qquad (2.7.5)$$

不难推导出这个最小二乘问题的法方程组为

$$\sum_{j=0}^{k} \sum_{i=0}^{n} x_i^{j+l} a_j = \sum_{i=0}^{n} y_i x_i^l, \quad l = 0, 1, \cdots, k.$$

利用线性代数的方法可以证明这个方程组的解是存在唯一的. 但同时又可以证明当 k 较大时它是一个很难准确求解的病态的线性代数方程组. 为了克服这个困难, 我们可以选取 $\mathbb{P}_k$ 的特殊基函数, 使得法方程组的系数矩阵是一个对角阵.

§2.8   最佳平方逼近

本节我们考虑这样一个问题: 设 $f(x)$ 是定义在 $[a, b]$ 上的一个函数, 在 $\mathbb{P}_k$ 中找一个多项式函数 $P^*(x)$, 使得它是优化问题

$$\int_a^b |P^*(x) - f(x)|^2 \, \mathrm{d}x = \min_{P \in \mathbb{P}_k} \int_a^b |P(x) - f(x)|^2 \, \mathrm{d}x \qquad (2.8.1)$$

的解. 这个问题与 §2.7 中的最小二乘问题相比, 只是把一些离散点上误差的平方和变成整个区间上误差平方的积分, 我们称之为**最佳平方逼近问题**. 如果能找到这个问题的解 $P^*(x)$, 我们就可以在 $[a, b]$ 上用 $P^*(x)$ 去逼近 $f(x)$. 此时, 我们称 $P^*(x)$ 为 $f(x)$ 的 k **次最佳平方逼近多项式**.

为求解问题 (2.8.1), 把 $P \in \mathbb{P}_k$ 写成

$$P(x) = c_0 b_0(x) + c_1 b_1(x) + \cdots + c_k b_k(x),$$

其中 $\{b_0(x), b_1(x), \cdots, b_k(x)\}$ 为 $\mathbb{P}_k$ 的一组基函数, 并记平方误差为

$$I(c_0, c_1, \cdots, c_k) = \int_a^b |P(x) - f(x)|^2 \, \mathrm{d}x$$

$$= \int_a^b [c_0 b_0(x) + \cdots + c_k b_k(x) - f(x)]^2 \, \mathrm{d}x,$$

则优化问题 (2.8.1) 就是：求 $c_0^*, c_1^*, \cdots, c_k^*$，使得

$$I(c_0^*, c_1^*, \cdots, c^*) = \min_{c_0, c_1, \cdots, c_k} I(c_0, c_1, \cdots, c_k). \qquad (2.8.2)$$

此时，I 仍然是 $c_0, c_1, \cdots, c_k$ 的非负二次函数，我们可以通过求其驻点得到最小值点. 问题 (2.8.2) 的法方程组为

$$\frac{\partial I}{\partial c_j} = 0, \quad j = 0, 1, \cdots, k,$$

即

$$\sum_{i=0}^{k} \left[\int_a^b b_i(x)b_j(x)\mathrm{d}x \right] c_i = \int_a^b f(x)b_j(x)\mathrm{d}x, \quad j = 0, 1, \cdots, k. \quad (2.8.3)$$

容易看出方程组 (2.8.3) 的系数矩阵是对称的，且可以证明它的解存在唯一.

例 2.8.1 在区间 $[0.25, 1]$ 上求函数 $f(x) = \sqrt{x}$ 的一次最佳平方逼近多项式.

解 取 $\mathbb{P}_1$ 的基函数为 $b_0(x) = 1, b_1(x) = x$，则可计算出

$$\int_{0.25}^1 b_0^2(x)\mathrm{d}x = \int_{0.25}^1 \mathrm{d}x = \frac{3}{4},$$

$$\int_{0.25}^1 b_1^2(x)\mathrm{d}x = \int_{0.25}^1 x^2\mathrm{d}x = \frac{21}{64},$$

$$\int_{0.25}^1 b_0(x)b_1(x)\mathrm{d}x = \int_{0.25}^1 x\mathrm{d}x = \frac{15}{32},$$

$$\int_{0.25}^1 f(x)b_0(x)\mathrm{d}x = \int_{0.25}^1 \sqrt{x}\mathrm{d}x = \frac{7}{12},$$

$$\int_{0.25}^1 f(x)b_1(x)\mathrm{d}x = \int_{0.25}^1 x\sqrt{x}\mathrm{d}x = \frac{31}{80}.$$

由此得法方程组为

$$\begin{cases} \dfrac{3}{4}c_0 + \dfrac{15}{32}c_1 = \dfrac{7}{12}, \\[2mm] \dfrac{15}{32}c_0 + \dfrac{21}{64}c_1 = \dfrac{31}{80}, \end{cases}$$

解之可得

$$c_0 = \frac{10}{27}, \quad c_1 = \frac{88}{135}.$$

所以, 在区间 $[0.25, 1]$ 上 $\sqrt{x}$ 的一次最佳平方逼近多项式为

$$P^*(x) = \frac{10}{27} + \frac{88}{135}x.$$

§2.9　正交多项式

由方程组 (2.8.3) 可以看出, 如果我们适当选取 $\mathbb{P}_k$ 的基函数

$$\{b_0(x), b_1(x), \cdots, b_k(x)\},$$

使之满足

$$\int_a^b b_j(x)b_l(x)\mathrm{d}x = 0, \quad \text{当} j \neq l \text{ 时}, \tag{2.9.1}$$

则方程组 (2.8.3) 的系数矩阵就是对角矩阵, 我们就可以立刻得到问题 (2.8.2) 的解. 那么, 如何选取 $\mathbb{P}_k$ 的基函数使得式 (2.9.1) 成立呢? 为此我们需要引进正交多项式的概念. 首先在区间 $[a, b]$ 上的全体实值连续函数组成的线性空间 $C[a, b]$ 中引进内积和范数的概念.

定义 2.9.1　设 $\rho(x)$ 为区间 (a, b) 上的一个给定的非负函数, 满足对任一非负连续函数 $g(x)$, 如果

$$\int_a^b \rho(x)g(x)\mathrm{d}x = 0,$$

则有 $g(x) \equiv 0, x \in [a, b]$. 那么任取两个函数 $f, g \in C[a, b]$, 我们称数值

$$(f, g) = \int_a^b \rho(x)f(x)g(x)\mathrm{d}x$$

为函数 f 与 g 的**带权内积**, 并称

$$\|f\|_2 = \sqrt{(f, f)} = \sqrt{\int_a^b \rho(x)f(x)f(x)\mathrm{d}x}$$

为函数 f 的**带权 2 范数**, 其中的 $\rho(x)$ 称为**权函数**.

有了内积的概念, 我们就可以定义函数的正交性.

定义 2.9.2 函数 $f, g \in C[a, b]$ 称为是**正交**的, 如果它们的内积

$$(f, g) = \int_a^b \rho(x) f(x) g(x) \mathrm{d}x = 0.$$

利用内积的记号, 线性代数方程组 (2.8.3) 的系数矩阵可以写为

$$\begin{pmatrix} (b_0, b_0) & (b_1, b_0) & \cdots & (b_k, b_0) \\ (b_0, b_1) & (b_1, b_1) & \cdots & (b_k, b_1) \\ \vdots & \vdots & & \vdots \\ (b_0, b_k) & (b_1, b_k) & \cdots & (b_k, b_k) \end{pmatrix}.$$

在这里内积中的权函数为 $\rho(x) \equiv 1$. 可以证明 (作为习题): 当

$$\{b_0(x), b_1(x), \cdots, b_k(x)\}$$

为 $\mathbb{P}_k$ 的一组基函数时, 这个 $k+1$ 阶矩阵是非奇异的 (可逆的); 更进一步, 如果它们还是正交的, 则这个矩阵是对角矩阵.

定义 2.9.3 记区间 (a, b) 上全体实系数多项式函数组成的线性空间为 $\mathbb{P}[a, b]$. 设 $\{\varphi_0(x), \varphi_1(x), \varphi_2(x), \cdots\} \subset \mathbb{P}[a, b]$ 且线性无关, 如果有

$$\int_a^b \rho(x) \varphi_j(x) \varphi_l(x) \mathrm{d}x = 0, \quad \text{当 } j \neq l \text{ 时}, \tag{2.9.2}$$

则称 $\{\varphi_0(x), \varphi_1(x), \varphi_2(x), \cdots\}$ 为区间 $[a, b]$ 上关于权函数 $\rho(x)$ 的**正交多项式系**.

按照给定的内积, 我们可以用 Gram-Schmidt 正交化方法把线性空间 $\mathbb{P}[a, b]$ 的基函数 $\{1, x, x^2, \cdots, x^k, \cdots\}$ 化成正交多项式系:

$$\begin{cases} \varphi_0(x) = 1, \\ \varphi_{j+1}(x) = x^{j+1} - \displaystyle\sum_{i=0}^{j} \frac{(x^{j+1}, \varphi_i(x))}{(\varphi_i(x), \varphi_i(x))} \varphi_i(x), \quad j = 0, 1, \cdots. \end{cases}$$

利用上述方法, 我们可以得到如下常用的正交多项式:

(1) **Legendre 多项式**:

$$\varphi_k(x) = \frac{1}{2^k k!} \frac{\mathrm{d}^k}{\mathrm{d}x^k}[(x^2-1)^k],$$

它满足如下的三项递推公式:

$$\begin{cases} \varphi_0(x) = 1, \quad \varphi_1(x) = x, \\ \varphi_{k+1}(x) = \dfrac{2k+1}{k+1} x\varphi_k(x) - \dfrac{k}{k+1} \varphi_{k-1}(x), \quad k = 1, 2, \cdots, \end{cases}$$

其中 $[a, b] = [-1, 1]$, $\rho(x) \equiv 1$;

(2) **Chebyshev 多项式**:

$$T_k(x) = \cos(k \cos^{-1}(x)),$$

它满足如下的三项递推公式:

$$\begin{cases} T_0(x) = 1, \quad T_1(x) = x, \\ T_{k+1}(x) = 2xT_k(x) - T_{k-1}(x), \quad k = 1, 2, \cdots, \end{cases}$$

其中 $[a, b] = [-1, 1]$, $\rho(x) = 1/\sqrt{1-x^2}$;

(3) **Laguerre 多项式**:

$$Q_k(x) = \frac{\exp(x)}{k!} \frac{\mathrm{d}^k}{\mathrm{d}x^k}(\exp(-x)x^k),$$

它满足如下的三项递推公式:

$$\begin{cases} Q_0(x) = 1, \quad Q_1(x) = 1 - x, \\ Q_{k+1}(x) = (1 + 2k - x)Q_k(x) - k^2 Q_{k-1}(x), \quad k = 1, 2, \cdots, \end{cases}$$

其中 $[a, b) = [0, +\infty)$, $\rho(x) = \exp(-x)$;

(4) **Hermite 多项式**:

$$H_k(x) = (-1)^k \exp(x^2) \frac{\mathrm{d}^k}{\mathrm{d}x^k} \exp(-x^2),$$

它满足如下的三项递推公式:

$$\begin{cases} H_0(x) = 1, \quad H_1(x) = 2x, \\ H_{k+1}(x) = 2xH_k(x) - 2kH_{k-1}(x), \quad k = 1, 2, \cdots, \end{cases}$$

其中 $(a, b) = (-\infty, +\infty)$, $\rho(x) = \exp(-x^2)$.

利用正交多项式, 我们不仅可以解决最小二乘逼近问题, 还可以解决许多其他数值计算中的问题. 为了以后方便, 我们把正交多项式的一些基本性质在此简要介绍一下.

定理 2.9.1 由定义 2.9.3 给出的正交多项式系有下列性质:

(1) $\varphi_i(x)$ 为 i 次多项式, 且 $\{\varphi_i(x)\}_{i=0}^k$ 是 $\mathbb{P}_k$ 的一组基;

(2) 必有三项递推公式: $\varphi_{i+1}(x) = (a_i x + b_i)\varphi_i(x) - c_i\varphi_{i-1}(x)$;

(3) $\varphi_i(x) = 0$ 在开区间 (a, b) 中必有 i 个互异的实单根.

§2.10 有理插值与逼近

2.10.1 有理插值

迄今为止我们介绍的插值都是多项式或分段多项式插值, 这个函数类在很多时候并不合适, 如图 2.5 所述的函数 $f(x)$ 具有性质:

(1) $\lim_{x \to a} f(x) = +\infty$;

(2) $\lim_{x \to +\infty} f(x) = A < +\infty$.

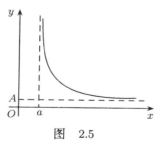

图 2.5

任何一个多项式或分段多项式插值都不具有上述性质, 而形如 $\dfrac{Ax + B}{x - a}$ 的函数却是合适的! 这正是我们需要引入有理插值的原因.

定义有理分式

$$R_{m,n}(x) = \frac{P_m(x)}{Q_n(x)},$$

其中 $P_m(x) = \sum\limits_{k=0}^{m} a_k x^k$, $Q_n(x) = \sum\limits_{k=0}^{n} b_k x^k$ 分别为 m 次, n 次多项式,

显然 $R_{m,n}(x)$ 有 $m+n+1$ 个自由度. 函数 $R_{m,n}(x)$ 的全体记为 $R(m,n)$.

定义 2.10.1   给定 $m+n+1$ 对点列 $(x_i, f(x_i))$ $(i = 0, 1, \cdots, m+n)$, 寻找 $R_{m,n}(x) \in R(m,n)$, 使得

$$R_{m,n}(x_i) = f(x_i), \quad i = 0, 1, \cdots, m+n.$$

称 $R_{m,n}(x)$ 为点列 $(x_i, f(x_i))$ $(i = 0, 1, \cdots, m+n)$ 的**有理插值**.

一般说来, 在给定的 $R(m,n)$ 中满足上述插值条件并不一定能实现. 例如对插值点 $(0,0), (1,0), (2,1)$ 在 $R(1,1)$ 中寻找 $R_{1,1}(x)$, 则

$$R_{1,1}(x) = \frac{a_1 x + a_0}{b_1 x + b_0}.$$

由插值点 $(0,0)$ 得 $a_0 = 0$, 而由 $(1,0)$ 得 $a_1 = 0$, 于是 $R_{1,1}(x) \equiv 0$. 即点 $(2,1)$ 不可能实现! 下面介绍的由连分式构造的有理插值将在一个特定的有理分式类中实现.

定义 2.10.2   对任意点集 $S = \{x_0, x_1, \cdots\}$ 及 $f(x)$, 定义

$$\begin{cases} v_k(x) = \dfrac{x - x_{k-1}}{v_{k-1}(x) - v_{k-1}(x_{k-1})}, & k = 1, 2, \cdots, \\ v_0(x) = f(x), \end{cases}$$

称 $v_k(x)$ 为 $f(x)$ 在 S 上的 k **阶反差商**.

由反差商的定义可得

$$v_0(x) = v_0(x_0) + \frac{x - x_0}{v_1(x)}$$

$$= v_0(x_0) + \cfrac{x - x_0}{v_1(x_1) + \cfrac{x - x_1}{v_2(x)}}$$

$$\cdots\cdots\cdots\cdots\cdots\cdots\cdots\cdots$$

$$= v_0(x_0) + \cfrac{x - x_0}{v_1(x_1) + \cfrac{\cdots}{\cdots + \cfrac{x - x_{n-1}}{v_n(x_n) + \cfrac{x - x_n}{v_{n+1}(x)}}}}.$$

形式上去掉 $\dfrac{x-x_n}{v_{n+1}(x)}$ 形成有限截断, 得到

$$R(x) = v_0(x_0) + \cfrac{x-x_0}{v_1(x_1) + \cfrac{\cdots}{\cdots + \cfrac{x-x_{n-1}}{v_n(x_n)}}},$$

则可有 $R(x_i) = f(x_i)$ $(i = 0, 1, \cdots, n)$.

显然, 如果 $n = 2m$, 则 $R(x) \in R(m, m)$; 如果 $n = 2m + 1$, 则 $R(x) \in R(m+1, m)$. 为得到 $R(x)$, 则只需得到 $v_k(x_k)$ $(k = 0, 1, \cdots, n)$ 即可, 这可由下面的反差商表来实现.

反差商表:

$f(x)$	$v_0(x)$	$v_1(x)$	$v_2(x)$
f_0	$v_0(x_0)$		
f_1	$v_0(x_1)$	$v_1(x_1)$	
f_2	$v_0(x_2)$	$v_1(x_2)$	$v_2(x_2)$

其中

$$v_k(x_j) = \frac{x_j - x_{k-1}}{v_{k-1}(x_j) - v_{k-1}(x_{k-1})},$$
$$v_0(x_j) = f_j = f(x_j). \qquad k = 1, 2, \cdots; \quad j = 1, 2, \cdots, k.$$

由反差商表可以发现逐次近似有理分式

$$R_k(x) = v_0(x_0) + \cfrac{x-x_0}{v_1(x_1) + \cfrac{\cdots}{\cdots + \cfrac{x-x_{k-1}}{v_k(x_k)}}}$$

恰满足 $R_k(x_i) = f(x_i)$ $(i = 0, 1, \cdots, k)$.

2.10.2 Padé 逼近

用函数的 Taylor 展开的部分和作为该函数的近似表示是一种最基本且有效的方法. 但有时这种方法在实际应用时显得不足, 如有些函数的 Taylor 级数收敛速度较慢, 或收敛范围受到限制. 例如, 设 $f(x) = \ln(1 + x)$, 它的 Taylor 展开为

$$\ln(1 + x) = x - \frac{x^2}{2} + \cdots + (-1)^{n+1} \frac{x^n}{n} + \cdots, \quad x \in (-1, 1], \quad (2.10.1)$$

其部分和为

$$S_n(x) = \sum_{k=1}^{n}(-1)^{k+1}\frac{x^k}{k}. \qquad (2.10.2)$$

我们知道用其 Taylor 展开的部分和计算 $\ln 2$ 的近似值, 收敛速度很慢, 为了保证误差不超过 10^{-4}, 就需要取 $n \geq 10000$, 可见这样做计算量太大. 如果将 $\ln(1+x)$ 展成连分式

$$\ln(1+x) = \cfrac{x}{1+\cfrac{1\cdot x}{2+\cfrac{1\cdot x}{3+\cfrac{2^2\cdot x}{4+\cfrac{2^2\cdot x}{5+\cdots}}}}}, \qquad (2.10.3)$$

取它的逐次渐近分式

$$R_{1,1}(x) = \frac{2x}{2+x},$$

$$R_{2,2}(x) = \frac{6x+3x^2}{6+6x+x^2},$$

$$R_{3,3}(x) = \frac{60x+60x^2+11x^3}{60+90x+36x^2+3x^3}, \qquad (2.10.4)$$

$$R_{4,4}(x) = \frac{420x+630x^2+260x^3+25x^4}{420+840x+540x^2+120x^3+6x^4},$$

....

按式 (2.10.2) 计算 $S_{2n}(1)$ 与按式 (2.10.4) 计算 $R_{n,n}(1)$ 作为 $\ln 2$ 的逼近, 误差 ε_T 和 ε_R 的大小情况见表 2.3.

表　2.3

n	$S_{2n}(1)$	ε_T	$R_{n,n}(1)$	ε_R
1	0.5	0.19	0.667	0.26×10^{-1}
2	0.58	0.11	0.69231	0.84×10^{-3}
3	0.617	0.76×10^{-1}	0.693122	0.25×10^{-4}
4	0.634	0.58×10^{-2}	0.69314642	0.76×10^{-6}

ln 2 的准确值为 $0.69314718\cdots$. 由表 2.3 可以看出用 $R_{4,4}(1)$ 计算 ln 2 的精度与用 $S_8(1)$ 计算相差竟达 8000 倍. 特别是, 当 $x=2$ 时幂级数 (2.10.1) 发散, 而 $R_{4,4}(2) = 1.09857$, 与 $\ln 3 = 1.098612289$ 非常接近. 进一步我们可以验证将 $R_{n,n}(x)$ 进行 Taylor 展开的前 $2n$ 项与 $S_{2n}(x)$ 完全相同, 而两者逼近效果则大不相同. 这个事实说明开展函数的有理分式逼近问题的研究是很有意义的.

定义 2.10.3 设 $f(x)$ 为由下述形式幂级数所定义的函数:

$$f(x) = \sum_{j=0}^{\infty} a_j x^j. \tag{2.10.5}$$

如果存在有理分式函数 $P_L(x)/Q_M(x) \in R(L,M)$ ($P_L(x)$ 与 $Q_M(x)$ 互质) 满足

$$f(x) - \frac{P_L(x)}{Q_M(x)} = O(x^{L+M+1}), \tag{2.10.6}$$

$$Q_M(0) = 1, \tag{2.10.7}$$

则称 $P_L(x)/Q_M(x)$ 为 $f(x)$ 在 $R(L,M)$ 中的 Padé **逼近式**, 记为 $[L/M]_f(x)$.

不难看出定义 2.10.3 给出了求已知函数 $f(x)$ 的 Padé 逼近方法. 若记

$$P_L(x) = p_0 + p_1 x + p_2 x^2 + \cdots + p_L x^L,$$
$$Q_M(x) = q_0 + q_1 x + q_2 x^2 + \cdots + q_M x^M,$$

则以 $Q_M(x)$ 乘式 (2.10.6), 并比较等式两边 $1, x, \cdots, x^{L+M}$ 的系数, 便得关于 $p_0, p_1, \cdots, p_L$ 及 $q_0, q_1, \cdots, q_M$ 的线性方程组 (称为 **Padé 方程组**):

$$\begin{pmatrix} p_0 \\ p_1 \\ p_2 \\ \vdots \\ p_L \end{pmatrix} = \begin{pmatrix} a_0 & 0 & 0 & \cdots & 0 \\ a_1 & a_0 & 0 & \cdots & 0 \\ a_2 & a_1 & a_0 & \cdots & 0 \\ \vdots & \vdots & \vdots & & \vdots \\ a_L & a_{L-1} & a_{L-2} & \cdots & a_{L-M} \end{pmatrix} \begin{pmatrix} 1 \\ q_1 \\ q_2 \\ \vdots \\ q_M \end{pmatrix}, \tag{2.10.8}$$

及

$$\begin{pmatrix} a_{L+1} & a_L & a_{L-1} & \cdots & a_{L-M+1} \\ a_{L+2} & a_{L+1} & a_L & \cdots & a_{L-M+2} \\ \vdots & \vdots & \vdots & & \vdots \\ a_{L+M} & a_{L+M-1} & a_{L+M-2} & \cdots & a_L \end{pmatrix} \begin{pmatrix} 1 \\ q_1 \\ q_2 \\ \vdots \\ q_M \end{pmatrix} = \begin{pmatrix} 0 \\ 0 \\ 0 \\ \vdots \\ 0 \end{pmatrix}, \tag{2.10.9}$$

其中规定

$$\begin{cases} a_n = 0, & n < 0, \\ q_j = 0, & j > M. \end{cases} \tag{2.10.10}$$

将方程组 (2.10.9) 改写成

$$\begin{pmatrix} a_{L-M+1} & a_{L-M+2} & \cdots & a_L \\ a_{L-M+2} & a_{L-M+1} & \cdots & a_{L+1} \\ \vdots & \vdots & & \vdots \\ a_L & a_{L+1} & \cdots & a_{L+M-1} \end{pmatrix} \begin{pmatrix} q_M \\ q_{M-1} \\ \vdots \\ q_1 \end{pmatrix} = - \begin{pmatrix} a_{L+1} \\ a_{L+2} \\ \vdots \\ a_{L+M} \end{pmatrix}, \tag{2.10.11}$$

记

$$C(L/M) = \det \begin{pmatrix} a_{L-M+1} & a_{L-M+2} & \cdots & a_L \\ a_{L-M+2} & a_{L-M+1} & \cdots & a_{L+1} \\ \vdots & \vdots & & \vdots \\ a_L & a_{L+1} & \cdots & a_{L+M-1} \end{pmatrix}. \tag{2.10.12}$$

如果 $C(L/M) \neq 0$, 则由 Cramer 法则可求出

$$Q_M(x) = \det \begin{pmatrix} a_{L-M+1} & a_{L-M+2} & \cdots & a_L & a_{L+1} \\ a_{L-M+2} & a_{L-M+1} & \cdots & a_{L+1} & a_{L+2} \\ \vdots & \vdots & & \vdots & \vdots \\ a_L & a_{L+1} & \cdots & a_{L+M-1} & a_{L+M} \\ x^M & x^{M-1} & \cdots & x & 1 \end{pmatrix}. \tag{2.10.13}$$

再将由方程组 (2.10.11) 求出的 $q_1, q_2, \cdots, q_M$ 代入方程组 (2.10.8)，便可求得

$$P_L(x) = \det \begin{pmatrix} a_{L-M+1} & \cdots & a_L & a_{L+1} \\ \vdots & & \vdots & \vdots \\ a_L & \cdots & a_{L+M-1} & a_{L+M} \\ \sum_{j=M}^{L} a_{j-M}x^j & \cdots & \sum_{j=1}^{L} a_{j-1}x^j & \sum_{j=0}^{L} a_j x^j \end{pmatrix}, \quad (2.10.14)$$

其中除假定式 (2.10.10) 成立外，当求和号中下指标超过上指标时，规定该和为零.

由式 (2.10.13) 易知

$$Q_M(0) = \det \begin{pmatrix} a_{L-M+1} & a_{L-M+2} & \cdots & a_L \\ a_{L-M+2} & a_{L-M+1} & \cdots & a_{L+1} \\ \vdots & \vdots & & \vdots \\ a_L & a_{L+1} & \cdots & a_{L+M-1} \end{pmatrix} = C(L/M).$$

$$(2.10.15)$$

定理 2.10.1 由式 (2.10.13) 及 (2.10.14) 定义的 $Q_M(x)$ 及 $P_L(x)$ 满足

$$Q_M(x) \sum_{i=0}^{\infty} a_i x^i - P_L(x) = O(x^{L+M+1}).$$

定理 2.10.2 设 $Q_M(x)$ 及 $P_L(x)$ 分别由式 (2.10.13) 和 (2.10.14) 给出，在 $Q_M(0) \neq 0$ 条件下，$f(x)$ 的形式幂级数的 Padé 逼近可表示为

$$[L/M]_f(x) = P_L(x)/Q_M(x). \quad (2.10.16)$$

在实际应用时，常把 Padé 逼近列成一张 **Padé 逼近表**，见表 2.4，其中的第一行元素恰为 Taylor 级数的部分和.

表 2.4

L M	0	1	2	3	$\cdots$
0	[0/0]	[1/0]	[2/0]	[3/0]	$\cdots$
1	[0/1]	[1/1]	[2/1]	[3/1]	$\cdots$
2	[0/2]	[1/2]	[2/2]	[3/2]	$\cdots$
3	[0/3]	[1/3]	[2/3]	[3/3]	$\cdots$
$\vdots$	$\vdots$	$\vdots$	$\vdots$	$\vdots$	$\vdots$

习 题 二

1. 分别在下列情况下计算 $n-1$ 次多项式 $P(t)$ 在指定点 t 的值, 各需要多少次乘法运算?

(1) 多项式 $P(t)$ 按照单项式基函数展开;

(2) 多项式 $P(t)$ 按照 Lagrange 基函数展开;

(3) 多项式 $P(t)$ 按照 Newton 基函数展开.

2. 求证 n 次 Lagrange 插值基函数 $\{l_i(x)\}_{i=0}^{n}$ 是线性空间 $\mathbb{P}_n$ 的一组基.

3. 求证 n 次 Newton 插值基函数

$$\{1, (x - x_0), \cdots, (x - x_0)(x - x_1) \cdots (x - x_{n-1})\}$$

是线性空间 $\mathbb{P}_n$ 的一组基.

4. 在区间 $[0, \pi/2]$ 上用 5 个等距节点对函数 $\sin t$ 进行插值, 并用式 (2.3.8) 所给出的误差界计算最大误差. 在 $[0, \pi/2]$ 上选取若干点, 比较函数值和插值多项式的值, 验证你的误差界. 如果希望最大误差为 10^{-10}, 需要多少个插值节点?

5. 判断在一般情况下, 能否通过对 n 个插值数据使用分段二次多项式进行插值 (节点为给定数据点), 使得插值多项式满足:

(1) 一阶连续可微;

(2) 二阶连续可微.

如果答案是肯定的, 请说明原因; 否则, 试确定可以使之成为可能的 n 的最大值.

6. 证明定理 2.4.1 的 (1), (3) 和 (4).

7. 设 $x_0, x_1, \cdots, x_n$ 为 $n+1$ 个互异的节点, $l_k(x)$ 为 n 次 Lagrange 插值基函数, $\omega(x) = \prod\limits_{k=0}^{n}(x - x_k)$. 求证:

(1) $\sum\limits_{k=0}^{n} l_k(x) \equiv 1$;

(2) $\sum\limits_{k=0}^{n} x_k^j l_k(x) \equiv x^j,\ j = 0, 1, 2, \cdots, n$;

(3) $\sum\limits_{k=0}^{n} (x_k - x)^j l_k(x) \equiv 0,\ j = 1, 2, \cdots, n$;

(4) $l_k(x) = \dfrac{\omega(x)}{(x - x_k)\omega'(x_k)}$.

8. 设 $f(x) \in C^1[a, b]$, $a \leqslant x_0 \leqslant x_1 \leqslant \cdots \leqslant x_n \leqslant b$, $L_n(x)$ 是这些节点上的 n 次 Lagrange 插值多项式, $\omega(x) = \prod\limits_{k=0}^{n}(x - x_k)$. 定义

$$G_n(x) = \begin{cases} f[x, x_0, x_1, \cdots, x_n], & \text{当 } x \neq x_i \text{ 时}, \\ \dfrac{f'(x_i) - L_n'(x_i)}{\omega'(x_i)}, & \text{当 } x = x_i \text{ 时}. \end{cases}$$

求证: $G_n(x) \in C[a, b]$.

9. 设 $f(x) \in C^4[a, b]$, 求三次多项式 $P(x)$, 使之满足插值条件

$$\begin{cases} P(x_i) = f(x_i), & i = 0, 1, 2, \\ P'(x_1) = f'(x_1), \end{cases}$$

其中 $a \leqslant x_0 < x_1 < x_2 \leqslant b$, 并给出用 $P(x)$ 逼近 $f(x)$ 的截断误差表达式.

10. 证明定理 2.5.2 及下面更一般的形式: 在节点 $x_0 < x_1 < \cdots < x_n$ 上指定函数值 $f(x_i)$ $(i = 0, 1, \cdots, n)$ 及一阶导数值 $f'(x_i)$ $(i = 0, 1, \cdots, n)$, 可构造 $2n+1$ 次 Hermite 插值多项式 $H_{2n+1}(x)$, 并且有误差估计

$$f(x) - H_{2n+1}(x) = \frac{f^{(2n+2)}(\xi(x))}{(2n+2)!}[w_{n+1}(x)]^2,$$

其中 $w_{n+1}(x) = \prod_{i=0}^{n}(x - x_i)$, $\xi(x) \in (x_0, x_n)$.

11. 推导公式 (2.5.5), (2.5.6), (2.5.7), (2.5.8).

12. 证明定理 2.5.3.

13. 对于三次样条函数 $S(x)$, 如果给定的条件是

$$S'(x_i) = y_i', \quad i = 1, 2, \cdots, n,$$

如何给出边界条件使得 $S(x)$ 唯一确定?

14. 证明 $\int_{x_0}^{x_n} M_n(x; x_0, x_1, \cdots, x_n)\mathrm{d}x = 1$.

15. 验证样条函数 $B_{j,m}(x)$ 的递推关系

$$B_{j,k}(x) = \frac{x - x_j}{x_{j+k} - x_j}B_{j,k-1}(x) + \frac{x_{j+k+1} - x}{x_{j+k+1} - x_{j+1}}B_{j+1,k-1}(x)$$

和规范性

$$\sum_{j=-m}^{n-1} B_{j,m}(x) = \sum_{j=i-m}^{i} B_{j,m}(x) = 1, \quad x_i \leqslant x \leqslant x_{i+1}.$$

16. 证明线性代数方程组 (2.8.3) 的解存在唯一. 如果 $[a, b] = [0, 1]$, $\rho(x) \equiv 1$, 基函数取为 $1, x, \cdots, x^k$, 对 $k = 5, 6, 7$, 计算系数矩阵的条件数 (用 MATLAB).

17. 假设 $f \in C[-1, 1]$ 是奇 (偶) 函数, 问: 其最佳一致逼近多项式是否也为奇 (偶) 函数?

18. 选取常数 a, 使 $\max\limits_{x\in[0,1]} |x^4 - ax|$ 最小. 问: 这样的常数是否唯一?

19. 求 x^2 在区间 $[0,1]$ 上的一次最佳平方逼近多项式.

20. 给出 e^x 的 Padé 逼近表, 并验证当 $L + M = N$ 为一确定常数值时, 也即 Padé 逼近的分子和分母次数和为一常数值时, 只有当 $L = M$ (N 为偶数) 或 $|L - M| = 1$ (N 为奇数) 时, 其精确度为最好.

上机习题二

1. 求 $f(x) = \sin(\pi x)$ 在区间 $[0,1]$ 上的二次最佳平方逼近多项式 $P^*(x)$, 并绘出 $f(x)$ 和 $P^*(x)$ 的图像进行比较.

2. 对 Runge 函数 $R(x)$ (式 (2.5.2)), 利用下列条件作插值逼近, 并与 $R(x)$ 的图像进行比较.

(1) 用等距节点 $x_i = -5 + i$ $(i = 0, 1, 2, \cdots, 10)$, 绘出它的 10 次 Newton 插值多项式的图像;

(2) 用节点 $x_i = 5 \cos\left(\dfrac{2i + 1}{42}\pi\right)$ $(i = 0, 1, 2, \cdots, 20)$, 绘出它的 20 次 Lagrange 插值多项式的图像;

(3) 用等距节点 $x_i = -5 + i$ $(i = 0, 1, 2, \cdots, 10)$, 绘出它的分段线性插值函数的图像;

(4) 用等距节点 $x_i = -5 + i$ $(i = 0, 1, 2, \cdots, 10)$, 绘出它的分段三次 Hermite 插值函数的图像;

(5) 用等距节点 $x_i = -5 + i$ $(i = 0, 1, 2, \cdots, 10)$, 绘出它的三次自然样条插值函数的图像.

第三章 数值微分与数值积分

§3.1 引 言

在上一章中我们讨论了如何用最简单的函数 —— 多项式函数去近似一般的函数，从而为在计算机上表达复杂的函数打下了基础. 在这一章里我们考虑如何在计算机上实现微积分运算. 解决数值微分与数值积分问题的基本思想是: 如果 $P(x)$ 是 $f(x)$ 的一个逼近, 我们就用 $P(x)$ 的微商去近似 $f(x)$ 的微商, 用 $P(x)$ 的积分近似 $f(x)$ 的积分.

§3.2 数 值 微 分

设 $f(x)$ 在区间 $[a, b]$ 上定义,

$$a \leqslant x_0 < x_1 < \cdots < x_n \leqslant b$$

是区间 $[a, b]$ 中的 n 个节点. 数值微分问题的典型提法是: 已知函数在上述节点处的函数值如下表:

表 3.1

x	x_0	x_1	x_2	$\cdots$	x_n
$f(x)$	$f(x_0)$	$f(x_1)$	$f(x_2)$	$\cdots$	$f(x_n)$

利用这些函数值求 f', f'' 或 f''' 等在 x_i 处的近似值.

3.2.1 Taylor 展开法

设节点为等距的, 即 $x_{i+1} = x_i + h$, $h = (b-a)/n$, k 为一个正整数, $f(x)$ 有 k 阶的微商, 对 $i = 1, 2, \cdots, n-1$, 利用 Taylor 展开公式

有

$$f(x_{i+1}) = f(x_i) + hf'(x_i) + \cdots + \frac{h^k}{k!} f^{(k)}(\xi_1), \tag{3.2.1}$$

$$f(x_{i-1}) = f(x_i) - hf'(x_i) + \cdots + \frac{(-h)^k}{k!} f^{(k)}(\xi_2), \tag{3.2.2}$$

其中 $\xi_1 \in (x_i, x_{i+1})$, $\xi_2 \in (x_{i-1}, x_i)$. 分别取 $k = 2, 3, 4$ 可以得到:

$$f'(x_i) = \frac{f(x_{i+1}) - f(x_i)}{h} - \frac{1}{2} h f''(\xi_1), \tag{3.2.3}$$

$$f'(x_i) = \frac{f(x_i) - f(x_{i-1})}{h} + \frac{1}{2} h f''(\xi_2), \tag{3.2.4}$$

$$f'(x_i) = \frac{f(x_{i+1}) - f(x_{i-1})}{2h} - \frac{1}{6} h^2 f'''(\xi_3), \tag{3.2.5}$$

$$f''(x_i) = \frac{f(x_{i+1}) - 2f(x_i) + f(x_{i-1})}{h^2} - \frac{1}{12} h^2 f^{(4)}(\xi_4), \tag{3.2.6}$$

其中 $\xi_3, \xi_4 \in (x_{i-1}, x_{i+1})$. 忽略各式中的余项, 可得用差商近似微商的如下数值微分公式:

一阶微商的向前差商近似公式:

$$f'(x_i) \approx \frac{f(x_{i+1}) - f(x_i)}{h}; \tag{3.2.7}$$

一阶微商的向后差商近似公式:

$$f'(x_i) \approx \frac{f(x_i) - f(x_{i-1})}{h}; \tag{3.2.8}$$

一阶微商的中心差商近似公式:

$$f'(x_i) \approx \frac{f(x_{i+1}) - f(x_{i-1})}{2h}; \tag{3.2.9}$$

二阶微商的中心差商近似公式:

$$f''(x_i) \approx \frac{f(x_{i+1}) - 2f(x_i) + f(x_{i-1})}{h^2}. \tag{3.2.10}$$

当 $f(x)$ 的各阶导函数有界时, 利用式 (3.2.3) ∼ (3.2.6) 可知, 一阶微商的向前、向后差商近似的截断误差量级是 $O(h)$, 一阶微商的中心差商近似的截断误差量级是 $O(h^2)$, 二阶微商的中心差商近似的截断误差量级是 $O(h^2)$. 所以, 从截断误差来看, 中心差商近似优于 "偏心" 差商近似 (用同样多的点值, 可以得到更高阶的精度).

从式 (3.2.3) ∼ (3.2.6) 还可看出, h 越小, 数值微分公式的截断误差也越小. 但是, 由于舍入误差的存在, 使用上述数值微分公式时, 不能把 h 取得太小, 原因如下:

设 $f(x_{i-1}), f(x_{i+1})$ 分别有舍入误差 $\varepsilon_1, \varepsilon_2$, 记 $\varepsilon = \max\{|\varepsilon_1|, |\varepsilon_2|\}$, 从而函数值成为

$$\tilde{f}(x_{i-1}) = f(x_{i-1}) + \varepsilon_1, \quad \tilde{f}(x_{i+1}) = f(x_{i+1}) + \varepsilon_2.$$

我们用一阶微商的中心差商公式来计算 $f'(x_i)$ 时, 不妨就用 $f'(x_i)$ 表示数值解, 即

$$f'(x_i) = \frac{f(x_{i+1}) - f(x_{i-1})}{2h}, \quad \tilde{f}'(x_i) = \frac{\tilde{f}(x_{i+1}) - \tilde{f}(x_{i-1})}{2h},$$

在此我们忽略 h 的舍入误差. 由此可得从已知数据的舍入误差带来的计算结果的误差为

$$\delta(f'(x_i)) = |f'(x_i) - \tilde{f}'(x_i)| \leqslant \frac{|\varepsilon_1| + |\varepsilon_2|}{2h} \leqslant \frac{\varepsilon}{h}.$$

由此可见, h 越小, 已知数据的舍入误差就会被放大得越大! 显然, 其他用差商近似微商的数值微分公式也有同样的问题. 这表明数值微分公式的数值稳定性较差. 如果我们考虑截断误差与舍入误差的总和

$$E(h) = M\frac{h^2}{6} + \frac{\varepsilon}{h}, \quad \text{其中 } M = \max |f'''|,$$

从上式右端第二项可知, 当 $h \to 0$ 时, 总误差必会不断增大. 容易证明: 当 $h = h^* = \sqrt[3]{\dfrac{3\varepsilon}{M}}$ 时, $E(h)$ 达到最小, $h < h^*$ 后, 总误差反而会增加. 所以在实际计算时我们不能取太小的 h.

利用 Taylor 展开, 我们还可以得到下述计算一阶微商的隐式数值微分格式.

在式 (3.2.1) 和 (3.2.2) 中取 $k = 6$, 且两式相加, 可得

$$\frac{f(x_{i+1}) - 2f(x_i) + f(x_{i-1})}{h^2} = f''(x_i) + \frac{1}{12}h^2 f^{(4)}(x_i) + O(h^4). \quad (3.2.11)$$

在式 (3.2.1) 和 (3.2.2) 中取 $k = 7$, 且两式相减, 可得

$$f'(x_i) = \frac{f(x_{i+1}) - f(x_{i-1})}{2h} - \frac{h^2}{6}f'''(x_i) - \frac{h^4}{120}f^{(5)}(x_i) + O(h^6). \quad (3.2.12)$$

由式 (3.2.11) 可得

$$f'''(x_i) = \frac{f'(x_{i+1}) - 2f'(x_i) + f'(x_{i-1})}{h^2} - \frac{1}{12}h^2 f^{(5)}(x_i) + O(h^4),$$

将此式代入式 (3.2.12), 有

$$f'(x_i) = \frac{f(x_{i+1}) - f(x_{i-1})}{2h}$$

$$- \frac{h^2}{6} \cdot \frac{f'(x_{i+1}) - 2f'(x_i) + f'(x_{i-1})}{h^2} + O(h^4).$$

略去上式中的 $O(h^4)$ 项, 对 $i = 1, 2, \cdots, n-1$ 记 $f'(x_i)$ 的近似值为 m_i, 并记 $f(x_i) = f_i$, 有

$$m_i = \frac{f_{i+1} - f_{i-1}}{2h} - \frac{1}{6}(m_{i+1} - 2m_i + m_{i-1}), \quad i = 1, 2, \cdots, n-1.$$

再补充两个边界条件, 例如假设 $f'(x_0), f'(x_n)$ 是已知的, 则有 $m_0 = f'(x_0)$ 和 $m_n = f'(x_n)$, 于是可得一个关于 m_i 的线性代数方程组

$$\begin{cases} m_{i-1} + 4m_i + m_{i+1} = \dfrac{3}{h}(f_{i+1} - f_{i-1}), & i = 1, 2, \cdots, n-1, \\ m_0 = f'(x_0), \quad m_n = f'(x_n). \end{cases}$$

$$(3.2.13)$$

显然, 这是一个对角占优的三对角线性代数方程组, 可用追赶法快速求解. 这种方法需要求解线性代数方程组, 所以称为隐式格式, 但它

可以一次求出所有点的导数, 而且精度较高, 在微分方程数值解等领域有很多应用. 隐式数值微分格式的另一个优点是其数值稳定性比较好.

3.2.2　插值型求导公式

利用数据表 3.1, 可以构造 $f(x)$ 的 n 次插值多项式 $P_n(x)$, 使得

$$f(x) = P_n(x) + R_n(x), \quad R_n(x) = \frac{f^{(n+1)}(\xi(x))}{(n+1)!}\omega_{n+1}(x),$$

其中 $\omega_{n+1}(x) = \prod_{i=0}^{n}(x - x_i)$. 于是, 我们可以用 $P_n'(x)$ 近似 $f'(x)$, 即有

$$
\begin{aligned}
f'(x) &= P_n'(x) + R_n'(x) \\
&= P'(x) + \frac{f^{(n+1)}(\xi(x))}{(n+1)!}\omega_{n+1}'(x) \\
&\quad + \frac{1}{(n+1)!} \cdot \frac{\mathrm{d}}{\mathrm{d}x}f^{(n+1)}(\xi(x)) \cdot \omega_{n+1}(x).
\end{aligned}
$$

特别是当 $x = x_i$ 时, 上式成为

$$f'(x_i) = P_n'(x_i) + \frac{f^{(n+1)}(\xi(x_i))}{(n+1)!}\omega_{n+1}'(x_i),$$

即可以用 $P_n'(x_i)$ 近似 $f'(x_i)$.

例如, 当 $n = 1$, 且是等距节点时,

$$
\begin{aligned}
f(x) &= P_1(x) + R_1(x) \\
&= \frac{x - x_1}{x_0 - x_1}f(x_0) + \frac{x - x_0}{x_1 - x_0}f(x_1) + \frac{f''(\xi(x))}{2!}(x - x_0)(x - x_1),
\end{aligned}
$$

所以有

$$f'(x_0) = \frac{f(x_1) - f(x_0)}{x_1 - x_0} - \frac{f''(\xi(x_0))}{2!}h,$$

$$f'(x_1) = \frac{f(x_1) - f(x_0)}{x_1 - x_0} + \frac{f''(\xi(x_1))}{2!}h,$$

即可以用 $\dfrac{f(x_1) - f(x_0)}{x_1 - x_0}$ 近似 $f'(x_0)$ 和 $f'(x_1)$, 这就是一阶微商的向前与向后差商近似.

再看当 $n = 2$ 时. 此时有

$$P_2(x) = \frac{(x - x_1)(x - x_2)}{(x_0 - x_1)(x_0 - x_2)}f(x_0) + \frac{(x - x_0)(x - x_2)}{(x_1 - x_0)(x_1 - x_2)}f(x_1)$$
$$+ \frac{(x - x_0)(x - x_1)}{(x_2 - x_0)(x_2 - x_1)}f(x_2),$$

$$P_2'(x) = \frac{2x - x_1 - x_2}{2h^2}f(x_0) - \frac{2x - x_0 - x_2}{h^2}f(x_1)$$
$$+ \frac{2x - x_0 - x_1}{2h^2}f(x_2),$$

以及

$$f'(x_i) = P_2'(x_i) + \frac{1}{3!}f^{(3)}(\xi(x_i))\omega_3'(x_i),$$

于是可推出

$$f'(x_0) = \frac{-3f(x_0) + 4f(x_1) - f(x_2)}{2h} + \frac{2}{3!}f^{(3)}(\xi(x_0))h^2, \tag{3.2.14}$$

$$f'(x_1) = \frac{f(x_2) - f(x_0)}{2h} - \frac{1}{3!}f^{(3)}(\xi(x_1))h^2, \tag{3.2.15}$$

$$f'(x_2) = \frac{f(x_0) - 4f(x_1) + 3f(x_2)}{2h} + \frac{2}{3!}f^{(3)}(\xi(x_2))h^2, \tag{3.2.16}$$

以及数值微分公式

$$f'(x_0) \approx \frac{-3f(x_0) + 4f(x_1) - f(x_2)}{2h}, \tag{3.2.17}$$

$$f'(x_1) \approx \frac{f(x_2) - f(x_0)}{2h}, \tag{3.2.18}$$

$$f'(x_2) \approx \frac{f(x_0) - 4f(x_1) + 3f(x_2)}{2h}. \tag{3.2.19}$$

与 Taylor 展开方法相比，因为插值多项式的构造并不要求已知的节点 x_i 是等距的，所以插值型求导方法的适用范围更广. 有些时候，我们也可以使用更复杂的插值技术如三次样条插值作数值微分.

§3.3　数 值 积 分

在科学与工程问题中，经常需要计算各种积分. 本节讨论一元函数的积分

$$\int_a^b f(x)\,\mathrm{d}x \tag{3.3.1}$$

的数值计算方法. 在微积分中我们就知道，在大多数情况下，被积函数的原函数不易求出，甚至不能用初等函数表示，因此积分的计算有困难. 另外，在有些应用问题中我们不知道被积函数 $f(x)$ 的表达式，只知道它在一些离散点处的值. 在这些情况下，积分的近似数值计算有很重要的意义.

3.3.1　中点公式、梯形公式与 Simpson 公式

设 $f(x) \in C[a,b]$，且已知 $x = \dfrac{a+b}{2}$ 处的函数值 $f\left(\dfrac{a+b}{2}\right)$，则我们可以得到一个最简单的求积公式：

$$\int_a^b f(x)\,\mathrm{d}x \approx f\left(\frac{a+b}{2}\right)(b-a). \tag{3.3.2}$$

显然，当被积函数 $f(x) > 0$ 时，这个公式的几何意义是用长为 $f\left(\dfrac{a+b}{2}\right)$，宽为 $b-a$ 的矩形面积来近似曲边梯形的面积，因此称之为**中点公式** (参见图 3.1(a)). 如果 $f(x) \in C^2[a,b]$，则容易推出中点公式的截断误差为

$$\int_a^b f(x)\,\mathrm{d}x - f\left(\frac{a+b}{2}\right)(b-a) = \frac{(b-a)^3}{24}f''(\xi_1), \quad \xi_1 \in (a,b). \tag{3.3.3}$$

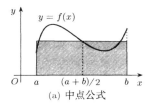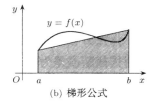

图 3.1 中点公式和梯形公式

若已知 $x = a, b$ 两点的函数值为 $f(a), f(b)$, 则我们可以作 $f(x)$ 的一次插值多项式

$$P_1(x) = \frac{x-b}{a-b}f(a) + \frac{x-a}{b-a}f(b),$$

从而有

$$\int_a^b f(x)\,\mathrm{d}x \approx \int_a^b P_1(x)\,\mathrm{d}x = \frac{f(a)+f(b)}{2}(b-a). \qquad (3.3.4)$$

当被积函数 $f(x) > 0$ 时, 这个公式的几何意义是用上底是 $f(a)$, 下底是 $f(b)$, 高是 $b - a$ 的梯形面积来近似曲边梯形的面积, 因此称之为**梯形公式** (参见图 3.1(b)). 如果 $f(x) \in C^2[a, b]$, 则容易推出梯形公式的截断误差为

$$\int_a^b f(x)\,\mathrm{d}x - \frac{f(a)+f(b)}{2}(b-a) = -\frac{(b-a)^3}{12}f''(\xi_2), \quad \xi_2 \in (a, b) \qquad (3.3.5)$$

若已知 $x_0 = a, x_1 = \dfrac{a+b}{2}, x_2 = b$ 三点的函数值 $f(a), f\left(\dfrac{a+b}{2}\right)$ 和 $f(b)$, 则我们可以作 $f(x)$ 的二次插值多项式

$$P_2(x) = \frac{(x-x_1)(x-x_2)}{(x_0-x_1)(x_0-x_2)}f(a) + \frac{(x-x_0)(x-x_2)}{(x_1-x_0)(x_1-x_2)}f\left(\frac{a+b}{2}\right)$$

$$+ \frac{(x-x_0)(x-x_1)}{(x_2-x_0)(x_2-x_1)}f(b),$$

从而有

$$\int_a^b f(x)\,\mathrm{d}x \approx \int_a^b P_2(x)\,\mathrm{d}x$$

$$= \frac{b-a}{6}\Big[f(a) + 4f\Big(\frac{a+b}{2}\Big) + f(b)\Big]. \tag{3.3.6}$$

称这个求积公式为 **Simpson 公式** 或 **抛物线公式**. 如果 $f(x) \in C^4[a, b]$, 则可以证明其截断误差为

$$\int_a^b f(x)\,\mathrm{d}x - \frac{b-a}{6}\Big[f(a) + 4f\Big(\frac{a+b}{2}\Big) + f(b)\Big]$$

$$= -\frac{(b-a)^5}{2880} f^{(4)}(\xi_3), \quad \xi_3 \in (a, b). \tag{3.3.7}$$

从上面三个求积公式我们可以看到:

(1) 一个数值积分公式总可以写成被积函数的几个函数值的线性组合, 即

$$\int_a^b f(x)\,\mathrm{d}x \approx \sum_{j=0}^n A_j f(x_j), \tag{3.3.8}$$

其中 $A_j, x_j \ (j = 0, 1, 2, \cdots, n)$ 与 f 无关, 我们称之为这个数值积分公式的系数和节点.

(2) 当被积函数充分光滑, 且积分区间长度 $h = b - a$ 趋向于 0 时, 截断误差也趋向于 0 (见式 (3.3.3), (3.3.5), (3.3.7)), 而且有

① 中点公式的截断误差量级是 $O(h^3)$;

② 梯形公式的截断误差量级是 $O(h^3)$;

③ Simpson 公式的截断误差量级是 $O(h^5)$.

根据 Weierstrass 定理 (定理 2.1.1), 区间 $[a, b]$ 上任意一个连续函数可以被多项式很好地逼近. 因此如果一个数值积分公式能对比较高次的多项式准确成立 (即截断误差为零), 我们就可以认为这个公式的精度比较高. 根据这个想法, 我们引进求积公式的代数精度的概念.

定义 3.3.1   设 m 是一个正整数. 如果数值积分公式 (3.3.8) 的截断误差对

$$f(x) = 1, x, x^2, \cdots, x^m$$

都为零, 但对 $f(x) = x^{m+1}$ 不为零, 则称数值积分公式 (3.3.8) 的 **代数精度为** m **阶**.

显然，如果数值积分公式 (3.3.8) 的代数精度为 m 阶，则它对于任何不高于 m 次的多项式都准确成立. 有了代数精度的概念，即使积分区间长度 $b - a$ 不小，我们也可以讨论求积公式的精度. 如果两个形如式 (3.3.8) 的求积公式用的节点数相同，代数精度较高的就优于另一个. 通过简单的计算可以得出，中点公式和梯形公式的代数精度都是 1 阶，Simpson 公式的代数精度为 3 阶. 值得注意的是，同样都是 1 阶代数精度，中点公式只需要一个节点，而梯形公式需要两个.

3.3.2 Newton-Cotes 求积公式

将上述想法作一般性推广则得到 Newton-Cotes 求积公式. 对 $[a, b]$ 作等距分割 $x_0 = a < x_1 < \cdots < x_n = b$, $x_k = a + kh$ $(k = 0, 1, \cdots, n)$, $h = (b - a)/n$, 作 Lagrange 插值多项式 $P_n(x) \in \mathbb{P}_n$, 并记 $x = a + th$, $t \in [0, n]$, 得到

$$P_n(x) = \sum_{k=0}^{n} \left(\prod_{\substack{j=0 \\ j \neq k}}^{n} \frac{x - x_j}{x_k - x_j} \right) f(x_k)$$

$$= \sum_{k=0}^{n} \left(\prod_{\substack{j=0 \\ j \neq k}}^{n} \frac{t - j}{k - j} \right) f(x_k)$$

$$= \sum_{k=0}^{n} \frac{(-1)^{(n-k)}}{k!(n-k)!} \prod_{\substack{j=0 \\ j \neq k}}^{n} (t - j) f(x_k).$$

作积分得如下求积分式 (称 **Newton-Cotes 求积公式**):

$$\int_a^b f(x) \mathrm{d}x \approx \int_a^b P_n(x) \mathrm{d}x$$

$$= \frac{b - a}{n} \sum_{k=0}^{n} \left(\int_0^n \prod_{\substack{j=0 \\ j \neq k}}^{n} \frac{t - j}{k - j} \mathrm{d}t \right) f(x_k)$$

$$= \sum_{k=0}^{n} A_k f(x_k),$$

其中

$$A_k = (b-a)C_k^{(n)}, \quad C_k^{(n)} = \frac{(-1)^{n-k}}{k!(n-k)!n} \int_0^n \prod_{\substack{j=0 \\ j \neq k}}^{n} (t-j)\mathrm{d}t,$$

$$k = 0, 1, \cdots, n.$$

$C_k^{(n)}$ 称为 **Newton-Cotes 求积系数**. 如取 $f(x) \equiv 1$, 则

$$\sum_{k=0}^{n} C_k^{(n)} = 1.$$

$C_k^{(n)}$ 可事先由计算机计算保存, 必要时可查表得到. 但当 $n \geqslant 8$ 时, $C_k^{(n)}$ 有正有负, 必然导致其中有的系数绝对值大于 1, 由于舍入误差的存在, 误差会被更加放大导致计算的不准确. 这种不稳定性使得在 $n \geqslant 8$ 时的 Newton-Cotes 求积公式基本不被采用.

一般的数值积分可表示为

$$I = \int_a^b f(x)\mathrm{d}x \approx \sum_{k=0}^{n} A_k f(x_k) \triangleq I_n,$$

其中 x_k 称为求积节点, A_k 称为求积系数. 可定义误差

$$E_n(f) \triangleq I(f) - I_n(f).$$

定义 3.3.2　如果 $\forall f \in \mathbb{P}_n$, $E_n(f) = 0$, 则称数值积分为**插值型**的.

定理 3.3.1　下面两个命题是等价的:

(1) $I_n(f)$ 为插值型积分;

(2) $I_n(f)$ 可由对 $x_0, x_1, \cdots, x_n$ 的 n 次插值积分得到.

证明　(1) $\Rightarrow$ (2): 对 $\forall f(x)$, 在 $x_0, x_1, \cdots, x_n$ 点作 f 的 Lagrange 插值多项式

$$L_n(f) = \sum_{k=0}^{n} f(x_k) l_k(x) \in \mathbb{P}_n.$$

由 $I_n(f)$ 为插值型积分有 $E_n(L_n(f)) = 0$, 则

$$I(L_n(f)) - I_n(L_n(f))$$

$$= \sum_{k=0}^{n} \left(\int_a^b l_k(x)\mathrm{d}x \right) f(x_k) - \sum_{k=0}^{n} A_k(L_n(f))(x_k)$$

$$= \sum_{k=0}^{n} \left(\int_a^b l_k(x)\mathrm{d}x - A_k \right) f(x_k) = 0.$$

由 f 的任意性, 立得 $A_k = \int_a^b l_k(x)\mathrm{d}x$.

$(2) \Rightarrow (1)$: 如有 $A_k = \int_a^b l_k(x)\mathrm{d}x$, 则 $\forall f \in \mathbb{P}_n$, $L_n(f) = f$, 于是有

$$I(f) = I(L_n(f)) = \int_a^b \sum_{k=0}^{n} f(x_k) l_k(x)\mathrm{d}x$$

$$= \sum_{k=0}^{n} A_k f(x_k) = I_n(f),$$

即 $E_n(f) = 0$. 定理得证.

下面定理精确刻画了 n 阶代数精度与 $n + k$ 阶代数精度的差异.

定理 3.3.2 对 $\forall 0 \leqslant k \leqslant n+1$, $I_n(f)$ 为 $d = n + k$ 阶代数精度等价于

(1) $I_n(f)$ 为插值型的;

(2) $\omega_n(x) = \prod_{i=0}^{n} (x - x_i)$ 满足 $\int_a^b \omega_n(x) P(x)\mathrm{d}x = 0$, $\forall P(x) \in \mathbb{P}_{k-1}$.

证明 **必要性** 由于 $I_n(f)$ 已有 $d = n + k$ 阶代数精度, 它必有 n 阶代数精度, 由定义 3.3.2 知 (1) 成立.

由于 $\omega_n(x) P(x) \in \mathbb{P}_{n+k}$, 则

$$\int_a^b \omega_n(x) P(x)\mathrm{d}x = I(\omega_n(x) P(x)) = I_n(\omega_n(x) P(x))$$

$$= \sum_{i=0}^{n} A_i \omega_n(x_i) P(x_i) = 0.$$

故 (2) 也得证.

充分性　由 (1) 知 $I_n(f)$ 有 n 阶代数精度. 对 $\forall g(x) \in \mathbb{P}_{n+k}$, 有

$$g(x) = \omega_n(x)g_1(x) + g_2(x), \quad g_2(x) \in \mathbb{P}_n, \ g_1(x) \in \mathbb{P}_{k-1}.$$

显然有 $g(x_i) = g_2(x_i)$ $(i = 0, 1, \cdots, n)$, 且由 (2) 得

$$\int_a^b g(x)\mathrm{d}x = \int_a^b g_2(x)\mathrm{d}x = \sum_{i=0}^n A_i g_2(x_i)$$
$$= \sum_{i=0}^n A_i g(x_i) = I_n(g),$$

即 $I_n(f)$ 的代数精度为 $n + k$ 阶, 得证.

下面考查 Newton-Cotes 求积公式的代数精度, 我们有:

定理 3.3.3　Newton-Cotes 求积公式至少具有 n 阶代数精度, 如 n 为偶数, 则具有 $n + 1$ 阶代数精度.

证明　由 Newton-Cotes 求积公式的构造知其为插值型积分, 故显然至少有 n 阶代数精度. 如 n 为偶数, 由定理 3.3.2 知, 只需证明

$$\int_a^b \omega_n(x)\mathrm{d}x = 0.$$

令 $x = a + th$ 可得到

$$\int_a^b \omega_n(x)\mathrm{d}x = \int_0^n t(t-1)\cdots(t-n)\mathrm{d}t \cdot h^{n+2} \quad (n = 2k)$$
$$= \int_{-k}^k (u+k)(u+k-1)\cdots(u+1)u(u-1)\cdots(u-k)\mathrm{d}u \cdot h^{n+2}$$
$$= \int_{-k}^k u(u^2-1)\cdots(u^2-k^2)\mathrm{d}u \cdot h^{n+2} = 0.$$

故定理得证.

3.3.3　复合求积公式

当积分区间长度 $b - a$ 不小时, 我们怎样比较准确地计算积分 (3.3.1) 呢? 一个自然的想法是: 把区间 $[a, b]$ 剖分成一些小区间. 例

如，引进等距分点

$$x_i = a + ih, \quad h = \frac{b-a}{n}, \ i = 0, 1, \cdots, n, \tag{3.3.9}$$

并记

$$x_{i+\frac{1}{2}} = a + (i + 1/2)h, \tag{3.3.10}$$

根据定积分的性质，有

$$\int_a^b f(x)\,\mathrm{d}x = \sum_{i=0}^{n-1} \int_{x_i}^{x_{i+1}} f(x)\,\mathrm{d}x.$$

在每个小区间 $[x_i, x_{i+1}]$ 上使用中点公式 (3.3.2)、梯形公式 (3.3.4) 和 Simpson 公式 (3.3.6), 便可得到:

复合中点公式

$$\int_a^b f(x)\,\mathrm{d}x \approx h \sum_{i=0}^{n-1} f(x_{i+\frac{1}{2}}) \triangleq M(h); \tag{3.3.11}$$

复合梯形公式

$$\int_a^b f(x)\,\mathrm{d}x \approx \frac{h}{2} \sum_{i=0}^{n-1} [f(x_i) + f(x_{i+1})] \triangleq T(h); \tag{3.3.12}$$

复合 Simpson 公式

$$\int_a^b f(x)\,\mathrm{d}x \approx \frac{h}{6} \sum_{i=0}^{n-1} [f(x_i) + 4f(x_{i+\frac{1}{2}}) + f(x_{i+1})] \triangleq S(h). \tag{3.3.13}$$

不难发现复合求积公式对应于用分段多项式逼近被积函数 $f(x)$, 然后作数值积分.

当被积函数 $f(x)$ 充分光滑时, 利用式 (3.3.3), (3.3.5) 和 (3.3.7), 我们可以得到上述复合求积公式的截断误差估计分别为

$$\left| \int_a^b f(x)\,\mathrm{d}x - M(h) \right| \leq \frac{h^2}{24} M_2(b-a), \tag{3.3.14}$$

$$\left| \int_a^b f(x)\,\mathrm{d}x - T(h) \right| \le \frac{h^2}{12} M_2(b-a), \tag{3.3.15}$$

$$\left| \int_a^b f(x)\,\mathrm{d}x - S(h) \right| \le \frac{h^4}{2880} M_4(b-a), \tag{3.3.16}$$

其中 $M_2 = \max|f''|, M_4 = \max|f^{(4)}|$. 由此可知，复合中点公式和复合梯形公式的截断误差量级是 $O(h^2)$, 复合 Simpson 公式的截断误差量级是 $O(h^4)$.

利用上述截断误差估计，我们可以在计算积分之前定出剖分步长 h.

例 3.3.1 用复合梯形公式和复合 Simpson 公式计算 $\displaystyle\int_0^1 \mathrm{e}^x\,\mathrm{d}x$ 的近似值，要求至少有 5 位有效数字，问：h 应取多大？

解 显然 $|f''(x)| = \mathrm{e}^x \le \mathrm{e}, x \in [0,1]$. 由式 (3.3.15) 及有效数字的定义，用复合梯形公式计算，我们只要取

$$\frac{1}{12}\mathrm{e}h^2 \le 0.5 \times 10^{-4}, \quad \text{即} \quad h \le \frac{1}{68};$$

用复合 Simpson 公式计算，我们只要取

$$\frac{h^4\mathrm{e}}{2880} \le 0.5 \times 10^{-4}, \quad \text{即} \quad h \le \frac{1}{3}.$$

事实上，上述截断误差估计太保守，而且被积函数的导数有时也不好估计. 因此在实际计算时往往使用下述方法.

以复合梯形公式为例. 由式 (3.3.15) 有

$$\int_a^b f(x)\,\mathrm{d}x - T(h) = -\frac{b-a}{12}h^2 f''(\xi_1), \tag{3.3.17}$$

$$\int_a^b f(x)\,\mathrm{d}x - T\left(\frac{h}{2}\right) = -\frac{b-a}{12}\left(\frac{h}{2}\right)^2 f''(\xi_2), \tag{3.3.18}$$

其中 $\xi_1, \xi_2 \in (a,b)$. 此两式相减，并假设 $f''(\xi_1) = f''(\xi_2)$ 得

$$\frac{T(h/2) - T(h)}{3} = -\frac{b-a}{12}\left(\frac{h}{2}\right)^2 f''(\xi_1).$$

将此式代入式 (3.3.18) 得

$$\int_a^b f(x)\,\mathrm{d}x - T\left(\frac{h}{2}\right) = \frac{1}{3}\left[T\left(\frac{h}{2}\right) - T(h)\right].$$

这就是说，我们可以用

$$|T(h/2) - T(h)|$$

来判断 $T(h/2)$ 是否达到精度要求. 计算过程可总结如下:

(1) 设给定的精度要求为 ε, 取初始步长为 $h = b - a$;

(2) 计算 $T(h)$;

(3) 取 $h = h/2$, 计算 $T(h/2)$;

(4) 如果 $|T(h/2) - T(h)| < \varepsilon$, 则取 $T(h/2)$ 为积分的近似值; 否则取 $h = h/2$, 再转到 (2).

最后，再讨论一下复合梯形公式的数值稳定性.

设因为有舍入误差的缘故，函数值 $f(x_0), f(x_1), \cdots, f(x_n)$ 变成 $\widehat{f}(x_0), \widehat{f}(x_1), \cdots, \widehat{f}(x_n)$, 记 $e_j = \widehat{f}(x_j) - f(x_j)$, 则复合梯形公式的计算误差为

$$\widehat{T}(h) - T(h) = \frac{h}{2}\left(e_0 + 2\sum_{j=1}^{n-1} e_j + e_n\right).$$

若 $|e_j| \leqslant \varepsilon \ (j = 0, 1, \cdots, n)$, 则

$$|\widehat{T}(h) - T(h)| \leqslant \frac{h}{2}[\varepsilon + 2(n-1)\varepsilon + \varepsilon] = nh\varepsilon = (b-a)\varepsilon.$$

这表明复合梯形公式是数值稳定的.

3.3.4 加速收敛技术与 Romberg 求积方法

假设我们要用一个与步长 h 有关的量 $Q_1(h)$ (比如一个复合求积公式) 去近似一个与 h 无关的量 Q (比如一个定积分), 而且已知截断误差的渐进展开式为

$$Q - Q_1(h) = c_1 h^{p_1} + c_2 h^{p_2} + c_3 h^{p_3} + \cdots + c_k h^{p_k} + \cdots, \quad (3.3.19)$$

其中 c_k, p_k 为常数且 $0 < p_1 < p_2 < \cdots$. 此时, Q_1 逼近 Q 的截断误差量级就是 $O(h^{p_1})$.

如果我们把步长缩小一倍, 即取 $h = h/2$, 则有

$$Q - Q_1(h/2) = c_1(h/2)^{p_1} + c_2(h/2)^{p_2} + c_3(h/2)^{p_3} + \cdots$$
$$= 2^{-p_1}c_1 h^{p_1} + 2^{-p_2}c_2 h^{p_2} + 2^{-p_3}c_3 h^{p_3} + \cdots.$$
$$(3.3.20)$$

把式 (3.3.19) 乘上 2^{-p_1} 再减去式 (3.3.20), 适当整理, 得

$$Q - \frac{Q_1(h/2) - 2^{-p_1}Q_1(h)}{1 - 2^{-p_1}} = c_2^* h^{p_2} + c_3^* h^{p_3} + \cdots + c_k^* h^{p_k} + \cdots, \quad (3.3.21)$$

其中常数 c_k^* 为

$$c_k^* = \frac{c_k(2^{-p_k} - 2^{-p_1})}{1 - 2^{-p_1}}, \quad k = 2, 3, \cdots.$$

如果记

$$Q_2(h) = \frac{Q_1(h/2) - 2^{-p_1}Q_1(h)}{1 - 2^{-p_1}}, \quad (3.3.22)$$

则 Q_2 逼近 Q 的截断误差量级就提高为 $O(h^{p_2})$, 即有

$$Q - Q_2(h) = c_2^* h^{p_2} + c_3^* h^{p_3} + \cdots + c_k^* h^{p_k} + \cdots. \quad (3.3.23)$$

我们完全可以再从式 (3.3.23) 出发, 用与上面类似的方法构造一个 $Q_3(h)$, 使得它逼近 Q 的截断误差量级为 $O(h^{p_3})$, 而且这个过程可以不断地进行下去. 这种从低阶精度格式的截断误差的渐进展开式出发, 作简单线性组合从而得到高阶精度格式的方法称为 **Richardson 外推加速收敛技术**, 它在数值微分、数值积分和微分方程数值解等领域有广泛应用.

将 Richardson 外推加速收敛技术应用于复合梯形求积公式 (3.3.12) 就可以得到 Romberg 求积方法. 为此, 我们首先要有复合梯形公式截断误差的渐进展开式. 可以证明: 当 f 充分光滑时, 有 Euler-Maclaurin

公式

$$\int_a^b f(x)\,\mathrm{d}x = T_1(h) + \sum_{k=1}^{\infty} c_{2k}^{(1)} h^{2k}, \tag{3.3.24}$$

其中 $c_{2k}^{(1)}$ $(k=1,2,\cdots)$ 为常数. 以此为基础, 利用外推加速技术我们容易推出

$$\int_a^b f(x)\,\mathrm{d}x = T_2(h) + \sum_{k=2}^{\infty} c_{2k}^{(2)} h^{2k}, \tag{3.3.25}$$

其中 $c_{2k}^{(2)}$ $(k=2,3,\cdots)$ 为常数,

$$T_2(h) = \frac{T_1(h/2) - 4^{-1}T_1(h)}{1-4^{-1}}.$$

根据公式 (3.3.25) 再次使用外推加速技术, 我们又可推出

$$\int_a^b f(x)\,\mathrm{d}x = T_3(h) + \sum_{k=3}^{\infty} c_{2k}^{(3)} h^{2k}, \tag{3.3.26}$$

其中 $c_{2k}^{(3)}$ $(k=3,4,\cdots)$ 为常数,

$$T_3(h) = \frac{T_2(h/2) - 4^{-2}T_2(h)}{1-4^{-2}}.$$

一般地, 我们可以得到递推定义的求积序列

$$T_{k+1}(h) = \frac{T_k(h/2) - 4^{-k}T_k(h)}{1-4^{-k}}, \quad k=1,2,\cdots, \tag{3.3.27}$$

并容易验证

$$\int_a^b f(x)\,\mathrm{d}x - T_{k+1}(h) = O(h^{2(k+1)}), \quad k=1,2,\cdots. \tag{3.3.28}$$

这就是 **Romberg 求积方法**. 它只需要编制一个复合梯形求积公式的程序, 并不断折半初始步长 h, 以及作简单的线性组合, 便能高精度地求出积分值.

下面定理 3.3.4 中的 Euler-Maclaurin 公式表明了 Romberg 求积方法的合理性, 它说明复合梯形公式的误差具有形如 $c_1 h^2 + c_2 h^4 + c_3 h^6 + \cdots$ 的展开式. 为证明这一结论需若干准备工作.

定义 3.3.3 n 次 Bernoulli 多项式 $B_n(x)$ 是指满足

$$\begin{cases} B_0(x) = 1, \\ B_n'(x) = B_{n-1}(x) \text{ 且 } \int_0^1 B_n(x)\mathrm{d}x = 0, \quad n \in \mathbb{N} \end{cases}$$

的多项式序列, 其中 $b_n = n!B_n(0)$ $(n = 0, 1, \cdots)$ 称为 **Bernoulli 数**.

显然 $\int_0^1 B_{n-1}(x)\mathrm{d}x = 0$ 等价于 $B_n(0) = B_n(1)$, $n = 2, 3, \cdots$.

命题 3.3.1 Bernoulli 多项式有如下对称性:

$$B_n(x) = (-1)^n B_n(1-x), \quad x \in \mathbb{R}, \quad n = 0, 1, 2, \cdots.$$

证明 采用归纳法. 当 $n = 0$ 时显然成立. 假设对 n 依然成立, 两边积分得

$$B_{n+1}(x) = (-1)^{n+1}B_{n+1}(1-x) + \beta_{n+1},$$

这里 β_{n+1} 为某固定常数. 由 $\int_0^1 B_{n+1}(x)\mathrm{d}x = 0$ 易得 $\beta_{n+1} = 0$, 故归纳得证.

由命题 3.3.1 的证明立得 $B_{2m+1}(0) = -B_{2m+1}(1)$, 即有

$$B_{2m+1}(0) = B_{2m+1}(1) = 0.$$

定义 3.3.4 定义 $\tilde{B}_n(x) : \mathbb{R} \to \mathbb{R}$ 为 $B_n(x)$ 在 $\mathbb{R}$ 上的**周期扩张**, 即

$$\tilde{B}_n(x) = B_n(x) \ (x \in [0, 1)), \quad \text{且} \quad \tilde{B}_n(x+1) = \tilde{B}_n(x) \ (x \in \mathbb{R}).$$

由定义 3.3.4 我们可得到 $\tilde{B}_n(x)$ 的 Fourier 级数

$$\tilde{B}_{2m}(x) = 2(-1)^{m-1} \sum_{k=1}^\infty \frac{\cos 2k\pi x}{(2\pi k)^{2m}}, \quad m = 1, 2, \cdots,$$

$$\tilde{B}_{2m+1}(x) = 2(-1)^m \sum_{k=1}^\infty \frac{\sin 2k\pi x}{(2\pi k)^{2m+1}}, \quad m = 0, 1, 2, \cdots.$$

定理 3.3.4 (Euler-Maclaurin 公式) 设 $f \in C^m[a,b]$ $(m = 3, 4, \cdots)$,

$$T_h(f) = \frac{h}{2} \sum_{k=0}^{n-1} [f(x_k) + f(x_{k+1})],$$

则

$$\int_a^b f(x)\mathrm{d}x = T_h(f) - \sum_{j=1}^{[\frac{m}{2}]} \frac{b_{2j}h^{2j}}{(2j)!} [f^{(2j-1)}(b) - f^{(2j-1)}(a)]$$

$$+ (-1)^m h^m \int_a^b \tilde{B}_m\Big(\frac{x-a}{h}\Big) f^{(m)}(x)\mathrm{d}x,$$

这里 $\left[\dfrac{m}{2}\right]$ 指小于或等于 $\dfrac{m}{2}$ 的最大整数, $b_{2j} = (2j)!B_{2j}(0)$ 为 Bernoulli 数.

证明 对 $\forall g(x) \in C^m[0,1]$, 由分部积分及 $B_n(0) = B_n(1)$ $(n = 2, 3, \cdots)$ 得

$$\int_0^1 B_1(z)g'(z)\mathrm{d}z = \sum_{j=2}^m (-1)^j B_j(0)[g^{(j-1)}(1) - g^{(j-1)}(0)]$$

$$- (-1)^m \int_0^1 B_m(z)g^{(m)}(z)\mathrm{d}z.$$

同时由 $B_1(x) = x - \dfrac{1}{2}$, 有

$$\int_0^1 B_1(z)g'(z)\mathrm{d}z = \frac{1}{2}[g(1) + g(0)] - \int_0^1 g(z)\mathrm{d}z,$$

利用 $B_{2m+1}(0) = 0$ $(m = 1, 2, \cdots)$, 得到

$$\int_0^1 g(z)\mathrm{d}z = \frac{1}{2}[g(0) + g(1)] - \sum_{j=1}^{[\frac{m}{2}]} \frac{b_{2j}}{(2j)!}[g^{(2j-1)}(1) - g^{(2j-1)}(0)]$$

$$+ (-1)^m \int_0^1 B_m(z)g^{(m)}(z)\mathrm{d}z.$$

下面令 $x = x_k + hz$, $g(z) = f(x_k + hz)$ 得到

$$\int_{x_k}^{x_{k+1}} f(x)\mathrm{d}x = \frac{h}{2}[f(x_k) + f(x_{k+1})]$$

$$- \sum_{j=1}^{[\frac{m}{2}]} \frac{b_{2j}h^{2j}}{(2j)!}[f^{(2j-1)}(x_{k+1}) - f^{(2j-1)}(x_k)]$$

$$+ (-1)^m h^m \int_{x_k}^{x_{k+1}} B_m\left(\frac{x - x_k}{h}\right) f^{(m)}(x)\mathrm{d}x.$$

两端对 $k = 0, 1, \cdots, n-1$ 求和, 利用 $\tilde{B}_m(x)$ 的定义即可得 Euler-Maclaurin 公式. 定理得证.

观察 Euler-Maclaurin 公式, 不难发现如果 $f(x)$ 是周期函数, 将会出现 h^{2j} 中系数 $f^{(2j-1)}(b) - f^{(2j-1)}(a) = 0$, 最后仅剩下 h^m. 这表明梯形公式对周期函数积分具有极高的精度, 换句话说, f 有多光滑, 精度就有多高. 这一现象称为**具有谱精度**. 严格而言有如下结论:

命题 3.3.2 设 $f \in C_{2\pi}^{2m+1}$ (周期为 2π 的 $2m+1$ 阶连续可微函数), 则复合梯形公式误差

$$E(f) \leqslant C\left(\frac{h}{2\pi}\right)^{2m+1} \int_0^{2\pi} |f^{(2m+1)}(x)|\mathrm{d}x,$$

其中 $C = 2\sum_{k=1}^{\infty} \frac{1}{k^{2m+1}}$.

证明 由 Euler-Maclaurin 公式有

$$E(f) \leqslant h^{2m+1} \int_0^{2\pi} |\tilde{B}_{2m+1} f^{(2m+1)}(x)|\mathrm{d}x,$$

而利用 $\tilde{B}_{2m+1}(x)$ 的 Fourier 级数展式有

$$|\tilde{B}_{2m+1}(y)| \leqslant 2\sum_{k=1}^{\infty} \frac{1}{(2\pi k)^{2m+1}}, \quad \forall y \in \mathbb{R},$$

代入即得结论.

注意，即使 $f(x) \in C_{w\pi}^{\infty}$，也不能说 $E(f) = 0$，这是因为 $f^{(m)}(x)$ 一般不会有界 $(m \to +\infty)$. 此时有下面结论：

定理 3.3.5 设 f 是周期为 2π 的实解析函数, 则存在带状区域 $D = \mathbb{R} \times (-a, a) \subset \mathbb{C}$ $(a > 0)$, f 可延拓为 D 上的解析函数, 并且

$$|E(f)| \leqslant \frac{4\pi M}{e^{2\pi a/h} - 1},$$

这里 $M = \sup\limits_{z \in D} |f(z)|$.

定理 3.3.5 的证明可参见 Kress [22]. 该定理表明了谱精度的另一个典型特征: 指数收敛, 即其收敛速度比任意代数阶都快.

3.3.5 Gauss 求积公式

考虑带权定积分的 n 点求积公式

$$\int_a^b \rho(x)f(x)\mathrm{d}x \approx \sum_{k=1}^{n} A_k f(x_k), \tag{3.3.29}$$

其中 $\rho(x) > 0$ 为已知的权函数, A_k $(k = 1, 2, \cdots, n)$ 为常数. 我们现在只把节点个数 n 固定, 而让节点的位置 x_k 与系数 A_k 都待定, 目标是让这个求积公式的代数精度达到最高. 这种在取定节点数目的条件下, 代数精度达到最高的求积公式, 我们称之为 **Gauss 求积公式**.

怎样确定 Gauss 求积公式的节点与系数呢? 待定的参数现在有 $2n$ 个, 我们可以取 $f(x)$ 分别为 $1, x, x^2, \cdots, x^{2n-1}$, 并令求积公式 (3.3.29) 对这些函数准确成立. 以 $\rho(x) \equiv 1$ 为例, 可以得到一个含 $2n$ 个未知量、$2n$ 个方程的方程组

$$\sum_{k=1}^{n} A_k x_k^j = \frac{1}{j+1}(b^{j+1} - a^{j+1}), \quad j = 0, 1, 2, \cdots, 2n-1.$$

很自然, 我们希望通过求解这个方程组来得到 x_k 和 A_k $(k = 1, 2, \cdots, n)$. 遗憾的是, 这个方程组是非线性的, 求解非常困难. 我们先来看看最低阶的情形. 不失一般性, 可以设积分区间 $[a, b] = [-1, 1]$, 这是因为

有积分变量替换公式

$$\int_a^b f(x)\,\mathrm{d}x = \frac{b-a}{2}\int_{-1}^{1} f\Big(\frac{a+b}{2}+\frac{b-a}{2}t\Big)\,\mathrm{d}t. \tag{3.3.30}$$

当 $n=1$ 时，在等式 $\int_{-1}^{1} f(x)\,\mathrm{d}x = A_1 f(x_1)$ 中，令 $f(x)=1$ 和 $f(x)=x$，得

$$A_1 = 2, \quad x_1 = 0.$$

利用公式 (3.3.30) 可得一个节点的 Gauss 求积公式为

$$\int_a^b f(x)\mathrm{d}x \approx f\Big(\frac{a+b}{2}\Big)(b-a).$$

这就是中点公式. 显然它对 $f(x)=x^2$ 不准确成立，故其代数精度为 1 阶. 我们以前已经讨论过，它只用一个节点，但与使用两个节点的梯形公式的效果是等价的.

当 $n=2$ 时，在等式 $\int_{-1}^{1} f(x)\,\mathrm{d}x = A_1 f(x_1) + A_2 f(x_2)$ 中，令 $f(x)=1, f(x)=x, f(x)=x^2, f(x)=x^3$，得方程组

$$\begin{cases} A_1 + A_2 = 2, \\ A_1 x_1 + A_2 x_2 = 0, \\ A_1 x_1^2 + A_2 x_2^2 = \dfrac{2}{3}, \\ A_1 x_1^3 + A_2 x_2^3 = 0. \end{cases}$$

此方程组有唯一解 $A_1 = A_2 = 1$，$x_1 = -\dfrac{1}{\sqrt{3}}$，$x_2 = \dfrac{1}{\sqrt{3}}$. 利用公式 (3.3.30) 可得两个节点的 Gauss 求积公式为

$$\int_a^b f(x)\,\mathrm{d}x \approx \frac{b-a}{2}\Big[f\Big(\frac{a+b}{2}-\frac{b-a}{2\sqrt{3}}\Big)+f\Big(\frac{a+b}{2}+\frac{b-a}{2\sqrt{3}}\Big)\Big].$$

容易验证此求积公式对 $f(x)=x^4$ 不准确成立，故它的代数精度为 3 阶.

对于更大的 n, 用上述待定系数法就很难求出节点 x_j 与系数 A_j $(j = 1, 2, \cdots, n)$ 了. 不管节点 x_j 怎样选取, 我们可以用数据 $(x_j, f(x_j))$ $(j = 1, 2, \cdots, n)$ 作 $f(x)$ 的 $n - 1$ 次 Lagrange 插值多项式得

$$f(x) = \sum_{j=1}^{n} f(x_j) l_j(x) + \frac{f^{(n)}(\xi)}{n!} \prod_{j=1}^{n} (x - x_j),$$

于是有

$$\int_a^b \rho(x) f(x) \, \mathrm{d}x$$

$$= \int_a^b \rho(x) \sum_{j=1}^{n} f(x_j) l_j(x) \, \mathrm{d}x + \int_a^b \rho(x) \frac{f^{(n)}(\xi)}{n!} \prod_{j=1}^{n} (x - x_j) \, \mathrm{d}x$$

$$= \sum_{j=1}^{n} f(x_j) \int_a^b \rho(x) l_j(x) \, \mathrm{d}x + \int_a^b \rho(x) \frac{f^{(n)}(\xi)}{n!} \prod_{j=1}^{n} (x - x_j) \, \mathrm{d}x,$$

其中 $l_j(x)$ 的定义见 (2.3.5), $\xi \in (a, b)$. 由此可推出求积公式 (3.3.29) 的系数 A_j 与节点 x_j 的关系为

$$A_j = \int_a^b \rho(x) l_j(x) \, \mathrm{d}x, \quad j = 1, 2, \cdots, n, \tag{3.3.31}$$

而且它的代数精度至少为 $n - 1$ 阶.

下面我们证明: 通过适当选取节点 x_j, 求积公式 (3.3.29) 的代数精度可以提高为 $2n - 1$ 阶. 记

$$\omega_n(x) = \prod_{j=1}^{n} (x - x_j), \quad \text{其中 } x_j \text{ 为求积公式 (3.3.29) 的节点}.$$

对任意 $f(x) \in \mathbb{P}_{2n-1}$, 我们有

$$f(x) = P(x) \omega_n(x) + Q(x), \quad \text{其中 } P(x), Q(x) \in \mathbb{P}_{n-1}, \tag{3.3.32}$$

于是

$$\int_a^b \rho(x) f(x) \, \mathrm{d}x = \int_a^b \rho(x) P(x) \omega_n(x) \, \mathrm{d}x + \int_a^b \rho(x) Q(x) \, \mathrm{d}x.$$

因为区间 $[a, b]$ 上的 n 次带权正交多项式必有 n 个实零点 (定理 2.9.1), 我们就取这些实零点做节点 x_j, 则除了差一个常数外, $\omega_n(x)$ 就是 n 次带权正交多项式. 又因为 $P(x) \in \mathbb{P}_{n-1}$, 所以必有

$$\int_a^b \rho(x) P(x) \omega_n(x) \, \mathrm{d}x = 0.$$

再注意式 (3.3.32) 中 $Q(x)$ 与 $f(x)$ 的关系, 就有

$$\begin{aligned}
\int_a^b \rho(x) f(x) \, \mathrm{d}x &= \int_a^b \rho(x) Q(x) \, \mathrm{d}x \\
&= \sum_{k=1}^n A_k Q(x_k) \\
&= \sum_{k=1}^n A_k f(x_k).
\end{aligned}$$

所以, 我们只要取 x_j $(j = 1, 2, \cdots, n)$ 为 $[a, b]$ 上 n 次带权正交多项式的零点, 求积公式 (3.3.29) 就对所有 $2n - 1$ 次多项式准确成立. 同时, 如果取

$$f(x) = \Big[\prod_{j=1}^n (x - x_j) \Big]^2 \in \mathbb{P}_{2n},$$

则公式 (3.3.29) 就不准确成立. 这就证明求积公式 (3.3.29) 的代数精度为 $2n - 1$ 阶.

　　最常用的 Gauss 求积公式是 **Gauss-Legendre 公式**, 此时 $[a, b] = [-1, 1]$, $\rho(x) \equiv 1$, 求积节点 x_j 为 n 次 Legendre 多项式的零点. 几个低次的具体情形为:

(1) 当 $n = 1$ 时, $\displaystyle\int_{-1}^1 f(x) \, \mathrm{d}x \approx 2f(0)$;

(2) 当 $n = 2$ 时, $\displaystyle\int_{-1}^1 f(x) \, \mathrm{d}x \approx f\Big(-\frac{1}{\sqrt{3}} \Big) + f\Big(\frac{1}{\sqrt{3}} \Big)$;

(3) 当 $n = 3$ 时, $\displaystyle\int_{-1}^1 f(x) \, \mathrm{d}x \approx \frac{5}{9} f\Big(-\sqrt{\frac{3}{5}} \Big) + \frac{8}{9} f(0) + \frac{5}{9} f\Big(\sqrt{\frac{3}{5}} \Big)$.

其他的可以从数学手册中查到. 利用这几个低次公式, 我们还可构造出复合的 Gauss-Legendre 公式, 在此不在赘述.

在科学与工程计算问题中, 经常遇到一些带权的广义积分, 如

$$\int_{-1}^{1} \frac{f(x)}{\sqrt{1-x^2}}\,\mathrm{d}x, \quad \int_{0}^{+\infty} \mathrm{e}^{-x}f(x)\,\mathrm{d}x, \quad \int_{-\infty}^{+\infty} \mathrm{e}^{-x^2}f(x)\,\mathrm{d}x,$$

计算这些积分的最好方法是使用 Gauss 求积公式. 它们是:

(1) **Gauss-Chebyshev 公式**

$$\int_{-1}^{1} \frac{f(x)}{\sqrt{1-x^2}}\,\mathrm{d}x \approx \frac{\pi}{n} \sum_{j=1}^{n} f(x_j),$$

其中 x_j $(j = 1, 2, \cdots, n)$ 是区间 $[-1, 1]$ 上的 n 次 Chebyshev 多项式 $T_n(x)$ 的零点:

$$x_j = \cos\left(\frac{2j-1}{2n}\pi\right), \quad j = 1, 2, \cdots, n.$$

(2) **Gauss-Laguerre 公式**

$$\int_{0}^{+\infty} \mathrm{e}^{-x}f(x)\,\mathrm{d}x \approx \sum_{j=1}^{n} A_j f(x_j),$$

其中节点 x_j $(j = 1, 2, \cdots l, n)$ 为区间 $[0, +\infty)$ 上的 n 次 Laguerre 多项式 $Q_n(x)$ 的零点, 系数 A_j $(j = 1, 2, \cdots, n)$ 由公式 (3.3.31) 确定. 例如当 $n = 2$ 时, Gauss-Laguerre 公式为

$$\int_{0}^{+\infty} \mathrm{e}^{-x}f(x)\,\mathrm{d}x \approx \frac{2+\sqrt{2}}{4}f(2-\sqrt{2}) + \frac{2-\sqrt{2}}{4}f(2+\sqrt{2}).$$

其他的可以从数学手册中查到.

(3) **Gauss-Hermite 公式**

$$\int_{-\infty}^{+\infty} \mathrm{e}^{-x^2}f(x)\,\mathrm{d}x \approx \sum_{j=1}^{n} A_j f(x_j),$$

其中节点 x_j $(j = 1, 2, \cdots, n)$ 为 $(-\infty, +\infty)$ 区间上 Hermite 多项式 $H_n(x)$ 的零点, 系数 A_j $(j = 1, 2, \cdots, n)$ 由公式 (3.3.31) 确定. 例如当 $n = 3$ 时, Gauss-Hermite 公式为

$$\int_{-\infty}^{+\infty} \mathrm{e}^{-x^2} f(x)\mathrm{d}x \approx \frac{\sqrt{\pi}}{6} f\left(-\frac{\sqrt{6}}{2}\right) + \frac{2\sqrt{\pi}}{3} f(0) + \frac{\sqrt{\pi}}{6} f\left(\frac{\sqrt{6}}{2}\right)$$

其他的可以从数学手册中查到.

定理 3.3.6 设权函数 $\rho(x) \equiv 1$ 相应 $[a,b]$ 上首项系数为 1 的 $n+1$ 次正交多项式记为 $\omega_{n+1}(x)$, 则当 $f(x) \in C^{2n+2}[a,b]$ 时, Gauss 求积误差

$$E(f) = \frac{f^{(2n+2)}(\xi)}{(2n+2)!} \int_a^b [\omega_{n+1}(x)]^2 \mathrm{d}x,$$

其中 $\xi \in (a,b)$.

证明 设在正交多项式零点 $x_0, x_1, \cdots, x_n$ 上 $f(x)$ 的 Hermite 插值函数为 $H_n(x) \in \mathbb{P}_{2n+1}$, 则显然有 $H_n(x_k) = f(x_k)(k = 0, 1, \cdots, n)$, 故

$$E(f) = \int_a^b f(x)\mathrm{d}x - \sum_{k=0}^n A_k f(x_k)$$
$$= \int_a^b f(x)\mathrm{d}x - \sum_{k=0}^n A_k H_n(x_k)$$
$$= \int_a^b [f(x) - H_n(x)]\mathrm{d}x.$$

由 Hermite 插值误差有

$$E(f) = \int_a^b \frac{f^{(2n+2)}(\xi(x))}{(2n+2!)} [\omega_{n+1}(x)]^2 \mathrm{d}x,$$

其中 $\xi(x) \in (a,b)$, 再由积分中值定理立得结论.

3.3.6 积分方程的数值解

所谓积分方程, 就是在积分号下包含未知函数的方程. 积分方程是许多实际问题的数学模型, 它有很多种类型, 而且各种不同类型的

理论与数值方法差异很大. 利用我们前面介绍的数值积分技术可以解决一些比较简单的积分方程数值求解问题. 下面我们以形如

$$y(t) = \lambda \int_a^b k(t,s)y(s)\mathrm{d}s + f(t), \quad a \leqslant t \leqslant b \tag{3.3.33}$$

(其中 $f(t)$ 和 $k(t,s)$ 是已知的函数, λ 为已知常数, y 为未知函数) 的第二类 Fredholm 积分方程为例, 介绍一下求积分方程数值解的主要步骤.

首先, 数学理论可以保证当函数 $f(t)$ 和 $k(t,s)$ 充分光滑时, 上述方程在区间 $[a,b]$ 上有唯一解 $y(t)$.

数值求解积分方程 (3.3.33), 就是要找到未知函数 $y(t)$ 的一个逼近函数 $Y(t)$. 为此, 我们先用分点

$$a \leqslant t_0 < t_1 < \cdots < t_n \leqslant b$$

把区间 $[a,b]$ 做一个剖分, 然后设法求出未知函数 $y(t)$ 在各分点 t_i 处的近似值 Y_i, 最后再利用数据 (t_i, Y_i) 得到 $Y(t)$ 在区间 $[a,b]$ 上的表达式, 这就达到了数值求解的目的.

以 t_j 作节点, 用一个截断误差为 R_n 的数值积分公式

$$\int_a^b g(t)\,\mathrm{d}t = \sum_{j=0}^n A_j g(t_j) + R_n(g)$$

离散积分方程 (3.3.33) 中的积分项, 得

$$y(t) = \lambda \sum_{j=0}^n A_j\, k(t,t_j)y(t_j) + f(t) + R_n(k(t,\cdot)y(\cdot)), \quad a \leqslant t \leqslant b. \tag{3.3.34}$$

舍去误差项 $R_n(k(t,\cdot)y(\cdot))$, 就得到一个关于 $Y(t)$ 的函数方程

$$Y(t) = \lambda \sum_{j=0}^n A_j k(t,t_j)Y(t_j) + f(t), \quad a \leqslant t \leqslant b. \tag{3.3.35}$$

显然, 如果舍去的误差项很小, $Y(t)$ 就是积分方程的解 $y(t)$ 的一个近似. 为了求 $Y(t)$ 在 t_i 处的值, 在函数方程 (3.3.35) 中令 $t = t_i$, 并

记 $Y_i = Y(t_i)$, 得

$$Y_i = \lambda \sum_{j=0}^{n} A_j k(t_i, t_j) Y_i + f(t_i), \quad i = 0, 1, 2, \cdots, n. \tag{3.3.36}$$

这是一个关于 $Y_0, Y_1, \cdots, Y_n$ 的线性代数方程组. 如果记

$$\boldsymbol{D} = \lambda \mathrm{diag}\,(A_0, A_1, \cdots, A_n), \quad \boldsymbol{K} = (k(t_i, t_j))_{(n+1) \times (n+1)},$$
$$\boldsymbol{Y} = (Y_0, Y_1, \cdots, Y_n)^{\mathrm{T}}, \quad \boldsymbol{F} = (f(t_0), f(t_1), \cdots, f(t_n))^{\mathrm{T}},$$

则线性代数方程组 (3.3.36) 可以写成矩阵形式

$$(\boldsymbol{I} - \boldsymbol{K}\boldsymbol{D})\boldsymbol{Y} = \boldsymbol{F}, \tag{3.3.37}$$

其中 $\boldsymbol{I}$ 为 $n+1$ 阶单位矩阵.

到此, 我们就把积分方程的求解问题化为线性代数方程组的求解问题. 如果方程组 (3.3.37) 的解 $Y_0, Y_1, \cdots, Y_n$ 存在唯一, 我们就得到了积分方程的数值解 $Y(t)$.

习　题　三

1. 通过在给定节点 $x_1, x_2, \cdots, x_n$ 上的 Lagrange 插值给出数值积分公式, 证明对应的权数由 Lagrange 基函数的积分给出, 即

$$\omega_i = \int_a^b l_i(x)\mathrm{d}x, \quad i = 1, 2, \cdots, n.$$

2. 设 $f(x) \in C^2[a, b]$, 证明式 (3.3.3) 和 (3.3.5).

3. 确定下列求积公式中的待定参数, 使其代数精度尽量高, 并指出所求得求积公式的代数精度.

(1) $\displaystyle\int_0^{2h} f(x)\mathrm{d}x \approx A_0 f(0) + A_1 f(h) + A_2 f(2h)$;

(2) $\displaystyle\int_{-h}^{h} f(x)\mathrm{d}x \approx A f(-h) + B f(x_1)$;

(3) $\int_0^2 f(x)\mathrm{d}x \approx A_0 f(0) + \dfrac{4}{3}f(x_1) + A_2 f(2)$.

4. 由等距情形的中点求积公式推导一阶微商的中心差商近似公式.

5. 应用 Simpson 公式来推导关于在矩形 $a \le x \le b, c \le y \le d$ 上的二重积分

$$\int_a^b \mathrm{d}x \int_c^d f(x,y)\mathrm{d}y$$

的求积公式, 并写出余项.

6. 若 $f(x)$ 在 $[a,b]$ 上 Riemann 可积, 证明: 复合梯形公式 (3.3.12)、复合 Simpson 公式 (3.3.13) 当 $h \to 0$ 时收敛于 $\int_a^b f(x)\,\mathrm{d}x$.

7. 设 $M(h), T(h), S(h)$ 的定义见式 (3.3.11) $\sim$ (3.3.13), 证明:

$$T(h) = \frac{h}{2}\Big[f(a) + 2\sum_{i=1}^{n-1} f(a+ih) + f(b)\Big],$$

$$S(h) = \frac{1}{3}[T(h) + 2M(h)],$$

$$T\Big(\frac{h}{2}\Big) = \frac{1}{2}[T(h) + M(h)],$$

$$S(h) = \frac{4T(h/2) - T(h)}{3}.$$

8. 证明式 (3.3.14) $\sim$ (3.3.16).

9. 阿基米德通过计算直径为 1 的圆的内接和外切正多边形的周长来近似 π. 一个内接 n 边形的周长按照 $p_n = n\sin(\pi/n)$ 计算, 外切的按照 $q_n = n\tan(\pi/n)$ 计算, 这些值分别提供了 π 值的下界和上界.

(1) 通过对 sin 和 tan 函数进行 Taylor 级数展开, 证明 p_n 和 q_n 可以分别表示成如下形式:

$$p_n = a_0 + a_1 h^2 + a_2 h^4 + \cdots$$

和

$$q_n = b_0 + b_1 h^2 + b_2 h^4 + \cdots,$$

其中 $h = 1/n$. a_0 和 b_0 的具体值是多少?

(2) 若算出 $p_6 = 3.0000$, $p_{12} = 3.1058$, 试使用 Richardson 外推公式给出一个对 π 的更好的近似. 类似地, 若给定 $q_6 = 3.4641$, $q_{12} = 3.2154$, 使用 Richardson 外推公式给出一个对 π 的更好的近似.

10. 令 $P(x)$ 是 n 次实多项式, 满足

$$\int_a^b P(x) x^k \mathrm{d}x = 0, \quad k = 0, \cdots, n-1.$$

(1) 证明 $P(x)$ 在开区间 (a, b) 中有 n 个实单根. (提示: 考虑多项式 $Q_k(x) = (x - x_1)(x - x_2) \cdots (x - x_k)$, 其中 x_i $(i = 1, \cdots, k)$ 是 $P(x) = 0$ 在 $[a, b]$ 中的根)

(2) 证明: 区间 $[a, b]$ 上的 n 点积分公式, 若以 $P(x) = 0$ 的根为节点, 代数精度可以达到 $2n - 1$ 阶. (提示: 仿照书上 Gauss 求积公式部分的分析, 考虑给定多项式被 $P(x)$ 除所得的商式和余式)

11. 设 $a \le x_0 < \cdots < x_n \le b$ 是区间 $[a, b]$ 上的任意划分, 试证: 存在唯一的 $r_0, r_1, \cdots, r_n$, 使得

$$\sum_{i=0}^n r_i P(x_i) = \int_a^b P(x) \mathrm{d}x$$

对所有 $P(x) \in \mathbb{P}_n$ 都成立.

上机习题三

1. 设 $f(x) = \ln(x)$, 分别取 $h = 1/10^k$ $(k = 1, 2, \cdots, 10)$, 用下列三个公式计算 $f'(0.7)$:

$$f'(x) \approx \frac{f(x+h) - f(x)}{h};$$

$$f'(x) \approx \frac{f(x+h) - f(x-h)}{2h};$$

$$f'(x) \approx \frac{f(x - 2h) - 8f(x - h) + 8f(x + h) - f(x + 2h)}{12h}.$$

(1) 用双精度计算，列表比较三个公式的计算误差；

(2) 请推导出第三个公式及其截断误差的阶；

(3) 从这里我们可以得出什么结论？

2. 设 $f(x) = e^{-\frac{x}{4}}$, $0 \leqslant x \leqslant 1$. 取 $h = 1/10, x_i = ih, i = 0, 1, \cdots, 10$, 分别用显示中心格式 (3.2.10) 和隐式格式 (3.2.14) 计算 (用双精度)$f(x)$ 在节点 $x_1, x_2, \cdots, x_9$ 处的一阶导数值并与精确值作比较.

3. 分别用 $8, 16, 32, 64$ 个等距求积节点，使用复合梯形公式求解积分方程

$$y(t) = \int_0^1 (s - t)y(s)\mathrm{d}s + e^{2t} + \frac{e^2 - 1}{2}t - \frac{e^2 + 1}{4}.$$

已知其精确解为 $y = e^{2t}$. 列表显示 $t = 0, 0.25, 0.5, 0.75, 1$ 处的误差，比较精确解与数值解的函数图像.

4. 已知积分

$$\int_0^1 \frac{4}{1 + x^2}\mathrm{d}x = \pi$$

成立，所以我们可以通过对上面给定被积函数的数值积分来计算 π 的近似值.

(1) 分别使用复合中点公式、复合梯形公式和复合 Simpson 公式计算 π 的近似值. 选择不同的 h, 对每种求积公式，试将误差刻画成 h 的函数，并比较各方法的精度. 是否存在某个 h 值，当小于这个值之后再继续减小 h 的值，计算不再有所改进？为什么？

(2) 实现 Romberg 求积方法，并重复上面的计算.

(3) 使用自适应求积方法重复上面的计算. (建议自学自适应求积方法)

5. 重复第 4 题的方法，计算一个比较复杂的积分

$$\int_0^1 \sqrt{x} \ln x\mathrm{d}x = -\frac{4}{9}.$$

6. M. Planck 关于黑体辐射的理论导出积分

$$\int_0^{+\infty} \frac{x^3}{\mathrm{e}^x - 1} \mathrm{d}x.$$

用你所掌握的所有数值积分方法分别计算这个积分, 并比较不同方法的计算效率和精度.

7. 通过变换积分区域, 选取一种数值积分方法计算积分

$$\int_0^{+\infty} \frac{\mathrm{d}x}{(1+x)\sqrt{x}}.$$

8. 已知积分

$$\int_{-\infty}^{+\infty} \exp(-x^2) \cos x \mathrm{d}x = \sqrt{\pi} \exp\left(\frac{-1}{4}\right).$$

使用如下三种方法进行数值积分:

(1) 截断积分区间并使用复合求积公式进行计算. 通过选取不同的积分区间和复合公式中的步长, 考查极限情况. 并与精确积分值作比较.

(2) 使用自适应求积方法重复 (1) 中的计算.

(3) Gauss-Hermite 求积公式是为积分区间 $(-\infty, +\infty)$ 构造的, 取权函数为 $\exp(-x^2)$, 所以用该方法来近似本题的积分是比较理想的. 查找 Gauss-Hermite 求积公式在不同阶对应的积分节点和权数, 计算本题的积分.

9. 在二维空间中, 假设在区域 $-1 \leqslant x \leqslant 1$, $-1 \leqslant y \leqslant 1$ 内有均匀的电荷分布. 选取适当的单位, 则在该区域外某点 $(\hat{x}, \hat{y})$ 的电势为二重积分

$$\phi(\hat{x}, \hat{y}) = \int_{-1}^1 \int_{-1}^1 \frac{\mathrm{d}x\mathrm{d}y}{\sqrt{(\hat{x}-x)^2 + (\hat{y}-y)^2}}.$$

在区域 $2 \leqslant \hat{x} \leqslant 10$, $2 \leqslant \hat{y} \leqslant 10$ 上选取足够多的点 $(\hat{x}, \hat{y})$ 计算上面的积分, 画出曲面 $\phi(\hat{x}, \hat{y})$ 的图像.

10. 任选一种积分方法, 在下面区域计算二重积分

$$\iint_D \mathrm{e}^{-xy} \mathrm{d}x\mathrm{d}y.$$

(1) D 为单位正方形, 即 $D: 0 \leqslant x \leqslant 1, 0 \leqslant y \leqslant 1$.

(2) 单位圆在第一象限内的部分, 即 $D: x^2 + y^2 \leqslant 1, x \geqslant 0, y \geqslant 0$.

11. 求解积分方程

$$\int_0^1 (s^2 + t^2)^{1/2} u(t) \mathrm{d}t = \frac{(s^2 + 1)^{3/2} - s^3}{3}.$$

(1) 分别用 $n = 3, \cdots, 15$ 个等距积分节点 t_j, 使用复合 Simpson 公式离散积分, s_i 也取同样的点. 使用列主元 Gauss 消去法求解离散所得的线性代数方程组 $\boldsymbol{Ax} = \boldsymbol{y}$. 与已知的唯一解析解 $u(t) = t$ 相比较, n 为多大时求得的结果最好? 解释原因.

(2) 对上面的每个 n, 计算线性代数方程组的系数矩阵 $\boldsymbol{A}$ 的条件数, 考查条件数与 n 的关系.

第四章　非线性方程组数值解法

§4.1　引　言

本章讨论非线性方程和非线性方程组的数值解法. 应用数学中很多问题可以归结为: 对于给定的非线性函数 $\boldsymbol{f}: \mathbb{R}^n \to \mathbb{R}^n$,

$$求\ \boldsymbol{x}^* \in \mathbb{R}^n, \text{使得}\ \boldsymbol{f}(\boldsymbol{x}^*) = \boldsymbol{0}. \tag{4.1.1}$$

当 $n = 1$ 时, 这就是单个变量非线性方程的求解问题; 当 $n > 1$ 时, 这就是非线性方程组的求解问题.

例如 Kepler 方程 $x - a\sin x = b$, 我们无法将它直接解出, 所以非线性方程 (组) 的数值求解通常都是采用迭代法. 其基本思想是: 在一个或几个事先给定的初始估计值 (称为初值) 的基础上, 按照某一迭代规则产生一个向量序列 $\boldsymbol{x}_k (k = 1, 2, \cdots)$, 使之尽量快速地收敛到问题的解. 当然我们希望迭代序列 $\{\boldsymbol{x}_k\}$ 收敛得越快越好. 因此需要对收敛速度下一个定义.

定义 4.1.1　设序列 $\{\boldsymbol{x}_k\}$ 以 $\boldsymbol{x}^*$ 为极限. 记 $\boldsymbol{e}_k = \boldsymbol{x}_k - \boldsymbol{x}^*$. 如果存在正数 r 和非负常数 C, 使得

$$\lim_{k \to \infty} \frac{\|\boldsymbol{e}_{k+1}\|}{\|\boldsymbol{e}_k\|^r} = C, \tag{4.1.2}$$

则称序列 $\{\boldsymbol{x}_k\}$ 收敛到 $\boldsymbol{x}^*$ 的**收敛速度是** r **阶**的.

常见的情形有:

(1) $r = 1$, 此时称为**一阶收敛**或**线性收敛**. 显然, 这时必有 $0 < C < 1$.

(2) $r > 1$ 或 $r = 1, C = 0$, 此时称为**超线性收敛**.

(3) $r = 2$, 此时称为**二阶收敛**.

例 4.1.1 设 q 为大于 0 小于 1 的数, 则

(1) $q, q^2, q^3, \cdots, q^k, \cdots$ 线性收敛于零 $(C = q)$;

(2) $q^2, q^3, q^5, q^8, q^{12}, \cdots$ 超线性收敛于零;

(3) $q^2, q^4, q^8, \cdots, q^{2^k}, \cdots$ 二阶收敛于零.

问题 (4.1.1) 又可分为两类:

(1) 局部求解: 已知 $\boldsymbol{f}(\boldsymbol{x})$ 在某个区域中有且仅有一个零点 $\boldsymbol{x}^*$, 求其近似;

(2) 整体求解: 求出 $\boldsymbol{f}(\boldsymbol{x})$ 在其定义域中的所有零点.

一般来说, 问题 (2) 比问题 (1) 要难很多. 在本章中我们主要讨论如何解决问题 (1).

下面我们将对求解单变量非线性方程介绍二分法、不动点法、Newton 迭代法和割线法; 对求解非线性方程组介绍 Jacobi 迭代法、Gauss-Seidel 迭代法和 SOR 迭代法.

§4.2 非线性方程的迭代解法

本节考虑的问题是: 给定 $f : (a, b) \subseteq \mathbb{R} \to \mathbb{R}$, 求 $x^* \in (a, b)$, 使得 $f(x^*) = 0$.

4.2.1 二分法

二分法 (Bisection method) 的理论依据是: 设 $f(x) \in C[a, b]$, 且 $f(a)f(b) < 0$, 由介值定理则必有 $x^* \in (a, b)$, 使得 $f(x^*) = 0$.

下面我们来构造迭代序列: 令 $a_1 = a, b_1 = b, x_1 = a_1 + (b_1 - a_1)/2$, 若 $f(a_1)f(x_1) = 0$, 则 $x^* = x_1$ 即为所求; 若 $f(a_1)f(x_1) > 0$, 则令 $a_2 = x_1, b_2 = b_1$; 若 $f(a_1)f(x_1) < 0$, 则 $a_2 = a_1, b_2 = x_1$. 这样得到的区间 (a_2, b_2) 含有原方程的根, 且区间长度是原来的一半. 如此进行下去, 假设进行了 $n - 1$ 步. 令 $x_{n-1} = a_{n-1} + (b_{n-1} - a_{n-1})/2$, 若 $f(a_{n-1})f(x_{n-1}) = 0$, 则 $x^* = x_{n-1}$ 即为所求; 若 $f(a_{n-1})f(x_{n-1}) > 0$,

则令 $a_n = x_{n-1}, b_n = b_{n-1}$; 若 $f(a_{n-1})f(x_{n-1}) < 0$, 则 $a_n = a_{n-1}, b_n = x_{n-1}$. 再如此进行下去. 这样得到的序列 $x_k(k = 1, 2, \cdots)$ 的极限 x^* 就是原方程的根.

算法 4.2.1 (二分法)

    输入 $a, b, n, \varepsilon, \tau$

    $fa = f(a)$

    $fb = f(b)$

    $\delta = b - a$

    如果 $\mathrm{sign}\,(fa) = \mathrm{sign}\,(fb)$, 则停止

    对 $k = 1$ 到 n, 进行下面操作

        $\delta = \delta/2$

        $c = a + \delta$

        $fc = f(c)$

        如果 $|\delta| < \varepsilon$ 或者 $|fc| < \tau$, 则停止

        如果 $\mathrm{sign}\,(fc) \neq \mathrm{sign}\,(fa)$, 则

        $b = c$

        $fb = fc$

        不然 $a = c$; $fa = fc$

    结束

在上面算法中比较 $\mathrm{sign}\,(fc)$ 和 $\mathrm{sign}\,(fa)$ 的符号可以减少一次不必要的乘法, 并且可以防止 $fa \cdot fc$ 上溢或下溢.

迭代算法中的迭代停止条件有下列三种:

(1) 绝对误差判据: $\quad |x - x^*| \leqslant \varepsilon_1$;

(2) 相对误差判据: $\quad |x - x^*| \leqslant \varepsilon_2 |x^*|$;

(3) 残量判据: $\quad |f(x)| \leqslant \tau$.

其中的 $\varepsilon_1, \varepsilon_2, \tau$ 是事先给定的正数, 例如 $\varepsilon_1 = 10^{-6}$ 等. 由于真解 x^* 是未知的, 如果记第 k 步迭代算出的近似值为 x_k, 实际上常用的误差

判据为

$$|x_{k+1} - x_k| \leqslant \varepsilon_1 \quad \text{或} \quad |x_{k+1} - x_k| \leqslant \varepsilon_2 |x_{k+1}|. \tag{4.2.1}$$

为避免由 $x_{k+1} \approx 0$ 带来的困难, 更方便的判据为

$$|x_{k+1} - x_k| \leqslant \varepsilon_1 + \varepsilon_2 |x_{k+1}|. \tag{4.2.2}$$

当迭代序列 $\{x_k\}$ 很快地收敛于精确解 x^* 时, 即如果

$$|x_{k+1} - x^*| \ll |x_k - x^*|,$$

则有

$$|x_{k+1} - x_k| \approx |x_k - x^*|,$$

于是 $|x_{k+1} - x_k| \leqslant \varepsilon_1$ 就意味着 $|x_{k+1} - x^*| \ll \varepsilon_1$. 此时, 误差判据 (4.2.1) 或 (4.2.2) 是有效的. 但是, 如果迭代序列 $\{x_k\}$ 收敛得很慢, 即

$$|x_{k+1} - x^*| \approx |x_k - x^*|,$$

则即使 $|x_{k+1} - x^*|$ 并不小也可能有 $|x_{k+1} - x_k|$ 很小. 此时, 误差判据 (4.2.1) 或 (4.2.2) 会使得迭代达不到精度就停止.

残量判据看起来似乎比较容易使用, 但 $|f(x_k)|$ 小并不一定能保证 $|x_k - x^*|$ 也小; 反之, $|x_k - x^*|$ 小也不能保证 $|f(x_k)|$ 小. 因此, 残量判据和误差判据应结合起来使用.

以上有关迭代停止判据的讨论不仅针对二分法, 对其他迭代方法也同样适用.

对二分法容易证明有下面误差估计:

$$|x_n - x^*| \leq (b - a)/2^n.$$

为了检验二分法的收敛阶, 不妨设 x^* 为 $f(x)$ 在区间 $[a, b]$ 中的唯一零点, 按照算法 4.2.1, 第 k 步迭代产生的近似解 $x_k = (a_k + b_k)/2$. 我们可以认为 $|e_k| = |x_k - x^*| \approx (b_k - a_k)/2$, 所以

$$\lim_{k \to \infty} \frac{|e_{k+1}|}{|e_k|} = \frac{1}{2}.$$

这表明二分法是线性收敛的.

二分法的优点是不管区间 $[a,b]$ 有多大，只要知道 $f(a)f(b) < 0$，以及 $f(x)$ 是 $[a,b]$ 上的连续函数，按照这一算法总能产生一个收敛到 $f(x)$ 在 (a,b) 中的某个零点的序列. 而且，这个算法的工作量也是很小的，每个迭代步只要计算一次函数值. 但是它的缺点也是很明显的：它只能求出 $[a,b]$ 上的一个根；当 $f(a)f(b) > 0$ 时，算法受限；它不能推广到高维求非线性方程组的根.

例 4.2.1 用二分法求

$$f(x) = x^6 - x - 1 = 0$$

的最大实根 α.

解 不难看出 $1 < \alpha < 2$，我们将把它作为初始区间 $[a,b]$. 误差限选为 $\varepsilon = 0.00005$，结果如表 4.1. 精确解为 $\alpha \approx 1.13472413840152$，最后的误差为

$$x_{15} - \alpha = 0.000016.$$

表 4.1　二分法的例子

n	x_n	$f(x_n)$	n	x_n	$f(x_n)$
	$a = 1.0$	-1.0	8	1.13672	0.02062
	$b = 2.0$	61.0	9	1.13477	0.00043
1	1.5	8.89063	10	1.13379	-0.00960
2	1.25	1.56470	11	1.13428	-0.00459
3	1.125	-0.09771	12	1.13452	-0.00208
4	1.1875	0.61665	13	1.13464	-0.00083
5	1.15625	0.23327	14	1.13470	-0.00020
6	1.14063	0.06158	15	1.13474	0.000016
7	1.13281	-0.01958			

4.2.2 不动点迭代法

把方程 $f(x) = 0$ 写成等价形式 $x = \varphi(x)$, 于是, 问题 (4.1.1) 就转化为问题:

$$求 \ x^*, \ 使得 \ x^* = \varphi(x^*). \tag{4.2.3}$$

这后一个问题称为函数 $\varphi(x)$ 的**不动点问题**, 满足 (4.2.3) 的 x^* 称为函数 $\varphi(x)$ 的**不动点**. 显然对于已知的 $f(x)$, $\varphi(x)$ 的选取是不唯一的.

为了逼近不动点问题 (4.2.3), 我们可以采用如下迭代法:

$$\begin{cases} 给定初值 \ x_0, \\ x_{k+1} = \varphi(x_k), \quad k = 0, 1, 2, \cdots. \end{cases} \tag{4.2.4}$$

这种迭代法称为**不动点迭代法**, x_0 称为**初值**, 连续函数 $\varphi(x)$ 称为**迭代函数**.

关于不动点迭代的收敛性, 我们有如下结果:

定理 4.2.1 (压缩映像原理)   如果迭代法 (4.2.4) 中的迭代函数 $\varphi(x)$ 满足:

(1) $\varphi : [a, b] \to [a, b]$;

(2) $\varphi \in C^1[a, b]$;

(3) 存在 $0 < L < 1$, 使得 $|\varphi'(x)| \leqslant L, \forall x \in [a, b]$,

则 $\varphi(x)$ 在 $[a, b]$ 中有唯一的不动点 x^*, 而且对于 $\forall x_0 \in [a, b]$, 序列 $\{x_k\}$ 都收敛于不动点 x^*.

证明   先证存在性. 令 $F(x) = \varphi(x) - x$, 则 $F(a) \geq 0, F(b) \leq 0$. 而且 $F(x) \in C[a, b]$, 故 $\exists x^* \in C[a, b]$, 使得

$$F(x^*) = 0, \quad 即 \quad \varphi(x^*) = x^*.$$

再证明唯一性. 用反证法. 若不然, 存在 x_1^*, x_2^* 均为不动点, 且

$$|x_1^* - x_2^*| \neq 0, \quad x_1^* = \varphi(x_1^*), \quad x_2^* = \varphi(x_2^*),$$

则 $|x_1^* - x_2^*| = |\varphi(x_1^*) - \varphi(x_2^*)| \leqslant L|x_1^* - x_2^*| < |x_1^* - x_2^*|$, 矛盾！

最后证明对 $\forall x_0 \in [a, b]$, 序列 $\{x_k\}$ 都收敛于不动点 x^*. 任取 $x_0 \in [a, b]$, 则 $|x_{n+1} - x_n| \leqslant L^n |x_1 - x_0|$, 于是

$$
\begin{aligned}
|x_{n+k} - x_n| &\leqslant \sum_{m=1}^{k} |x_{n+m} - x_{n+m-1}| \\
&\leqslant L^n \frac{1 - L^k}{1 - L} |x_1 - x_0|.
\end{aligned} \tag{4.2.5}
$$

显然 $\{x_n\}$ 为 Cauchy 列, 不妨设 $x_n \to x^*$ $(n \to +\infty)$, 则 $x^* = \varphi(x^*)$. 定理得证.

在式 (4.2.5) 中令 $k \to +\infty$, 还可得估计

$$
|x_n - x^*| \leqslant \frac{L^n}{1 - L} |x_1 - x_0|.
$$

定理 4.2.2 设 x^* 是 $\varphi(x)$ 的不动点. 如果 $\varphi(x)$ 在 x^* 的某个邻域中是连续可微的, 而且 $|\varphi'(x^*)| < 1$, 则一定存在 $\delta > 0$, 只要初值 x_0 满足 $|x_0 - x^*| < \delta$, 不动点迭代序列 $\{x_k\}$ 就收敛于 x^*.

证明 由 $\varphi'(x)$ 连续的性质知, 存在 x^* 的邻域 $\Delta : |x - x^*| \leq \delta$, 使得 $\forall x \in \Delta$, 有 $|\varphi'(x)| \leqslant L < 1$, 于是

$$
|\varphi(x) - x^*| = |\varphi(x) - \varphi(x^*)| \leqslant L|x - x^*| \leqslant |x - x^*| \leqslant \delta,
$$

即 $\varphi(x)$ 可以看成是 Δ 上的压缩映像. 由定理迭代过程 $x_{k+1} = \varphi(x_k)$ 对任意初值 $x_0 \in \Delta$ 有收敛性, 定理得证.

上述定理 4.2.1 是一个全局收敛性结果, 定理 4.2.2 是局部收敛性结果.

例 4.2.2 已知 $x^2 - 10x + 21 = 0$ 在区间 $[2.5, 3.5]$ 上有根 $x = 3$. 取不动点法迭代函数:

$$
\varphi_1(x) = (x^2 + 21)/10 \quad \text{和} \quad \varphi_2(x) = \sqrt{10x - 21}.
$$

由于 $|\varphi_1'(x)| = x/5 \leq 0.7 < 1$, 所以此迭代函数是压缩映像, 迭代序列收敛. 而 $\varphi_2''(x) = -25/(10x - 21)^{\frac{3}{2}} < 0$, 所以

$$
|\varphi_2'(x)| = \left| \frac{5}{\sqrt{10x - 21}} \right| \geq |\varphi_2'(3.5)| = \frac{5}{\sqrt{14}} > 1,
$$

即 $\varphi_2'(x)$ 不是压缩映像, 迭代序列发散.

由定理 4.2.1 的证明知, 对不动点迭代法, 有

$$|x_n - x^*| \leqslant \frac{L^n}{1-L}|x_1 - x_0|.$$

我们再看看不动点迭代法的收敛速度. 在定理 4.2.2 的条件下, 利用微分中值定理, 得

$$x_{k+1} - x^* = \varphi(x_k) - \varphi(x^*) = \varphi'(\xi_k)(x_k - x^*),$$

其中 ξ_k 介于 x_k 与 x^* 之间, 于是有

$$\lim_{k\to\infty}\frac{|e_{k+1}|}{|e_k|} = \lim_{k\to\infty}|\varphi'(\xi_k)| = |\varphi'(x^*)|.$$

所以, 如果 $\varphi'(x^*) \neq 0$, 则不动点迭代法是线性收敛的. 如果 $\varphi^{(m)}(x^*) = 0$ $(1 \leq m < r)$, 但 $\varphi^{(r)}(x^*) \neq 0$, 再假设 $\varphi \in C^{(r)}[a,b]$, 利用 Taylor 展开

$$\begin{aligned}
x_{k+1} - x^* &= \varphi(x_k) - \varphi(x^*)\\
&= \varphi'(x^*)(x_k - x^*) + \cdots\\
&\quad + \frac{1}{(r-1)!}\varphi^{(r-1)}(x^*)(x_k - x^*)^{r-1} + \frac{1}{r!}\varphi^{(r)}(\xi_k)(x_k - x^*)^r\\
&= \frac{1}{r!}\varphi^{(r)}(\xi_k)(x_k - x^*)^r \quad (\xi_k \text{ 介于 } x_k \text{ 与 } x^* \text{ 之间}),
\end{aligned}$$

有

$$\lim_{k\to\infty}\frac{|e_{k+1}|}{|e_k|^r} = \frac{1}{r!}\lim_{k\to\infty}|\varphi^{(r)}(\xi_k)| = \frac{1}{r!}|\varphi^{(r)}(x^*)|.$$

这表明此时不动点迭代法至少是 r 阶收敛的.

4.2.3 Newton 迭代法

设 $f(x)$ 在其零点 x^* 附近充分光滑, x_k, x_{k+1} 都在 x^* 附近. 由 Taylor 展开公式

$$f(x^*) = f(x_k) + f'(x_k)(x^* - x_k) + \frac{1}{2}f''(\xi_k)(x^* - x_k)^2$$

(ξ_k 介于 x_k 与 x^* 之间), 当 $|x^* - x_k|$ 很小时, 忽略右端最后一项高阶小量, 从而有

$$f(x_k) + f'(x_k)(x^* - x_k) \approx 0.$$

这样我们有 $x^* \approx x_k - \dfrac{f(x_k)}{f'(x_k)}$, 即可以构造迭代序列

$$x_{k+1} = x_k - \frac{f(x_k)}{f'(x_k)}, \quad k = 0, 1, 2, \cdots. \tag{4.2.6}$$

这就是 **Newton 迭代法**.

算法 4.2.2 (Newton 迭代法)

输入 $x_0, n, \varepsilon, \tau$

$y = f(x_0)$

如果 $|y| < \tau$, 则停止

对 $k = 1$ 到 n, 进行以下操作

$x_1 = x_0 - y/f'(x_0)$

$y = f(x_1)$

如果 $|x_1 - x_0| < \varepsilon$ 或 $|y| < \tau$, 则停止

结束

Newton 迭代法的几何解释如图 4.1

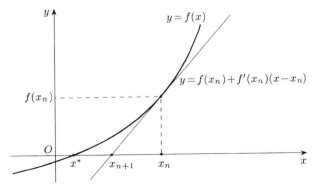

图 4.1 Newton 迭代法的几何解释

关于 Newton 迭代法的收敛性我们有如下定理:

定理 4.2.3 设 $f(x)$ 在其零点 x^* 附近二阶连续可微, 且 $f'(x^*) \neq 0$, 则存在 x^* 的邻域 $\Delta: |x - x^*| \leq \delta$, 对 $\forall x \in \Delta$, 由 Newton 迭代法 (4.2.6) 产生的序列 $\{x_k\}$ 都收敛于 $f(x)$ 的零点 x^*, 而且收敛速度至少是二阶的.

证明 记 $\varphi(x) = x - \dfrac{f(x)}{f'(x)}$, 则 x^* 是 $\varphi(x)$ 的不动点, Newton 迭代法 (4.2.6) 可以看成以 $\varphi(x)$ 为迭代函数的不动点迭代. 因为 $f'(x^*) \neq 0$, 而且 $f'(x)$ 连续, 必存在 x^* 的邻域 $\Delta: |x - x^*| \leq \delta$, 对 $\forall x \in \Delta$ 有 $f'(x) \neq 0$, 于是, $\varphi(x)$ 在 Δ 上有定义, 且一阶连续可微. 容易算出

$$\varphi'(x^*) = 0.$$

由定理 4.2.2 以及上一小节关于不动点迭代收敛速度的讨论, 此定理得证.

定理 4.2.3 表明, 对于单重零点来说, Newton 迭代法一般具有局部二阶收敛性, 其收敛速度是非常快的. 它的缺点其一是对迭代初值的要求比较严格, 其二是每步迭代都要计算函数值和导函数的值, 运算量比较大, 有时甚至是不可能的.

当所求的根 x^* 是 $f(x) = 0$ 的 m 重根时, 即 $f(x)$ 在 x^* 的邻域上可表示为

$$f(x) = (x - x^*)^m g(x), \quad g(x^*) \neq 0,$$

其中 m 是大于等于 2 的正整数, 此时, Newton 迭代法只有一阶收敛性. 有两种方法可以在一定程度上克服这一困难, 详见习题四的第 6 题.

4.2.4 割线法

为了避免在 Newton 迭代法中每步迭代都要计算导函数的值, 我们用相邻两步的函数值作差商来逼近导数值, 即

$$f'(x_k) \approx \frac{f(x_k) - f(x_{k-1})}{x_k - x_{k-1}},$$

从而得到如下的**割线法**:

$$x_{k+1} = x_k - \frac{x_k - x_{k-1}}{f(x_k) - f(x_{k-1})} f(x_k), \quad k = 1, 2, \cdots. \tag{4.2.7}$$

算法 4.2.3 (割线法)

　　输入 $a, b, n, \varepsilon, \tau$

　　$fa = f(a); fb = f(b)$

　　对 $k = 2$ 到 n, 进行以下操作

　　　　如果 $|fa| > |fb|$, 则 $a \leftrightarrow b; fa \leftrightarrow fb$

　　　　$s = (b - a)/(fb - fa)$

　　　　$b = a$

　　　　$fb = fa$

　　　　$a = a - fa \cdot s$

　　　　$fa = f(a)$

　　　　如果 $|b - a| < \varepsilon$ 或 $|fa| < \tau$, 则停止

　　结束

　　在程序中我们有时交换端点 a, b, 为保证 $|f(a)| \le |f(b)|$, 从而对点对 x_n, x_{n-1} 有 $|f(x_n)| \le |f(x_{n-1})|$, 接下来对点对 x_{n+1}, x_n 有 $|f(x_{n+1})| \le |f(x_n)|$. 这样确保点列从第二项开始函数值是非增的, 从而数值上更稳定.

　　这种迭代法需要有两个初值 x_0, x_1 才能开始, 且每向前走一步, 需要用到前面两步的结果, 因此也称为**两步法**. 它不能简单看成不动点迭代法 (不动点迭代法是单步法). 关于割线法有下面的定理:

　　定理 4.2.4　设 $f(x)$ 在其零点 x^* 的某个邻域内二阶连续可微, 且 $f'(x^*) \ne 0$. 如果初值 x_0, x_1 充分接近 x^*, 则迭代序列 (4.2.7) 收敛于 x^*, 且为 $r = \dfrac{1 + \sqrt{5}}{2} \approx 1.618$ 阶收敛.

　　证明　由已知条件, $\exists x^*$ 的邻域 $\Delta_1 : |x - x^*| \le \delta_1$, 使 $\forall x \in \Delta_1$ 有 $f'(x) \ne 0$ 且 $f(x)$ 在 Δ_1 内二阶连续可微. 令

$$M_1 = \max_{x \in \Delta_1} |f''(x)| \Big/ \left(2 \min_{x \in \Delta_1} |f'(x)| \right),$$

则 $\exists \delta_2$ 使 $M_1 \delta_2 < 1$. 取 $\delta = \min\{\delta_1, \delta_2\}$, $\Delta: |x - x^*| \le \delta$, 再令

$$M = \max_{x \in \Delta} |f''(x)| \bigg/ \left(2 \min_{x \in \Delta} |f'(x)| \right),$$

则 $M \le M_1$.

首先证明对 $\forall x_0, x_1 \in \Delta$ 迭代过程封闭 (即 $x_k \in \Delta$, $k > 1$). 对割线方程

$$P_1(x) = f(x_k) \frac{x - x_{k-1}}{x_k - x_{k-1}} + f(x_{k-1}) \frac{x - x_k}{x_{k-1} - x_k},$$

由插值余项估计

$$f(x) - P_1(x) = \frac{1}{2} f''(\xi)(x - x_k)(x - x_{k-1}), \quad \xi \in \Delta,$$

则

$$P_1(x^*) = -\frac{1}{2} f''(\xi_1)(x^* - x_k)(x^* - x_{k-1}), \quad \xi_1 \in \Delta.$$

又由 $P_1(x_{k+1}) = 0$ 和

$$\begin{aligned}
P_1(x_{k+1}) - P_1(x^*) &= P_1' \cdot (x_{k+1} - x^*) \\
&= \frac{f(x_k) - f(x_{k-1})}{x_k - x_{k-1}} (x_{k+1} - x^*) \\
&= f'(\xi_2)(x_{k+1} - x^*), \quad \xi_2 \in \Delta,
\end{aligned}$$

我们令 $e_k = |x_k - x^*|$, 则有

$$e_{k+1} = \left| \frac{f''(\xi_1)}{2f'(\xi_2)} \right| e_k e_{k-1} \le M\delta \cdot \delta < \delta,$$

即迭代过程封闭. 同时由上述推导知

$$e_k \le \frac{1}{M}(M\delta)^k \to 0 \quad (k \to +\infty),$$

故 $\lim_{k \to +\infty} x_k = x^*$.

下面证明收敛阶, 仅给出启发性的证明. 注意到当 $k \to +\infty$ 时, 有

$$e_{k+1} = C e_k e_{k-1}, \quad C = \frac{f''(x^*)}{2f'(x^*)}.$$

令 $E_{k+1} = Ce_{k+1}$, 则 $E_{k+1} = E_k \cdot E_{k-1}$. 两边取对数得

$$\ln E_{k+1} = \ln E_k + \ln E_{k-1}.$$

再令 $y_k = \ln E_k$, 则 y_k 满足 Fibonacci 数列. 由差分方程对应的特征方程 $p^2 = p + 1$, 得到

$$p_1 = \frac{1 + \sqrt{5}}{2} \approx 1.618, \quad p_2 = \frac{1 - \sqrt{5}}{2} \approx -0.618,$$

则

$$y_k = C_1 p_1^k + C_2 p_2^k = C_1 p_1^k \left[1 + C_3 \left(\frac{p_2}{p_1} \right)^k \right].$$

由于 $p_1 > 1$, $|p_2| < 1$, 于是 $e_k \approx \dfrac{1}{C_4} e^{C_1 p_1^k}$, 我们得到

$$\lim_{k \to +\infty} \frac{e_{k+1}}{e_k^{p_1}} = C_5^{p_1 - 1}.$$

这即为 p_1 阶收敛的定义. 定理得证.

与 Newton 迭代法相比, 割线法不用计算导函数的值, 计算量大为降低; 其收敛速度比 Newton 迭代法稍慢, 但仍是超线性的.

§4.3   非线性方程组的迭代解法

本节考虑的问题是: 如何数值求解含 n 个未知量、n 个方程的方程组

$$\begin{cases} f_1(x_1, x_2, \cdots, x_n) = 0, \\ f_2(x_1, x_2, \cdots, x_n) = 0, \\ \cdots\cdots\cdots\cdots\cdots\cdots \\ f_n(x_1, x_2, \cdots, x_n) = 0, \end{cases} \tag{4.3.1}$$

其中 n 为大于 1 的正整数, 每个 $f_i(x_1, x_2, \cdots, x_n)$ $(i = 1, 2, \cdots, n)$ 为 $\mathbb{R}^n \to \mathbb{R}$ 的 n 元实值函数, 且至少有一个是非线性函数. 若记

$$x = \begin{pmatrix} x_1 \\ x_2 \\ \vdots \\ x_n \end{pmatrix}, \quad f = \begin{pmatrix} f_1(x_1, x_2, \cdots, x_n) \\ f_2(x_1, x_2, \cdots, x_n) \\ \vdots \\ f_n(x_1, x_2, \cdots, x_n) \end{pmatrix},$$

则这个问题可以写成向量形式 (4.1.1). 虽然从形式上看这与方程式没有什么区别, 但当问题由一维变成多维时我们要面临如下困难:

(1) 精确解的数学理论 (存在性、唯一性等) 不清楚;

(2) 有些算法的原理在多维情形不再成立, 例如二分法;

(3) 有些算法虽然能推广到多维, 但如何推广值得研究, 例如 Newton 迭代法和割线法;

(4) 当方程组包含许多方程时 (即 n 很大时), 每步迭代的运算量大成为突出的问题.

因此非线性方程组的数值求解, 不论是理论还是实践都是比较困难的, 至今仍有很多有待研究的问题.

4.3.1 非线性 Jacobi 迭代、Gauss-Seidel 迭代和 SOR 迭代

非线性方程组的一类迭代解法是从线性方程组的相应方法推广得来的. 基于一个非线性方程的解法器, 我们可以有下列三种算法:

算法 4.3.1 (非线性 Jacobi 迭代)

  for $k = 0, 1, 2, \cdots$

    for $i \in \{1, 2, \cdots, n\}$

      用非线性方程的解法器解

        $f_i(x_1^{(k)}, \cdots, x_{i-1}^{(k)}, u, x_{i+1}^{(k)}, \cdots, x_n^{(k)}) = 0$ 得出 u

      $x_i^{(k+1)} = u$

    end

    如果迭代停止条件满足, 则中止循环并输出 $x^{(k+1)}$

  end

  结束

算法 4.3.2 (非线性 Gauss-Seidel 迭代)

    for $k = 0, 1, 2, \cdots$

        for $i = 1, 2, \cdots, n$

            用非线性方程的解法器解

$$f_i(x_1^{(k+1)}, \cdots, x_{i-1}^{(k+1)}, u, x_{i+1}^{(k)}, \cdots, x_n^{(k)}) = 0 \text{ 得出 } u$$

$$x_i^{(k+1)} = u$$

        end

        如果迭代停止条件满足, 则中止循环并输出 $x^{(k+1)}$

    end

    结束

算法 4.3.3 (非线性 SOR 迭代)

    for $k = 0, 1, 2, \cdots$

        for $i = 1, 2, \cdots, n$

            用非线性方程的解法器解

$$f_i(x_1^{(k+1)}, \cdots, x_{i-1}^{(k+1)}, u, x_{i+1}^{(k)}, \cdots, x_n^{(k)}) = 0 \text{ 得出 } u$$

$$x_i^{(k+1)} = x_i^{(k)} + \omega(u - x_i^{(k)})$$

        end

        如果迭代停止条件满足, 则中止循环并输出 $x^{(k+1)}$

    end

    结束

这三种方法在一定条件下能够收敛, 但一般是收敛较慢的, 值得注意的是 Jacobi 迭代法非常适于并行计算.

4.3.2　Newton 迭代法及其改进算法

当 $\boldsymbol{f}$ 为 $\mathbb{R}^n \to \mathbb{R}^n$ 的光滑函数时, 利用多元 Taylor 展开公式, 我们有

$$\boldsymbol{f}(\boldsymbol{x}^*) = \boldsymbol{f}(\boldsymbol{x}^{(k)}) + \boldsymbol{\nabla} \boldsymbol{f}(\boldsymbol{x}^{(k)})(\boldsymbol{x}^* - \boldsymbol{x}^{(k)}) + O(\|\boldsymbol{x}^* - \boldsymbol{x}^{(k)}\|^2),$$

其中 $\boldsymbol{\nabla} \boldsymbol{f}(\boldsymbol{x}^{(k)})$ 为 Jacobi 矩阵

$$\nabla f(x) = \begin{pmatrix} \dfrac{\partial f_1(x)}{\partial x_1} & \dfrac{\partial f_1(x)}{\partial x_2} & \cdots & \dfrac{\partial f_1(x)}{\partial x_n} \\[2mm] \dfrac{\partial f_2(x)}{\partial x_1} & \dfrac{\partial f_2(x)}{\partial x_2} & \cdots & \dfrac{\partial f_2(x)}{\partial x_n} \\[1mm] \vdots & \vdots & & \vdots \\[1mm] \dfrac{\partial f_n(x)}{\partial x_1} & \dfrac{\partial f_n(x)}{\partial x_2} & \cdots & \dfrac{\partial f_n(x)}{\partial x_n} \end{pmatrix}$$

在 $x^{(k)}$ 处的值. 忽略右端最后一项, 就得到近似式

$$\nabla f(x^{(k)})(x^* - x^{(k)}) = -f(x^{(k)}), \quad k = 0, 1, 2, \cdots. \tag{4.3.2}$$

如果 Jacobi 矩阵 $\nabla f(x^{(k)})$ 是可逆的, 并记其逆为 $\nabla f(x^{(k)})^{-1}$, 则可构造迭代式

$$x^{(k+1)} = x^{(k)} - \nabla f(x^{(k)})^{-1} f(x^{(k)}). \tag{4.3.3}$$

这就是方程组的 Newton 迭代法. 其收敛性与方程式的情形相同: 当 $f(x)$ 二阶连续可微且 $\nabla f(x^*)$ 可逆时, 由 (4.3.3) 产生的迭代序列二阶局部收敛于 x^*.

按照公式 (4.3.3) 使用 Newton 迭代法有一个问题, 是每步迭代不仅要算出 Jacobi 矩阵 $\nabla f(x^{(k)})$ (这其中包含有 n^2 个偏导数), 而且还要求逆, 这对比较大规模的方程组来说工作量太大! 一个简单的改进是把 Newton 迭代法改写为两步:

第一步: 解线性代数方程组 $\nabla f(x^{(k)}) y^{(k)} = -f(x^{(k)})$, (4.3.4)

第二步: $x^{(k+1)} = x^{(k)} + y^{(k)}$. (4.3.5)

这样就避免了求矩阵的逆. 有时我们还可以引入线性搜索:

$$\nabla f(x^{(k)}) y^{(k)} = -\lambda_k f(x^{(k)}), \tag{4.3.6}$$

其中 $\lambda_k \in [0, 1]$ 是一个适当选取的参数.

Newton 迭代法的另一种重要改进是所谓 Broyden 算法, 它避免了每步计算 Jacobi 矩阵. 它只要在迭代的第一步计算 Jacobi 矩阵 $\nabla f(x^{(0)})$, 并求出其逆, 以后每步迭代只要作矩阵和向量的乘法. 其

运算量是 $O(n^2)$, 而直接求逆矩阵则需要运算量 $O(n^3)$, 因此大大降低了工作量.

在介绍 Broyden 算法的原理之前, 先介绍线性代数中的一个引理.

引理 4.3.1 (Sherman-Morrison) 设 $\boldsymbol{A}$ 为 n 阶可逆阵, $\boldsymbol{x}, \boldsymbol{y} \in \mathbb{R}^n$. 如果 $\boldsymbol{y}^{\mathrm{T}} \boldsymbol{A}^{-1} \boldsymbol{x} \neq -1$, 则 $\boldsymbol{A} + \boldsymbol{x}\boldsymbol{y}^{\mathrm{T}}$ 也可逆, 且

$$(\boldsymbol{A} + \boldsymbol{x}\boldsymbol{y}^{\mathrm{T}})^{-1} = \boldsymbol{A}^{-1} - \frac{\boldsymbol{A}^{-1}\boldsymbol{x}\boldsymbol{y}^{\mathrm{T}}\boldsymbol{A}^{-1}}{1 + \boldsymbol{y}^{\mathrm{T}}\boldsymbol{A}^{-1}\boldsymbol{x}}. \tag{4.3.7}$$

下面介绍一下 **Broyden 算法的原理**.

在 Newton 迭代法 (4.3.4) 和 (4.3.5) 中, 关键是如何快速计算 $\boldsymbol{y}^{(k)}$, 而这等价于如何快速计算 $\nabla \boldsymbol{f}(\boldsymbol{x}^{(k)})^{-1}$.

令

$$\boldsymbol{g}^{(k-1)} = \boldsymbol{f}(\boldsymbol{x}^{(k)}) - \boldsymbol{f}(\boldsymbol{x}^{(k-1)}), \quad \boldsymbol{A}^{(k)} = \nabla \boldsymbol{f}(\boldsymbol{x}^{(k)}).$$

当 $\|\boldsymbol{x}^{(k)} - \boldsymbol{x}^{(k-1)}\|$ 很小时, 近似地有

$$\boldsymbol{f}(\boldsymbol{x}^{(k-1)}) = \boldsymbol{f}(\boldsymbol{x}^{(k)}) + \nabla \boldsymbol{f}(\boldsymbol{x}^{(k)})(\boldsymbol{x}^{(k-1)} - \boldsymbol{x}^{(k)}),$$

即

$$\boldsymbol{A}^{(k)}\boldsymbol{y}^{(k-1)} = \boldsymbol{g}^{(k-1)}. \tag{4.3.8}$$

假设 $(\boldsymbol{A}^{(0)})^{-1}$ 已知, 如果能比较容易地由 $(\boldsymbol{A}^{(k-1)})^{-1}$ 求出 $(\boldsymbol{A}^{(k)})^{-1}$, 迭代就可以进行下去. 我们希望由 $\boldsymbol{A}^{(k-1)}$ 作一个最小的改变来得到 $\boldsymbol{A}^{(k)}$, 于是, 假设 $\boldsymbol{A}^{(k)}$ 与 $\boldsymbol{A}^{(k-1)}$ 之间只差一个秩 1 修正, 即

$$\boldsymbol{A}^{(k)} = \boldsymbol{A}^{(k-1)} + \boldsymbol{u}^{(k-1)}(\boldsymbol{y}^{(k-1)})^{\mathrm{T}}, \tag{4.3.9}$$

其中 $\boldsymbol{u}^{(k-1)} \in \mathbb{R}^n$ 待定. 将式 (4.3.9) 代入式 (4.3.8), 得

$$\boldsymbol{g}^{(k-1)} = \boldsymbol{A}^{(k)}\boldsymbol{y}^{(k-1)} = \boldsymbol{A}^{(k-1)}\boldsymbol{y}^{(k-1)} + \boldsymbol{u}^{(k-1)}(\boldsymbol{y}^{(k-1)})^{\mathrm{T}}\boldsymbol{y}^{(k-1)}.$$

注意到 $(\boldsymbol{y}^{(k-1)})^{\mathrm{T}}\boldsymbol{y}^{(k-1)}$ 是数, 于是

$$u^{(k-1)} = \frac{g^{(k-1)} - A^{(k-1)}y^{(k-1)}}{(y^{(k-1)})^{\mathrm{T}}y^{(k-1)}}.$$

将此式代入式 (4.3.9), 有

$$A^{(k)} = A^{(k-1)} + \frac{g^{(k-1)} - A^{(k-1)}y^{(k-1)}}{(y^{(k-1)})^{\mathrm{T}}y^{(k-1)}}(y^{(k-1)})^{\mathrm{T}}. \tag{4.3.10}$$

再利用引理 4.3.1 的结果, 我们可以推出 $A^{(k)}$ 的逆与 $A^{(k-1)}$ 的逆之间满足关系

$$\left(A^{(k)}\right)^{-1} - \left(A^{(k-1)}\right)^{-1}$$
$$= -\frac{\left[\left(A^{(k-1)}\right)^{-1}g^{(k-1)} - y^{(k-1)}\right](y^{(k-1)})^{\mathrm{T}}\left(A^{(k-1)}\right)^{-1}}{(y^{(k-1)})^{\mathrm{T}}\left(A^{(k-1)}\right)^{-1}g^{(k-1)}}. \tag{4.3.11}$$

显然, 利用此公式由 $\left(A^{(k-1)}\right)^{-1}$ 计算 $\left(A^{(k)}\right)^{-1}$ 只需要作矩阵和向量的乘法.

算法 4.3.4 (Broyden 算法)

取初值 $x^{(0)}$

计算 $(A^{(0)})^{-1} = (\nabla f(x^{(0)}))^{-1}$, $x^{(1)} = x^{(0)} - (A^{(0)})^{-1}f(x^{(0)})$

for $k = 1, 2, \cdots$

$g = f(x^{(k)}) - f(x^{(k-1)})$

$y = x^{(k)} - x^{(k-1)}$

用公式 (4.3.11) 计算 $(A^{(k)})^{-1}$

$x^{(k+1)} = x^{(k)} - (A^{(k)})^{-1}f(x^{(k)})$

如果迭代停止条件满足, 则中止循环并输出 $x^{(k+1)}$

end

结束

当 f 满足某些条件时, 可以证明 Broyden 算法是局部超线性收敛的.

改进的 Newton 迭代法还有许多其他形式, 详细情况请参考文献 [39], [30].

§4.4   大范围算法简介

无论是 Newton 迭代法还是其变形, 都只具有局部收敛性, 而局部收敛性理论上要求初值 x_0 距离 x^* 充分近, 这在实际计算中只能是经验性的, 如何构造大范围收敛性的算法是计算数学家共同的目标. 下面介绍的**延拓法**或称**同伦算法**即是一种有益的尝试. 虽然在一般情形尚没有严格的理论基础, 但对多项式方程组已经形成了一套有效的算法, 参见文献 [26]. 在很多时候收敛不奏效或者初始值难以选取时总可用下述同伦算法进行尝试.

为求解方程组 $F(x) = 0$, 同伦算法取一初始系统 $G(x) = 0$, 其根 x_0 已知. 构造同伦函数

$$H(x, \lambda) = \lambda F(x) + (1 - \lambda)G(x).$$

显然有

$$H(x, 0) = G(x), \quad H(x, 1) = F(x).$$

如果令 $H(x, \lambda) = 0$, 则在适当条件下其**解曲线** (称为**同伦曲线**) 可由 λ 参数化. 我们记 $H(x, \lambda_i) = 0$ 的解为 x_i $(i = 1, 2, \cdots, n)$, 这里 $0 = \lambda_0 \leqslant \lambda_1 \leqslant \cdots \leqslant \lambda_n = 1$. 于是求解

$$H(x, 1) = F(x) = 0,$$

可通过下面 "顺藤摸瓜" 式的同伦算法实现.

算法 4.4.1 (同伦算法)

　　步 1: 设 $G(x) = 0$ 的根 x_0 已知;

　　步 2: 对 $i = 1, 2, \cdots, n$, 以 x_{i-1} 为初值, 用 Newton 迭代法求解非线性方程组

$$H(x, \lambda_i) = 0,$$

得到根 $x = x_i$;

步 3: 最后的 x_n 即为所求.

因为每次 λ_i 变化非常小, 在一定连续性条件下, 可认为 x_{i-1} 也将是 x_i 的一个好的近似, 所以每步的 Newton 迭代法很大可能上是收敛的. 以上算法直观上可行, 但也有可能在同伦函数 $H(x, \lambda)$ 选取得不够好的情况下会出现图 4.2 的各种情形:

(1) 曲线 1 是理想的同伦曲线, 跟踪它可以得到 $F(x) = 0$ 的一个根;

(2) 曲线 2 在某个 λ_0 处趋于无穷远;

(3) 曲线 3 有所谓转折点;

(4) 曲线 4 出现了分岔.

对曲线 2, 3, 4 的跟踪一般会失败, 此时需要变换同伦函数的取法.

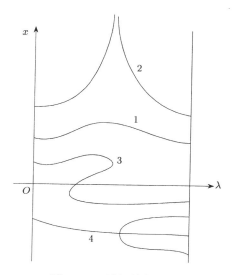

图 4.2 一维同伦曲线

简单的同伦函数的取法如:

$$H(x, \lambda) = F(x) + (\lambda - 1)F(x_0)$$

或

$$H(\boldsymbol{x}, \lambda) = \lambda \boldsymbol{F}(\boldsymbol{x}) + (1 - \lambda)\boldsymbol{A}(\boldsymbol{x} - \boldsymbol{x}_0) \quad (\boldsymbol{A} \text{ 可逆})$$

等. 读者可参考文献 [26].

习　题　四

1. 用二分法求方程 $f(x) = x^3 + x^2 - 3x - 3 = 0$ 在区间 $[1, 2]$ 上误差小于 10^{-5} 的根需要迭代多少次? 并求根使其精确到 0.001.

2. 试证: 对任意初值 x_0, 由迭代公式

$$x_{n+1} = \cos x_n, \quad n = 0, 1, 2, \cdots$$

所生成的序列 $\{x_n\}$ 都收敛于方程 $x = \cos x$ 的解.

3. 证明: 由 $G(x) = \ln(1 + e^x)$ 定义的函数 $G : \mathbb{R} \to \mathbb{R}$, 在任何闭区间 $[a, b]$ 上是压缩映像, 但没有不动点.

4. Newton 迭代法有时用于计算机实现平方根的计算.

(1) 推导用 Newton 迭代法求一个正数 y 的平方根的计算公式 (即给定 y, 求解方程 $f(x) = x^2 - y = 0$).

(2) 讨论所得迭代法的收敛速度. 假设初值具有 4 位有效数字, 需要多少步迭代可以得到 24 位有效数字? 53 位有效数字?

5. 使用 Newton 迭代法求解非线性方程 $f(x) = 0$ 时要求在每个迭代步计算 $f(x)$ 的导数. 假如用常数 d 代替真实的导数值, 可以得到下面的迭代格式:

$$x_{k+1} = x_k - f(x_k)/d, \quad k = 0, 1, 2, \cdots.$$

(1) 当 d 满足怎样的条件时, 上面的格式是局部收敛的?

(2) 一般情况下, 上面的格式收敛速度如何?

(3) 是否存在某个常数 d 使得上面的格式仍是二阶收敛的?

6. 设 $f(x)$ 充分光滑, x^* 是 $f(x)$ 的 m 重根, $m \geqslant 2$.

(1) 证明 Newton 迭代法是一阶局部收敛的;

(2) 记 $g(x) = \dfrac{f(x)}{f'(x)}$, 证明对 $g(x)$ 的 Newton 迭代法至少二阶局部收敛于 x^*;

(3) 如果事先知道根的重数 m $(m \geqslant 2)$, 则迭代法

$$x_{k+1} = x_k - m\frac{f(x_k)}{f'(x_k)}, \quad k = 0, 1, 2, \cdots$$

至少具有二阶局部收敛性.

7. 证明引理 4.3.1.

8. 设 $f : \mathbb{R} \to \mathbb{R}$ 定义为 $f(x) = x^2 + x - 1$. 若同伦函数取

$$H(x,t) = tf(x) + (1-t)(x - x_0), \quad x_0 = 1,$$

求方程 $H(x,t) = 0$ 的解曲线 $x = x(t)$, 作出它的图形, 并解释你的结果.

上机习题四

1. 对于函数 $f(x) = \sin(10x) - x$ 试讨论:

(1) 函数共有多少个零点?

(2) 任意选择两种方法, 求出这个函数的所有零点. 在计算中, 不同的方法各有哪些需要注意的地方? 请稍加分析.

2. 求非线性方程 $\cos x + 1/(1 + e^{-2x}) = 0$ 的最小正根. 取初值 $x_0 = 3$, 分别考查下面的迭代格式:

(1) $x_{k+1} = \arccos(-1/(1 + e^{-2x_k}))$, $k = 0, 1, 2, \cdots$;

(2) $x_{k+1} = 0.5\ln(-1/(1 + 1/\cos x_k))$;

(3) Newton 迭代法.

对上述每个格式, 先证明它确实对应一个等价的不动点问题, 从理论上分析它是否局部收敛以及收敛速度如何, 然后实现该方法, 验证你的结论.

3. 对于非线性方程组

$$\begin{cases} (x_1 + 3)(x_2^3 - 7) + 18 = 0, \\ \sin(x_2 e^{x_1} - 1) = 0, \end{cases}$$

(1) 使用 Newton 迭代法求解, 初值取为 $x_0 = (-0.5, 1.4)^{\mathrm{T}}$.

(2) 使用 Broyden 方法, 取同 (1) 的初值求解上面问题.

(3) 已知精确解为 $x^* = (0, 1)^{\mathrm{T}}$, 通过计算每个迭代步的误差, 比较这两种方法的收敛速度. 它们各需要多少步迭代可以达到机器精度?

4. 对于非线性方程组

$$\begin{cases} x_1 = -\dfrac{\cos x_1}{81} + \dfrac{x_2^2}{9} + \dfrac{\sin x_3}{3}, \\ x_2 = \dfrac{\sin x_1}{3} + \dfrac{\cos x_3}{3}, \\ x_3 = -\dfrac{\cos x_1}{9} + \dfrac{x_2}{3} + \dfrac{\sin x_3}{6}, \end{cases}$$

(1) 使用不动点迭代法求解.

(2) 在不动点, 对应线性收敛速度的常数 C 是多少? 如何和你实际所观察到的收敛情况加以比较?

(3) 用 Newton 迭代法再求解该问题, 比较收敛情况.

5. 下面的非线性方程组在求解的时候都会遇到一些困难. 使用标准库函数或自己编写程序按给定初值求解这些问题, 在每个题中, 非线性求解器可能不收敛或者收敛到某个值但又不是方程组的解, 试给出解释. 观察收敛速度, 如果比预想的要慢, 试解释原因.

(1) $$\begin{cases} x_1 + x_2[x_2(5 - x_2) - 2] = 13, \\ x_1 + x_2[x_2(1 + x_2) - 14] = 29, \end{cases}$$

初值取 $x_1 = 15$, $x_2 = -2$;

(2) $$\begin{cases} x_1^2 + x_2^2 + x_3^2 = 5, \\ x_1 + x_2 = 1, \\ x_1 + x_3 = 3, \end{cases}$$

初值取 $x_1 = (1 + \sqrt{3})/2$, $x_2 = (1 - \sqrt{3})/2$, $x_3 = \sqrt{3}$;

(3)
$$\begin{cases} x_1 + 10x_2 = 0, \\ \sqrt{5}(x_3 - x_4) = 0, \\ (x_2 - x_3)^2 = 0, \\ \sqrt{10}(x_1 - x_4)^2 = 0, \end{cases}$$

初值取 $x_1 = 1$, $x_2 = 2$, $x_3 = 1$, $x_4 = 1$;

(4)
$$\begin{cases} x_1 = 0, \\ 10x_1/(x_1 + 0.1) + 2x_2^2 = 0, \end{cases}$$

初值取 $x_1 = 1.8$, $x_2 = 0$;

(5)
$$\begin{cases} 10^4 x_1 x_2 = 1, \\ e^{-x_1} + e^{-x_2} = 1.0001, \end{cases}$$

初值取 $x_1 = 0$, $x_2 = 1$.

6. 试推导二维情形下的 Gauss 求积公式:

设正三角形区域 Ω 为 $\triangle ABC : A(0,0), B(1,0), C\left(\dfrac{1}{2}, \dfrac{\sqrt{3}}{2}\right)$. 对 n 点求积公式 $\displaystyle\int_{\Omega} f(\boldsymbol{x})\mathrm{d}\boldsymbol{x} \approx \sum_{k=1}^{n} A_k f(\boldsymbol{x}_k)$, 考虑如下问题:

(1) 对 1 阶代数精度, 找出最小的 n, 并计算 A_k 和 $\boldsymbol{x}_k$.

(2) 对 2 阶和 3 阶代数精度, 找出最小的 n, 并用一种非线性方程组解法计算出 A_k 和 $\boldsymbol{x}_k$. 对比一维情形, 找出不同点, 并解释这种变化出现的原因. 再用得到的结论计算三维的情况.

(3) 在实际应用中, 对一个图形作三角剖分后, 得到的并不一定是正三角形. 思考如何以较小的代价将已经得到的结论推广到任意的三角形区域上.

注 高维数值积分公式的代数精度定义为: 若数值积分公式的截断误差对所有 i 阶齐次式 ($i = 0, 1, 2, \cdots, m$) 均为 0, 但对某个 $m + 1$ 阶齐次式不为 0, 则称该公式具有 m 阶代数精度.

第五章 快速 Fourier 变换

§5.1 引 言

快速 Fourier 变换 (Fast Fourier Transform, 简称 FFT) 产生于 20 世纪 60 年代中期, 它高效地实现了将一个 N 维数组转化为其离散 Fourier 变换的过程, 将 $O(N^2)$ 的计算复杂度减至 $O(N \log_2 N)$, 是一类典型的快速算法. 快速 Fourier 变换在谱分析、卷积计算、求解微分方程等方面有广泛的应用, 对计算数学产生了重大影响, 它被评为 20 世纪十大算法之一.

§5.2 Fourier 变换与离散 Fourier 变换

5.2.1 Fourier 变换

Fourier 变换因其奇妙的性质在求解偏微分方程中有重要的应用, 其定义为:

定义 5.2.1 设 $f(x) \in L^1(-\infty, +\infty)$, 则 $f(x)$ 的 **Fourier 变换** 为

$$\hat{f}(k) = \int_{-\infty}^{+\infty} f(x) \mathrm{e}^{-\mathrm{i}kx} \mathrm{d}x.$$

如果 $f(x) \in L^1(-\infty, +\infty) \cap L^2(-\infty, +\infty)$, 则 $\hat{f}(k)$ 有 **Fourier 逆变换**

$$f(x) = \frac{1}{2\pi} \int_{-\infty}^{+\infty} \hat{f}(k) \mathrm{e}^{\mathrm{i}kx} \mathrm{d}k.$$

Fourier 变换有如下**基本性质**:

(1) **求导变系数**:

$$(\widehat{f'(x)})(k) = \mathrm{i}k\hat{f}(k); \tag{5.2.1}$$

(2) **平移性质**:

$$(f\widehat{(x - a)})(k) = \mathrm{e}^{-\mathrm{i}ka}\hat{f}(k); \qquad (5.2.2)$$

(3) **卷积变乘积**:

$$(\widehat{f * g})(k) = \hat{f}(k)\hat{g}(k), \qquad (5.2.3)$$

这里 $(f * g)(x) = \displaystyle\int_{-\infty}^{+\infty} f(x - y)g(y)\mathrm{d}y;$

(4) **Parseval 等式**:

设 $f \in L^1(-\infty, +\infty) \cap L^2(-\infty, +\infty)$, 则

$$\int_{-\infty}^{+\infty} |f(x)|^2 \mathrm{d}x = \frac{1}{2\pi} \int_{-\infty}^{+\infty} |\hat{f}(k)|^2 \mathrm{d}k.$$

5.2.2 离散 Fourier 变换

定义 5.2.2 设向量 $\boldsymbol{a} = (a_0, a_1, \cdots, a_{N-1})^{\mathrm{T}}$, 定义其**离散 Fourier 变换** (Discrete Fourier Transform, 简称 DFT) 为 $\boldsymbol{c} = (c_0, c_1, \cdots, c_{N-1})^{\mathrm{T}} \triangleq \hat{\boldsymbol{a}}$, 其中

$$c_k = \sum_{j=0}^{N-1} a_j \mathrm{e}^{-jk\frac{2\pi\mathrm{i}}{N}}, \quad k = 0, 1, \cdots, N-1. \qquad (5.2.4)$$

这里 i 为虚数单位, $\mathrm{e}^{-\frac{2\pi\mathrm{i}}{N}} \triangleq \omega$ 是 N 次基本单位根.

定理 5.2.1 向量 $\boldsymbol{a}$ 一定可由其离散 Fourier 变换 $\boldsymbol{c}$ 作离散 Fourier 逆变换得到, 记做 $\boldsymbol{a} = \overset{\vee}{\boldsymbol{c}}$, 其中

$$a_j = \frac{1}{N} \sum_{k=0}^{N-1} c_k \mathrm{e}^{jk\frac{2\pi\mathrm{i}}{N}}, \quad j = 0, 1, \cdots, N-1. \qquad (5.2.5)$$

证明 定义 **Fourier 矩阵**

$$\boldsymbol{F} = \begin{pmatrix} 1 & 1 & \cdots & 1 \\ 1 & \omega & \cdots & \omega^{N-1} \\ \vdots & \vdots & & \vdots \\ 1 & \omega^{N-1} & \cdots & \omega^{(N-1)^2} \end{pmatrix} \triangleq (\omega^{jk})_{j,k=0}^{N-1},$$

则由定义 5.2.2 可知 $c = Fa$. F 是一个复的对称 Vandermonde 矩阵，其可逆性是显然的，记 $F^{-1} = G$. 下只需证

$$G = \frac{1}{N} \begin{pmatrix} 1 & 1 & \cdots & 1 \\ 1 & \omega^{-1} & \cdots & \omega^{-(N-1)} \\ \vdots & \vdots & & \vdots \\ 1 & \omega^{-(N-1)} & \cdots & \omega^{-(N-1)^2} \end{pmatrix} = \frac{1}{N}(\omega^{-jk})_{j,k=0}^{N-1},$$

即证向量

$$X_j = (1, \omega^j, \cdots, \omega^{(N-1)j})^{\mathrm{T}}, \quad j = 0, 1, N-1$$

与

$$Y_k = (1, \omega^{-k}, \cdots, \quad \omega^{-(N-1)k})^{\mathrm{T}}, \quad k = 0, 1, N-1$$

的正交性. 而显然有

$$X_j^{\mathrm{T}} \cdot Y_k = \sum_{l=0}^{N-1} \omega^{(j-k)l} = \begin{cases} 0, & j \neq k, \\ N, & j = k. \end{cases} \tag{5.2.6}$$

这是因为当 $j \neq k$ 时，$\displaystyle\sum_{l=0}^{N-1} \omega^{(j-k)l}$ 相当于多项式

$$P(x) = 1 + x + \cdots + x^{N-1}$$

在 ω^{j-k} 处取值，由 ω 为 N 次单位根显然得到上等式. 定理得证.

由以上证明也不难看出有 $G = \dfrac{1}{N}\overline{F} = F^{-1}$. 同时记

$$F^* = \overline{F^{\mathrm{T}}} = \overline{F} = NF^{-1}.$$

对 DFT 有下面的理解：

(1) 令 $P(x) = a_0 + a_1 x + \cdots + a_{N-1} x^{N-1}$, 则有

$$c_k = P(\omega^k), \quad k = 0, 1, \cdots, N-1. \tag{5.2.7}$$

即求 $a = (a_0, a_1, \cdots, a_{N-1})^{\mathrm{T}}$ 的离散 Fourier 变换相当于求 $P(x)$ 在 $\omega^0, \omega^1, \cdots, \omega^{N-1}$ 这 N 个点上的取值，而求 $c = (c_0, c_1, \cdots, c_{N-1})^{\mathrm{T}}$ 的离散 Fourier 逆变换即相当于已知插值点求插值多项式.

(2) 对 $[0, 2\pi]$ 上的周期函数 $f(x)$, 给定点 $x_j = \dfrac{2\pi j}{N}$ $(j = 0, 1, \cdots,$ $N-1)$ 上的值 a_j, 作三角插值

$$f_N(x) = \begin{cases} \displaystyle\sum_{k=-\frac{N}{2}+1}^{\frac{N}{2}} c_k \mathrm{e}^{\mathrm{i}kx}, & N \text{ 为偶数}, \\ \displaystyle\sum_{k=-\frac{N-1}{2}}^{\frac{N-1}{2}} c_k \mathrm{e}^{\mathrm{i}kx}, & N \text{ 为奇数}, \end{cases} \tag{5.2.8}$$

使得 $f_N(x_j) = a_j$ $(j = 0, 1, \cdots, N-1)$. 令

$$\begin{cases} c_{\frac{N}{2}+k} \triangleq c_{-\frac{N}{2}+k}, & k = 1, 2, \cdots, \dfrac{N}{2} - 1, \ N \text{ 为偶数}, \\ c_{\frac{N-1}{2}+k} \triangleq c_{-\frac{N+1}{2}+k}, & k = 1, 2, \cdots, \dfrac{N-1}{2}, \ N \text{ 为奇数}, \end{cases} \tag{5.2.9}$$

且 $\boldsymbol{a} = (a_0, a_1, \cdots, a_{N-1})^{\mathrm{T}}$, $\boldsymbol{c} = (c_0, c_1, \cdots, c_{N-1})^{\mathrm{T}}$, 则 $\boldsymbol{a} = (N\boldsymbol{c})^{\vee}$.

DFT 有下面的性质:

(1) **卷积变乘积**:

$$\widehat{(f * g)}_k = \hat{f}_k \hat{g}_k, \quad k = 0, 1, \cdots, N-1, \tag{5.2.10}$$

这里 $(f * g)_l = \displaystyle\sum_{j=0}^{N-1} f_{l-j} g_j$ $(l = 0, 1, \cdots, N-1)$, 而且 f_l 对指标 l 是以 N 为周期的, 即

$$f_{-1} = f_{N-1}, \quad f_{-2} = f_{N-2}, \quad \cdots.$$

证明 左端 $= \displaystyle\sum_{j_1=0}^{N-1}\sum_{l=0}^{N-1} f_{j_1-l} g_l \mathrm{e}^{-j_1 k \frac{2\pi \mathrm{i}}{N}}$,

右端 $= \displaystyle\sum_{j_2=0}^{N-1}\sum_{l=0}^{N-1} f_{j_2} g_l \mathrm{e}^{-(j_2+l)k\frac{2\pi \mathrm{i}}{N}}$,

比较左、右两端各项，如 $j_1 - l = j_2$，则 $j_2 + l = j_1$，故两单项相等；
如 $j_1 - l + N = j_2$，则 $j_2 + l = j_1 + N$，同样两单项相等. 上述比较可
以跑遍所有单项，故性质得证.

(2) **Parseval 等式**:

$$N \sum_{j=0}^{N-1} |a_j|^2 = \sum_{k=0}^{N-1} |c_k|^2. \tag{5.2.11}$$

证明　由 $c = Fa$ 得到

$$\sum_{k=0}^{N-1} |c_k|^2 = \overline{c^{\mathrm{T}}} \cdot c = \overline{a^{\mathrm{T}}} \cdot \overline{F^{\mathrm{T}}} \cdot F \cdot a = \overline{a^{\mathrm{T}}} \cdot \overline{F} \cdot F \cdot a$$

$$= N \overline{a^{\mathrm{T}}} \cdot a = N \sum_{j=0}^{N-1} |a_j|^2, \tag{5.2.12}$$

等式得证.

§5.3　快速 Fourier 变换

快速 Fourier 变换在 20 世纪 60 年代由 J.W.Cooley 与 J.W.Tukey
完全形成，其实其思想甚至可一直追溯至 Gauss. 它的基本想法是：
对于 DFT，求 $c = Fa$ 需要 N^2 次乘法及 $N(N-1)$ 次加法，能否减少
计算量？以 $N = 4$ 为例:

$$F = \begin{pmatrix} 1 & 1 & 1 & 1 \\ 1 & -\mathrm{i} & -1 & \mathrm{i} \\ 1 & -1 & 1 & -1 \\ 1 & \mathrm{i} & -1 & -\mathrm{i} \end{pmatrix}, \quad Fa = \begin{pmatrix} (a_0 + a_2) + (a_1 + a_3) \\ (a_0 - a_2) - \mathrm{i}(a_1 - a_3) \\ (a_0 + a_2) - (a_1 + a_3) \\ (a_0 - a_2) + \mathrm{i}(a_1 - a_3) \end{pmatrix},$$

如直接计算需 16 次乘法及 12 次加法，而注意 Fa 的形式则知道只需
计算 2 次乘法 (与 $\pm\mathrm{i}$ 相乘) 及 8 次加法 ($a_0 + a_2, a_1 + a_3, a_0 - a_2, a_1 - a_3$
及 4 次中间的加法). 这一想法是具有普遍意义的，它将使 $O(N^2)$ 的
运算量缩减至 $O(N \log_2 N)$. 由于 $\lim\limits_{N \to +\infty} \dfrac{\log_2 N}{N} = 0$，因此这是一个典

型的快速算法. 总而言之, FFT 的想法关键在于:

(1) 充分利用合并同类项技术减少乘法运算;

(2) 将变换各分量作为一个整体来考虑, 充分减少重复计算.

5.3.1　基本算法

以下均以 $N = 2^m$ 为例进行说明, 并记

$$P(x) = a_0 + a_1 x + \cdots + a_{N-1} x^{N-1}.$$

注意到

$$\begin{aligned} P(x) &= (a_0 + a_2 x^2 + \cdots) + x(a_1 + a_3 x^2 + \cdots) \\ &= P_e(x^2) + x P_o(x^2), \end{aligned} \tag{5.3.1}$$

这里 $P_e(t), P_o(t)$ 分别表示 $P(x)$ 的偶次部分与奇次部分, 即

$$P_e(t) = a_0 + a_2 t + \cdots + a_{N-2} t^{\frac{N}{2}-1},$$
$$P_o(t) = a_1 + a_3 t + \cdots + a_{N-1} t^{\frac{N}{2}-1}.$$

令 $\omega_k = \mathrm{e}^{-\frac{2\pi \mathrm{i}}{k}}$, 则当 $j = 0, 1, \cdots, \dfrac{N}{2} - 1$ 时, 有

$$\left\{ \begin{aligned} c_j &= P_e(\omega_N^{2j}) + \omega_N^j P_o(\omega_N^{2j}), \\ c_{\frac{N}{2}+j} &= P_e(\omega_N^{2(\frac{N}{2}+j)}) + \omega_N^{\frac{N}{2}+j} P_o(\omega_N^{2(\frac{N}{2}+j)}). \end{aligned} \right.$$

注意

$$\omega_N^{2j} = \omega_{\frac{N}{2}}^j, \quad \omega_N^{\frac{N}{2}+j} = -\omega_N^j, \quad \omega_N^{N+2j} = \omega_{\frac{N}{2}}^j,$$

于是

$$c_j = v_j + \omega_N^j u_j, \quad c_{j+\frac{N}{2}} = v_j - \omega_N^j u_j, \quad j = 0, 1, \cdots, \frac{N}{2} - 1,$$

其中

$$v_j = P_e(\omega_{\frac{N}{2}}^j), \quad u_j = P_o(\omega_{\frac{N}{2}}^j).$$

上式表明：求向量 a 的 N 个分量的 DFT 可转化为求两个子向量 a_e, a_o 的 $\dfrac{N}{2}$ 个分量的 DFT, 然后通过简单的相加、相乘得到！这一算法称为 Danielson-Lanczos 算法，将其递归下去即得到 FFT!

如果记 M_N 为 N 个分量的 FFT 的复乘法次数， A_N 为 N 个分量的 FFT 的加法次数，则由以上推导知

$$M_k = 2M_{\frac{k}{2}} + \frac{k}{2}, \quad M_1 = 0,$$

$$A_k = 2A_{\frac{k}{2}} + k, \quad A_1 = 0.$$

不难得到 $M_N = \dfrac{1}{2}N \log_2 N, A_N = N \log_2 N$, 从而 FFT 的运算量只有 $O(N \log_2 N)$, 大大减少了计算量.

5.3.2 具体实例

递归在计算机中效率不够高，实际进行 FFT 时，分两个步骤进行：(1) 分割；(2) 组装. 下面我们以 $N = 8$ 为例进行说明.

设 $a = (a_0, a_1, \cdots, a_7)^{\mathrm{T}}$, 则

(1) 分割 (重排序)：

① 第一步分割：

$$a_e = (a_0, a_2, a_4, a_6)^{\mathrm{T}}, \quad a_o = (a_1, a_3, a_5, a_7)^{\mathrm{T}};$$

② 第二步分割：

$$a_{ee} = (a_0, a_4)^{\mathrm{T}}, \quad a_{eo} = (a_2, a_6)^{\mathrm{T}},$$

$$a_{oe} = (a_1, a_5)^{\mathrm{T}}, \quad a_{oo} = (a_3, a_7)^{\mathrm{T}};$$

③ 第三步分割：

$$a_{eee} = a_0, \quad a_{eeo} = a_4, \quad a_{eoe} = a_2, \quad a_{eoo} = a_6,$$

$$a_{oee} = a_1, \quad a_{oeo} = a_5, \quad a_{ooe} = a_3, \quad a_{ooo} = a_7.$$

(2) 组装:

① 第一步组装:

$$\begin{aligned}
\boldsymbol{c}_{ee} &= \left(a_0 + \omega_2^0 a_4,\ a_0 - \omega_2^0 a_4\right)^{\mathrm{T}}, \\
\boldsymbol{c}_{eo} &= \left(a_2 + \omega_2^0 a_6,\ a_2 - \omega_2^0 a_6\right)^{\mathrm{T}}, \\
\boldsymbol{c}_{oe} &= \left(a_1 + \omega_2^0 a_5,\ a_1 - \omega_2^0 a_5\right)^{\mathrm{T}}, \\
\boldsymbol{c}_{oo} &= \left(a_3 + \omega_2^0 a_7,\ a_3 - \omega_2^0 a_7\right)^{\mathrm{T}};
\end{aligned}$$

② 第二步组装:

$$\boldsymbol{c}_e = \begin{pmatrix} \boldsymbol{c}_{ee} + \boldsymbol{w}_4 \circ \boldsymbol{c}_{eo} \\ \boldsymbol{c}_{ee} - \boldsymbol{w}_4 \circ \boldsymbol{c}_{eo} \end{pmatrix}, \quad \boldsymbol{c}_o = \begin{pmatrix} \boldsymbol{c}_{oe} + \boldsymbol{w}_4 \circ \boldsymbol{c}_{oo} \\ \boldsymbol{c}_{oe} - \boldsymbol{w}_4 \circ \boldsymbol{c}_{oo} \end{pmatrix};$$

③ 第三步组装:

$$\boldsymbol{c} = \begin{pmatrix} \boldsymbol{c}_e + \boldsymbol{w}_8 \circ \boldsymbol{c}_o \\ \boldsymbol{c}_e - \boldsymbol{w}_8 \circ \boldsymbol{c}_o \end{pmatrix}.$$

这里 $\boldsymbol{w}_4 \triangleq (w_4^0, w_4^1)^{\mathrm{T}}$, $\boldsymbol{w}_8 \triangleq (w_8^0, w_8^1, w_8^2, w_8^3)^{\mathrm{T}}$, $\boldsymbol{X} \circ \boldsymbol{Y} \triangleq (x_j y_j)_j$ 为各分量分别相乘得到的向量. 整个过程可简单地图示如下:

$$\boldsymbol{a} \xrightarrow{\text{重排序}} \begin{pmatrix} a_0 \\ a_4 \\ a_2 \\ a_6 \\ a_1 \\ a_5 \\ a_3 \\ a_7 \end{pmatrix} \xrightarrow{\text{第一步组装}} \begin{pmatrix} \boldsymbol{c}_{ee} \\ \boldsymbol{c}_{eo} \\ \boldsymbol{c}_{oe} \\ \boldsymbol{c}_{oo} \end{pmatrix} \xrightarrow{\text{第二步组装}} \begin{pmatrix} \boldsymbol{c}_e \\ \boldsymbol{c}_o \end{pmatrix} \xrightarrow{\text{第三步组装}} \boldsymbol{c}$$

如果令 e 对应 0, o 对应 1, 比较重排序之后的指标, 我们可以发现前后指标对应的正好是 2 进制位的逆序关系, 即

$$0 = 000_2; \qquad\qquad 000_2 = 0;$$
$$1 = 001_2; \qquad\qquad 100_2 = 4;$$
$$2 = 010_2; \qquad\qquad 010_2 = 2;$$
$$3 = 011_2; \quad \xrightarrow{\text{逆 序}} \quad 110_2 = 6;$$
$$4 = 100_2; \qquad\qquad 001_2 = 1;$$
$$5 = 101_2; \qquad\qquad 101_2 = 5;$$
$$6 = 110_2; \qquad\qquad 011_2 = 3;$$
$$7 = 111_2 \qquad\qquad 111_2 = 7.$$

§5.4　快速 Fourier 变换的应用

5.4.1　计算卷积

设 $h(x) = \displaystyle\int_0^{2\pi} f(x-y)g(y)\mathrm{d}y$, 其中 $f(x), g(x)$ 是以 2π 为周期的连续函数. 取 $x_i = i\delta \left(i = 0, 1, \cdots, N-1, \delta = \dfrac{2\pi}{N} \right)$, 将积分作简单矩形离散:

$$h(x_i) \approx \sum_{j=0}^{N-1} f(x_i - x_j)g(x_j) \cdot \delta, \quad i = 0, 1, \cdots, N-1.$$

令 $f_i = f(x_i)$, $g_i = g(x_i)$, 并定义 f_i 对下标以 N 为周期. 令

$$h_i = \sum_{j=0}^{N-1} f_{i-j}g_j \cdot \delta, \quad i = 0, 1, \cdots, N-1,$$

于是

$$\boldsymbol{h} = (\hat{\boldsymbol{h}})^\vee = [\delta \cdot (\hat{\boldsymbol{f}} \circ \hat{\boldsymbol{g}})]^\vee,$$

其中 $\boldsymbol{h} = (h_1, h_2, \cdots, h_{N-1})^{\mathrm{T}}$, $\boldsymbol{g} = (g_1, g_2, \cdots, g_{N-1})^{\mathrm{T}}$, $\boldsymbol{f} = (f_1, f_2, \cdots,$

$f_{N-1})^{\mathrm{T}}$. 利用 FFT 可将原来 $N^2 + N$ 次乘法和 $N(N-1)$ 次加法减至 $\dfrac{3}{2}N\log_2 N + 2N$ 次乘法及 $3N\log_2 N$ 次加法.

5.4.2 求解系数矩阵为循环矩阵的线性方程组

令

$$L = \begin{pmatrix} c_0 & c_{N-1} & \cdots & c_1 \\ c_1 & c_0 & \cdots & c_2 \\ \vdots & \vdots & & \vdots \\ c_{N-1} & c_{N-2} & \cdots & c_0 \end{pmatrix},$$

求解 $Lx = b$, 其中 $x = (x_0, x_1, \cdots, x_{N-1})^{\mathrm{T}}$, $b = (b_0, b_1, \cdots, b_{N-1})^{\mathrm{T}}$.

L 为如上形式的循环矩阵, 则有 $(Lx)_i = \displaystyle\sum_{j=0}^{N-1} c_{i-j}x_j$, 这里我们假定 c_i 对下标以 N 为周期, $i = 0, 1, \cdots, N-1$.

首先我们来推导 L 的谱分解形式. 设 λ 为 L 的特征值, $c = (c_0, c_1, \cdots, c_{N-1})^{\mathrm{T}}$. 由 $Lx = \lambda x$, 亦即 $c * x = \lambda x$, 两端作 DFT 得 $\hat{c} \circ \hat{x} = \lambda \hat{x}$. 于是有 $\lambda_k = \hat{c}_k$ ($\hat{c}_k$ 为 $\hat{c}$ 第 k 个分量), 相应的特征向量 $\hat{x}_j^{(k)} = \delta_{kj}$ ($j, k = 0, 1, \cdots, N-1$), 这里 δ_{kj} 为 Kronecker 的 δ 记号, 即

$$\delta_{kj} = \begin{cases} 1, & k = j, \\ 0, & k \neq j. \end{cases}$$

作逆变换得到

$$\begin{aligned} x^{(0)} &= (1, 1, \cdots, 1)^{\mathrm{T}}, \\ x^{(1)} &= (1, \omega^{-1}, \cdots, \omega^{-(N-1)})^{\mathrm{T}}, \\ &\cdots\cdots\cdots\cdots\cdots\cdots\cdots\cdots \\ x^{(N-1)} &= (1, \omega^{-(N-1)}, \cdots, \omega^{-(N-1)^2})^{\mathrm{T}}. \end{aligned}$$

于是

$$L = (\pmb{x}^{(0)}, \pmb{x}^{(1)}, \cdots, \pmb{x}^{(N-1)}) \begin{pmatrix} \lambda_0 & & & \\ & \lambda_1 & & \\ & & \ddots & \\ & & & \lambda_{N-1} \end{pmatrix} (\pmb{x}^{(0)}, \pmb{x}^{(1)}, \cdots, \pmb{x}^{(N-1)})^{-1}$$

$$\overset{①}{=} (N\pmb{F}^{-1})\pmb{\Lambda}\,(N\pmb{F}^{-1})^{-1} = \pmb{F}^{-1}\pmb{\Lambda}\pmb{F}.$$

求解 $\pmb{Lx} = \pmb{b}$ 等价于求解 $\pmb{F}^{-1}\pmb{\Lambda}\pmb{Fx} = \pmb{b}$, 即 $\pmb{\Lambda}(\pmb{Fx}) = \pmb{Fb}$. 于是求解方程组可分为三步:

第一步: 求 $\pmb{Fb}$, 即求 $\pmb{b}$ 的 FFT, 得 $\hat{\pmb{b}}$;

第二步: 求 $\pmb{\Lambda}$ 即求 $\pmb{c}$ 的 FFT, 得 $\hat{\pmb{c}}$;

第三步: 求 $\hat{x}_k = \hat{b}_k/\hat{c}_k$, 然后求 $(\hat{\pmb{x}})^\vee$ 即得 $\pmb{x}$.

5.4.3　求解微分方程

设有一维 Poisson 方程:

$$\begin{cases} u''(x) = f(x), & x \in (0, \pi), \\ u(0) = u(\pi) = 0. \end{cases}$$

对 $u''(x)$ 作简单离散

$$u''(x) \approx \frac{u(x+h) - 2u(x) + u(x-h)}{h^2},$$

并在点 $x_j = jh \left(j = 1, 2, \cdots, N-1; h = \dfrac{\pi}{N} \right)$ 处取值, 得到线性方程组

$$u_{j+1} - 2u_j + u_{j-1} = h^2 f_j, \quad j = 1, 2, \cdots, N-1,$$

其中 $u_j = u(x_j)$, $f_j = f(x_j)$, $u_0 = u_N = 0$.

---

① 其中 $\pmb{\Lambda} = \begin{pmatrix} \lambda_0 & & & \\ & \lambda_1 & & \\ & & \ddots & \\ & & & \lambda_{N-1} \end{pmatrix}$ 为对角矩阵.

由于 u 满足 Dirichlet 边界条件, 可将 u 作奇延拓后再作周期延拓, 得到一周期函数, 此时 Fourier 级数仅包含 $\sin kx$ 项, 在离散时将对应使用正弦变换 (Discrete Sine Transform, 简称 DST)

$$U_k = \sum_{j=1}^{N-1} u_j \sin\left(\frac{\pi}{N}jk\right), \quad k = 1, 2, \cdots, N-1.$$

此时逆变换为

$$u_j = \frac{1}{N} \sum_{k=1}^{N-1} U_k \sin\left(\frac{\pi}{N}jk\right), \quad j = 1, 2, \cdots, N-1.$$

这时的快速算法称为 FST (Fast Sine Transform), 它将由 FFT 适当变形来实现. 首先说明 DST 对方程的运用:

$$\frac{1}{N} \sum_{k=1}^{N-1} U_k \left[\sin\left(\frac{\pi}{N}(j+1)k\right) - 2\sin\left(\frac{\pi}{N}jk\right) + \sin\left(\frac{\pi}{N}(j-1)k\right) \right]$$

$$= \frac{1}{N} \sum_{k=1}^{N-1} F_k \sin\left(\frac{\pi}{N}jk\right) \cdot h^2, \tag{5.4.1}$$

这里 $F_k = \sum\limits_{j=1}^{N-1} f_j \sin\left(\frac{\pi}{N}jk\right)$ $(k = 1, 2, \cdots, N-1)$, 于是令

$$U_k = -h^2 F_k \Big/ \left[4\sin^2\left(\frac{\pi}{2N}k\right) \right], \quad k = 1, 2, \cdots, N-1$$

即可得解. 这里的 $4\sin^2\left(\frac{\pi}{2N}k\right)$ 相当于离散情形时 $-\dfrac{\mathrm{d}^2}{\mathrm{d}x^2}$ 的特征值.
实际计算可分为以下三步:

第一步: 对 $\boldsymbol{f} = (f_1, \cdots, f_{N-1})^{\mathrm{T}}$ 作 FST 得 F_k $(k = 1, 2, \cdots, N-1)$;

第二步: 求得 $U_k = -h^2 F_k \Big/ \left[4\sin^2\left(\frac{\pi}{2N}k\right) \right]$;

第三步: 求得 $\boldsymbol{u} = \check{U}$, 其中

$$\boldsymbol{u} = (u_1, u_2, \cdots, u_{N-1})^{\mathrm{T}}, \quad \boldsymbol{U} = (U_1, U_2, \cdots, U_{N-1})^{\mathrm{T}}.$$

下面介绍如何用 FFT 去实现 FST. 为此首先介绍实数组的 FFT 实现. 设 $\boldsymbol{f} = (f_1, f_2, \cdots, f_{N-1})^{\mathrm{T}}$ 中元素全为实数, 由 DFT 定义

$$F_k = \sum_{j=0}^{N-1} f_j \mathrm{e}^{-jk\frac{2\pi\mathrm{i}}{N}}, \quad k = 0, 1, \cdots, N-1,$$

则

$$F_{N-k} = \sum_{j=0}^{N-1} f_j \mathrm{e}^{-j(N-k)\frac{2\pi\mathrm{i}}{N}}$$

$$= \sum_{j=0}^{N-1} f_j \mathrm{e}^{jk\frac{2\pi\mathrm{i}}{N}} = \overline{F_k}, \quad k = 0, 1, \cdots, N-1.$$

于是 $F_0, F_{\frac{N}{2}}$ (N 为偶数时) 为实数, 因而实际自由度个数只有

$$\begin{cases} \dfrac{N-2}{2} \times 2 + 2 = N, & N \text{ 为偶数,} \\[2mm] \dfrac{N-1}{2} \times 2 + 1 = N, & N \text{ 为奇数.} \end{cases}$$

这比全为复数的 $2N$ 个少了许多. 由于只有 $F_0, F_1, \cdots, F_{\frac{N}{2}-1}, F_{\frac{N}{2}}$ (N 为偶数) 是真正需要的. 为节省工作量及存储量, 在实际计算中分两步实现:

第一步: 令 $\boldsymbol{h} = \left(h_0, h_1, \cdots, h_{\frac{N}{2}-1}\right)^{\mathrm{T}}$, 其中

$$h_j = f_{2j} + \mathrm{i} f_{2j+1}, \quad j = 0, 1, \cdots, \frac{N}{2} - 1,$$

并求得 $\boldsymbol{H} \triangleq \hat{\boldsymbol{h}}$, 即有

$$H_n = \hat{h}_n = F_n^e + \mathrm{i} F_n^o, \quad n = 0, 1, \cdots, \frac{N}{2} - 1,$$

其中

$$F_n^e = \sum_{k=0}^{\frac{N}{2}-1} f_{2k} \mathrm{e}^{-kn\frac{2\pi\mathrm{i}}{N/2}},$$

$$F_n^o = \sum_{k=0}^{\frac{N}{2}-1} f_{2k+1} e^{-kn\frac{2\pi i}{N/2}}.$$

第二步：由 DFT 定义知

$$F_n = F_n^e + e^{-\frac{2\pi i}{N}n} F_n^o, \quad n = 0, 1, \cdots, N-1.$$

于是

$$\overline{H}_{\frac{N}{2}-n} = \overline{F}_{\frac{N}{2}-n}^e - i\overline{F}_{\frac{N}{2}-n}^o = F_n^e - iF_n^o,$$

故

$$F_n = \frac{1}{2}(H_n + \overline{H}_{\frac{N}{2}-n}) - \frac{i}{2}(H_n - \overline{H}_{\frac{N}{2}-n})e^{-n\frac{2\pi i}{N}},$$

$$n = 0, 1, \cdots, \frac{N}{2}-1, \frac{N}{2}.$$

注意到 H_n 对下标是以 $\dfrac{N}{2}$ 为周期的，即 $H_{\frac{N}{2}} = H_0$.

由此知有了 f_j 序列，则可构造 $\boldsymbol{h}$，作 DFT 得 $\boldsymbol{H}$，然后处理即可得 $\boldsymbol{F}$，这样做比将 $\boldsymbol{f}$ 直接当复数作 DFT 要节省将近一半工作量.

下面说明如何作 FST.

假设 $F_k = \sum\limits_{j=1}^{N-1} f_j \sin\left(\dfrac{\pi}{N}jk\right)$, $k = 0, 1, \cdots, \dfrac{N}{2}-1$, 再定义 $f_0 = 0$.

令 $y_0 = 0, y_j = \sin\left(\dfrac{j\pi}{N}\right)(f_j + f_{N-j}) + \dfrac{1}{2}(f_j - f_{N-j})$, $j = 1, \cdots, N-1$.

对向量 $\boldsymbol{y} = (y_0, y_1, \cdots, y_{N-1})^{\mathrm{T}}$ 作前述实数组的 FFT, 将得到实部

$$\mathrm{Re}_k = \sum_{j=0}^{N-1} y_j \cos\left(\frac{2\pi}{N}jk\right)$$

$$= \sum_{j=1}^{N-1}(f_j + f_{N-j})\sin\frac{j\pi}{N}\cos\left(\frac{2\pi}{N}jk\right) + 0$$

$$= \sum_{j=0}^{N-1} f_j\left[\sin\frac{(2k+1)j\pi}{N} - \sin\frac{(2k-1)j\pi}{N}\right]$$

$$= F_{2k+1} - F_{2k-1}, \quad k = 0, 1, \cdots, \frac{N}{2} - 1, \tag{5.4.2}$$

虚部

$$\mathrm{Im}_k = \sum_{j=1}^{N-1} y_j \sin \frac{2\pi jk}{N}$$

$$= 0 + \sum_{j=1}^{N-1} f_j \sin \frac{2\pi jk}{N}$$

$$= F_{2k}, \quad k = 0, 1, \cdots, \frac{N}{2} - 1. \tag{5.4.3}$$

于是有

$$F_{2k} = \mathrm{Im}_k, \ F_{2k+1} = F_{2k-1} + \mathrm{Re}_k, \quad k = 0, 1, \cdots, \frac{N}{2} - 1,$$

其中 $F_1 = -F_{-1}$, 即有 $F_1 = \frac{1}{2}\mathrm{Re}_0$. 如此递推可得到 $\boldsymbol{F}$.

关于 Poisson 方程的求解问题还有 Neumann 边值问题, 它需要离散余弦变换 (Discrete Cosine Transform, 简称 DCT). 如果分点取在

$$x_{j+\frac{1}{2}} = \left(j + \frac{1}{2}\right)h, \quad j = 0, 1, \cdots, N-1, \ h = \frac{\pi}{N}$$

上, 则要相应用到离散半波正弦变换及离散半波余弦变换. 在这里不再赘述, 读者可参照文献 [31].

习　题　五

1. 计算 $\mathrm{e}^{-\pi x^2}$ 的 Fourier 变换.

2. 设向量 $\boldsymbol{a} = (a_0, a_1, \cdots, a_{N-1})^{\mathrm{T}}$ 的离散 Fourier 变换为 $\hat{\boldsymbol{a}} = \boldsymbol{c} = (c_0, c_1, \cdots, c_{N-1})^{\mathrm{T}}$, 其中 a_i, c_i 对下标以 N 为周期. 对于 $n = 0, 1, \cdots, N-1$ 定义向量 $\boldsymbol{b}$ 的分量为 $b_k = a_k \cos \frac{2\pi kn}{N}$ $(k = 0, 1, \cdots, N-1)$; 定义向量 $\boldsymbol{d}$ 的分量为 $d_k = c_{k+n} + c_{k-n}$ $(k = 0, 1, \cdots, N-1)$. 证明 $\hat{\boldsymbol{b}} = \frac{1}{2}\boldsymbol{d}$.

3. 设向量 $\boldsymbol{a} = (a_0, a_1, \cdots, a_{N-1})^{\mathrm{T}}$, $\hat{\hat{\boldsymbol{a}}}$ 表示对 $\boldsymbol{a}$ 作用两次 DFT. 定义向量 $\boldsymbol{b}$ 的分量为 $b_k = a_{-k} = a_{N-k}$ $(k = 0, 1, \cdots, N-1)$. 证明 $\hat{\hat{\boldsymbol{a}}} = N\boldsymbol{b}$.

4. 设 $\boldsymbol{A}$ 是如下形式的循环矩阵:

$$\boldsymbol{A} = \begin{pmatrix} 2 & -1 & 0 & \cdots & -1 \\ -1 & 2 & -1 & \cdots & 0 \\ 0 & -1 & 2 & \cdots & 0 \\ \vdots & \ddots & \ddots & \ddots & \vdots \\ -1 & \cdots & 0 & -1 & 2 \end{pmatrix}.$$

证明 Fourier 矩阵 $\boldsymbol{F}$ 的每一列均是 $\boldsymbol{A}$ 的特征向量.

5. 设向量 $\boldsymbol{a} = (a_0, a_1, \cdots, a_{N-1})^{\mathrm{T}}$. 定义向量 $\boldsymbol{b}$ 的分量为 $b_k = \hat{a}_{k+1} - \hat{a}_k$ $(k = 0, 1, \cdots, N-1; \hat{a}_N \triangleq \hat{a}_0)$; 定义向量 $\boldsymbol{c}$ 的分量为 $c_k = a_k(\omega_N^k - 1)$ $(k = 0, 1, \cdots, N-1)$, 其中 $\omega_N = \mathrm{e}^{-\frac{2\pi\mathrm{i}}{N}}$ 为 N 次基本单位根. 证明 $\boldsymbol{b} = \hat{\boldsymbol{c}}$.

上机习题五

要求用 C++(或 C) 语言编写程序.

1. 设 $\boldsymbol{Ax} = \boldsymbol{b}$ 的系数矩阵是如习题五第 4 题所示的 N 阶循环矩阵, $\boldsymbol{b}$ 是分量均为 1 的 N 维向量.

(1) 对 $N = 2^{10}$ 用 FFT 求解此方程组;

(2) 适当选取预优阵 $\boldsymbol{M}$, 用预优共轭梯度法求解此方程组 ($N = 100, 150$). (预优共轭梯度法可参考文献 [62])

2. 假设 $\boldsymbol{x}$ 和 $\boldsymbol{h}$ 是两个非周期的具有紧支集的向量, 并设其分量分别如下:

$$x_n = \begin{cases} \sin(n/2), & n = 1, 2, \cdots, M-1, \\ 0, & \text{其他}, \end{cases}$$

$$h_n = \begin{cases} \exp(1/n), & n = 1, 2, \cdots, Q-1, \\ 0, & \text{其他}, \end{cases}$$

这里 $Q \leqslant M$. 取 $Q = 200$, $M = 500$, 利用 FFT 计算非周期的卷积

$$y_n = \sum_{q=0}^{Q-1} h_q x_{n-q},$$

并和直接用卷积定义求解进行比较.

3. 设

$$f(t) = \mathrm{e}^{-t^2/10}[\sin(2t) + 2\cos(4t) + 0.4\sin t \sin(50t)],$$

取 $y_k = f(2k\pi/256)$ $(k = 0, 1, \cdots, 256)$ 离散 $f(t)$, 利用 FFT 计算 $\hat{y}_k$ $(k = 0, 1, \cdots, 256)$. 因为有结论 $\hat{y}_{n-k} = \overline{\hat{y}}_k$, 因此低频系数是 $\hat{y}_0, \cdots, \hat{y}_m$ 和 $\hat{y}_{256-m}, \cdots, \hat{y}_{256}$(对某个比较小的 m). 令 $\hat{y}_k = 0$ $(m \leq k \leq 256 - m, m = 6)$ 过虑掉高频项, 然后对新的 $\hat{y}_k'$ 作逆变换的 FFT 得到新的 y_k', 画图比较 y_k 和 y_k' 的差异, 试验不同的 m.

4. 求出 $u'' + 2u' + 2u = 3\cos(6t)$ 的 $\pi/3$ 周期精确解, 把它和 FFT 得到的离散解进行比较 (在一个周期中划分, 分别取 $N = 16, 64, 256$).

第六章 常微分方程数值方法

§6.1 引 言

由 Newton 和 Leibnitz 所创立的微积分, 是人类科学史上划时代的重大发现. 而微积分的产生与发展, 与人们求解微分方程的需要有密切关系. 所谓**微分方程**, 就是联系着自变量、未知函数以及未知函数的导数的方程, 其中未知函数是一元函数的称为**常微分方程**. Newton 最早采用数学方法研究二体问题, 其中需要求解的运动方程就是常微分方程. 许多著名数学家, 如 Bernoulli (家族), Euler, Gauss, Lagrange 和 Lapalace 等, 都遵循历史传统, 把数学研究结合于当时许多重大的实际力学问题, 在这些问题中通常离不开常微分方程的求解. 海王星的发现是先通过对常微分方程的近似计算预测得到的, 这曾是历史上的一段佳话.

自 20 世纪 20 年代以来, 在众多应用数学家的共同努力下, 常微分方程的应用范围不断扩大并深入到物理、化学、化工、生物、控制、经济和其他社会学科的各个领域, 各种成功的实例是举不胜举的.

现代科学技术和工程中很多问题都归结为常微分方程的求解, 下面是一些例子.

描述电容器充电过程的数学模型是:

$$\begin{cases} \dfrac{\mathrm{d}Q}{\mathrm{d}t} = \dfrac{E}{R} - \dfrac{1}{RC}Q, \\ Q(t_0) = Q_0, \end{cases}$$

其中 t 是时间, $Q(t)$ 是电容器上的带电量, C 为电容, R 为电路中的电阻, E 为电源的电动势.

描述物种增长率的数学模型是:

$$
\begin{cases}
\dfrac{\mathrm{d}N}{\mathrm{d}x} = \alpha N - \beta N^2, \\
N(x_0) = N_0,
\end{cases}
$$

其中 $N(x)$ 为物种的数量, α 为物种的出生率与死亡率之差, β 为物种的食物供给及它们所占空间的限制, N_0 为常数.

数学工作者建立了常微分方程解的存在性、唯一性和稳定性理论. 但是仅有很少一部分常微分方程能通过初等积分法给出其通解或通积分, 从而找到解析解或用渐近方法研究渐近解. 因此, 在常微分方程的实际应用中, 主要还是用数值方法来求解. 在计算机迅猛发展的今天, 微分方程的数值求解越来越受到重视.

本章将主要介绍离散一阶常微分方程初值问题

$$
\begin{cases}
\dfrac{\mathrm{d}y}{\mathrm{d}x} = f(x, y), \quad a \le x \le b, \\
y(a) = y_0
\end{cases}
\tag{6.1.1}
$$

的数值方法, 其中 f 是 x 和 y 的已知函数, y_0 是给定的初值.

在介绍数值方法之前, 我们先介绍初值问题 (6.1.1) 解的存在性和唯一性定理 (证明略).

定理 6.1.1　如果初值问题 (6.1.1) 中方程的右端函数满足:

(1) 函数 $f(x, y)$ 在矩形区域 $\Omega = \{(x, y) | x \in [a, b], y \in (-\infty, +\infty)\}$ 内连续;

(2) 函数 $f(x, y)$ 关于 y 满足 Lipschitz 条件: 即存在正常数 L, 使得对 $\forall x \in [a, b]$, 均成立不等式

$$
|f(x, y_1) - f(x, y_2)| \le L|y_1 - y_2|,
\tag{6.1.2}
$$

则初值问题 (6.1.1) 存在唯一解 $y(x) \in C^1[a, b]$.

本章以后若没有特别声明, 我们就认为函数 $f(x, y)$ 满足 Lipschitz 条件.

下面以初值问题 (6.1.1) 为例简单说明建立数值方法的基本思想. 常微分方程的解 $y(x)$ 是区间 $[a, b]$ 上变量 x 的连续函数, 数值解就是在区间 $[a, b]$ 上引入有限个离散点

$$a = x_0 < x_1 < \cdots < x_N = b,$$

在这些离散点上计算未知函数 $y(x)$ 的近似值, 即 $y_n \approx y(x_n)$, $n = 1, 2, \cdots, N$. 通常取 $x_0, x_1, \cdots, x_N$ 是等距的, 即

$$x_n = a + nh, \quad n = 0, 1, \cdots, N,$$

其中 $h = (b-a)/N$ 为步长. 建立数值方法的过程也就是通过一定的手段将常微分方程转化为给定的有限个离散节点 $\{x_n\}$ 上的近似差分或有限元问题.

常微分方程数值格式可基于数值微商近似导数得到, 也可基于 Taylor 展式得到, 而更多的是基于数值积分公式得到的.

研究一个数值格式的优劣, 主要看格式的精度、稳定性及运算量的大小.

§6.2 Euler 方 法

6.2.1 Euler 方法及其稳定性

Euler 方法因其结构简单, 在理论和计算上均具有重要的意义.

最简单的数值微商公式为: 向前差商公式、向后差商公式及中心差商公式. 对应地, 我们有求常微分方程数值解的向前 Euler 格式、向后 Euler 格式及中心差分格式.

下面我们将利用 Taylor 展式导出 Euler 格式 (方法). 假设 $y(x)$ 是初值问题 (6.1.1) 的唯一解, 且在 $[a, b]$ 上有连续二阶导数, 则有

$$y(x_{n+1}) = y(x_n) + hy'(x_n) + \frac{h^2}{2}y''(\xi_n), \tag{6.2.1}$$

即

$$y(x_{n+1}) = y(x_n) + hf(x_n, y(x_n)) + \frac{h^2}{2}y''(\xi_n), \tag{6.2.2}$$

其中 $x_n \leq \xi_n \leq x_{n+1}$. 略去高阶项, 用 y_n 逼近 $y(x_n)$ 代入上式即得**向**

前 Euler 格式 (方法)

$$y_{n+1} = y_n + hf(x_n, y_n), \quad n = 0, 1, \cdots, N-1, \tag{6.2.3}$$

其中 $y_0 = y(a)$.

若将 Taylor 公式 (6.2.1) 改为在 x_{n+1} 展开, 则有

$$y(x_n) = y(x_{n+1}) - hy'(x_{n+1}) + \frac{h^2}{2}y''(\xi_n). \tag{6.2.4}$$

上式也可表达为

$$y(x_{n+1}) = y(x_n) + hf(x_{n+1}, y(x_{n+1})) - \frac{h^2}{2}y''(\xi_n),$$

略去高阶项, 用 y_n 逼近 $y(x_n)$, 则可得到**向后 Euler 格式 (方法)**

$$y_{n+1} = y_n + hf(x_{n+1}, y_{n+1}), \quad n = 0, 1, \cdots, N-1. \tag{6.2.5}$$

因为公式 (6.2.5) 右端中的函数 f 依赖于 y_{n+1}, 所以它是隐式格式.

例 6.2.1　取 $h = 0.1$, 用向前 Euler 方法和向后 Euler 方法求解

$$\begin{cases} y' = x - y + 1, \\ y(0) = 1. \end{cases}$$

解　本题有 $f(x, y) = x - y + 1, y_0 = 1$. 如果用向前 Euler 方法, 由 (6.2.3) 并代入 $h = 0.1$ 得

$$y_{n+1} = 0.1x_n + 0.9y_n + 0.1.$$

同理, 用向后 Euler 方法有

$$y_{n+1} = \frac{1}{1.1}(0.1x_{n+1} + y_n + 0.1).$$

两种方法数值解及精确解 $y(x) = x + \mathrm{e}^{-x}$ 的结果如表 6.1 所示. 从表中看到, 在 $x_n = 0.5$ 处, 向前 Euler 方法和向后 Euler 方法的误差 $|y(x_n) - y_n|$ 分别是 1.6×10^{-2} 和 1.4×10^{-2}.

表 6.1 Euler 方法数值解与精确解的比较

x_n	向前 Euler 方法	向后 Euler 方法	精确解
0	1	1	1
0.1	1.000000	1.009091	1.004837
0.2	1.010000	1.026446	1.018731
0.3	1.029000	1.051315	1.040818
0.4	1.056100	1.083013	1.070320
0.5	1.090490	1.120921	1.106531

在例 6.2.1 中, 由于 $f(x,y)$ 对 y 是线性的, 所以对隐式格式也可方便地计算 y_{n+1}. 但是, 当 $f(x,y)$ 是 y 的非线性函数时, 如 $y' = 5x - \sin y$, 其向后 Euler 格式为 $y_{n+1} = y_n + h(5x_{n+1} - \sin y_{n+1})$. 这时计算 y_{n+1} 就要复杂些. 显然, 它是 y_{n+1} 的非线性方程, 可以选择非线性方程求根的迭代法求解.

类似于向前和向后 Euler 格式的构造, 我们可以得到中心差分格式

$$y_{n+1} = y_{n-1} + 2hf(x_n, y_n). \tag{6.2.6}$$

中心差分格式为二阶显式格式, 它是一个不稳定的格式, 一般不被采用.

中心差分格式是一个不稳定的格式, 那么什么格式是稳定的呢? 为此我们先介绍数值计算中绝对稳定的定义.

定义 6.2.1 设一个数值方法以定步长 h 求解试验方程

$$y' = \lambda y, \quad \mathrm{Re}(\lambda) < 0 \tag{6.2.7}$$

得到线性差分方程的解 y_n. 当 $n \to \infty$ 时, 若 $y_n \to 0$, 则称该方法对步长 h 为**绝对稳定**的; 否则称为**计算不稳定**.

定义 6.2.1 表明数值方法如果使任何一步产生的误差以后都能逐步削弱, 则称这种方法为绝对稳定的方法.

定义 6.2.2   将数值方法应用于试验方程 (6.2.7), 若对一切

$$\mu = \lambda h \in R \subset \mathbb{C}$$

都是绝对稳定的, 则称区域 R 为该方法的**绝对稳定域**.

对向前 Euler 方法, 格式

$$y_{n+1} = y_n + hf(x_n, y_n) = y_n + \lambda h y_n,$$

当 y_n 因有误差变为 y_n^* 时, 有

$$y_{n+1}^* = y_n^* + \lambda h y_n^*.$$

令 $e_n = y_n^* - y_n$, 二式相减, 并记 $\xi = \lambda h$, 得

$$e_{n+1} = e_n + \lambda h e_n = (1 + \xi)e_n.$$

要使误差 e_i 逐步削弱, ξ 应满足

$$|1 + \xi| < 1, \tag{6.2.8}$$

即向前 Euler 方法的绝对稳定域是以 $(-1, 0)$ 为中心, 半径为 1 的圆域, 如图 6.1(a) 所示.

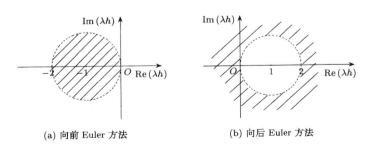

(a) 向前 Euler 方法   (b) 向后 Euler 方法

图 6.1   向前与向后 Euler 方法的绝对稳定域

对向后 Euler 方法, 误差 e_n 满足

$$e_{n+1} = e_n + \lambda h e_{n+1},$$

从而绝对稳定域为

$$|1 - \xi| > 1.$$

这是以 $(1, 0)$ 为中心，半径为 1 的圆外部，如图 6.1(b) 所示.

比较图 6.1(a) 和图 6.1(b) 知，向后 Euler 方法的绝对稳定域比向前 Euler 方法的大得多. 但向后 Euler 方法是隐式方法，需要迭代求解. （请大家思考为什么中心差分格式不稳定）

数值方法绝对稳定性限制了步长的选取，为保证格式的稳定性，应选取步长 h, 使 $\xi = \lambda h$ 在绝对稳定域内.

6.2.2 局部误差和方法的阶

对微分方程 $y' = f(x, y)$, 在数值求解 y_{n+1} 时，仅需要 y_n 和 y_{n+1}, 这种数值方法称为**单步法**. 初值问题 (6.1.1) 的单步法可以写成如下统一形式

$$y_{n+1} = y_n + h\varphi(x_n, x_{n+1}, y_n, y_{n+1}, h), \qquad (6.2.9)$$

其中 φ 与 f 有关. 若 φ 中不含 y_{n+1}, 则方法是显式的，否则是隐式的，所以一般显式单步法表示为

$$y_{n+1} = y_n + h\varphi(x_n, y_n, h). \qquad (6.2.10)$$

例如，向前 Euler 方法中，有 $\varphi(x, y, h) = f(x, y)$.

对于不同的方法，计算值 y_n 与准确解 $y(x_n)$ 的误差各不相同. 所以有必要讨论方法的截断误差. 我们称 $e_n = y(x_n) - y_n$ 为某一方法在 x_n 点的整体误差. 显然，e_n 不单与 x_n 这步的计算有关，它与以前各步的计算也有关，所以误差被称为整体的. 分析和估计整体误差 e_n 是复杂的. 为此，我们假设 x_n 处的 y_n 没有误差，即 $y_n = y(x_n)$, 考虑从 x_n 到 x_{n+1} 这一步的误差，这就是如下的局部误差的概念.

定义 6.2.3 设 $y(x)$ 是初值问题 (6.1.1) 的准确解，称

$$T_{n+1} = y(x_{n+1}) - y(x_n) - h\varphi(x_n, x_{n+1}, y(x_n), y(x_{n+1}), h)$$

为单步法 (6.2.9) 的**局部截断误差**.

定义 6.2.4   如果给定方法的局部截断误差 $T_{n+1} = O(h^{p+1})$, 其中 p 为自然数, 则称该方法是 p 阶的或**具有 p 阶精度**. 若一个 p 阶单步法的局部截断误差为

$$T_{n+1} = g(x_n, y(x_n))h^{p+1} + O(h^{p+2}),$$

则称其第一个非零项 $g(x_n, y(x_n))h^{p+1}$ 为该方法的**局部截断误差的主项**.

对于向前 Euler 方法, 由 Taylor 展开有

$$\begin{aligned}
T_{n+1} &= y(x_{n+1}) - y(x_n) - hf(x_n, y(x_n)) \\
&= y(x_{n+1}) - y(x_n) - hy'(x_n) \\
&= \frac{h^2}{2}y''(x_n) + O(h^3) = O(h^2),
\end{aligned}$$

所以向前 Euler 方法是一种一阶方法, 其局部截断误差的主项为 $\frac{h^2}{2}y''(x_n$

对于向后 Euler 方法, 其局部截断误差为

$$\begin{aligned}
T_{n+1} &= y(x_{n+1}) - y(x_n) - hf(x_{n+1}, y(x_{n+1})) \\
&= y(x_{n+1}) - y(x_n) - hy'(x_{n+1}) \\
&= -\frac{h^2}{2}y''(x_{n+1}) + O(h^3) = O(h^2),
\end{aligned}$$

所以向后 Euler 方法也是一种一阶方法, 该方法的局部截断误差主项为 $-\frac{h^2}{2}y''(x_{n+1})$, 仅与向前 Euler 方法的局部截断误差的主项反一个符号.

6.2.3   Euler 方法的误差分析

考虑初值问题 (6.1.1) 中微分方程. 在区间 $[x, x+h]$ 上的积分

$$y(x + h) = y(x) + \int_x^{x+h} f(s, y(s))\mathrm{d}s. \tag{6.2.11}$$

如果用左矩形公式计算上式右端的积分, 并令 $x = x_n$, 则有

$$y(x_n + h) = y(x_n) + hf(x_n, y(x_n)) + R_n, \qquad (6.2.12)$$

其中

$$R_n = \int_{x_n}^{x_{n+1}} f(s, y(s)) \mathrm{d}s - hf(x_n, y(x_n)).$$

如果用 y_n 代替式 (6.2.12) 中的 $y(x_n)$, 并舍去 R_n, 则可以导出向前 Euler 格式. R_n 是向前 Euler 方法的局部截断误差.

下面估计 R_n 的大小. 设 $f(x, y)$ 关于 x 和 y 均满足 Lipschitz 条件, K 和 L 是对应的 Lipschitz 常数, 则有

$$\begin{aligned}
|R_n| &\leq \left| \int_{x_n}^{x_{n+1}} [f(x, y(x)) - f(x_n, y(x_n))] \mathrm{d}x \right| \\
&\leq \int_{x_n}^{x_{n+1}} |f(x, y(x)) - f(x_n, y(x))| \mathrm{d}x \\
&\quad + \int_{x_n}^{x_{n+1}} |f(x_n, y(x)) - f(x_n, y(x_n))| \mathrm{d}x \\
&\leq K \int_{x_n}^{x_{n+1}} |x - x_n| \mathrm{d}x + L \int_{x_n}^{x_{n+1}} |y(x) - y(x_n)| \mathrm{d}x \\
&\leq \frac{1}{2} Kh^2 + L \int_{x_n}^{x_{n+1}} |y'(\xi)| \cdot |x - x_n| \mathrm{d}x \quad (a < \xi < b) \\
&\leq \frac{h^2}{2} (K + LM) \triangleq R,
\end{aligned}$$

式中

$$M = \max_{a \leq x \leq b} |y'(x)| = \max_{a \leq x \leq b} |f(x, y(x))|.$$

有了局部截断误差 R_n 的限之后, 我们可进一步研究各步局部误差的积累, 即估计整体误差 e_n 的限. 将式 (6.2.12) 与 (6.2.3) 相减, 得

$$e_{n+1} = e_n + h[f(x_n, y(x_n)) - f(x_n, y_n)] + R_n, \qquad (6.2.13)$$

等式两边取绝对值, 并利用 Lipschitz 条件, 则有

$$|e_{n+1}| \leq (1 + hL)|e_n| + |R_n|.$$

对 $k = n+1, n, \cdots, 1$, 反复利用上述不等式, 有

$$
\begin{aligned}
|e_k| &\leq (1+hL)|e_{k-1}| + R \\
&\leq (1+hL)^k|e_0| + R\sum_{i=0}^{k-1}(1+hL)^i \\
&= (1+hL)^k|e_0| + \frac{R}{hL}[(1+hL)^k - 1].
\end{aligned}
$$

又由函数 $\mathrm{e}^x - x - 1(x \geq 0)$ 的单调性知

$$
\mathrm{e}^{hL} \geq 1 + hL.
$$

如果设 $x_k \in [a, b]$, 则有

$$
\mathrm{e}^{L(b-a)} \geq (1+hL)^{(b-a)/h} \geq (1+hL)^k,
$$

因而, 我们有

$$
|e_k| \leq \mathrm{e}^{L(b-a)}|e_0| + \frac{R}{hL}[\mathrm{e}^{L(b-a)} - 1], \quad k = 1, 2, \cdots, N.
$$

综上所述, 得下述定理:

定理 6.2.1   如果 $f(x, y)$ 关于 x, y 满足 Lipschitz 条件, K, L 为相应的 Lipschitz 常数, 且当 $h \to 0$ 时, 则向前 Euler 方法的解 $\{y_n\}$ 一致收敛于初值问题 (6.1.1) 的解, 且整体截断误差 e_n 满足估计式

$$
|e_n| \leq \mathrm{e}^{L(b-a)}|e_0| + \frac{h}{2}\left(M + \frac{K}{L}\right)[\mathrm{e}^{L(b-a)} - 1]. \tag{6.2.14}
$$

如果 $y_0 = y(x_0)$, 则由式 (6.2.14) 得

$$
|e_n| = O(h),
$$

即向前 Euler 方法的整体截断误差与 h 同阶.

从这里我们还可以看到, 向前 Euler 方法的整体截断误差的阶要比局部误差低一阶. 对向后 Euler 方法也可以得到类似的估计, 读者可自行推导.

§6.3 Runge-Kutta 方法

6.3.1 Runge-Kutta 方法的基本思想

基于 Taylor 展开方法, 从原则上可建立任意阶的单步差分方法. 但是, 由于它需要求出 $f(x,y)$ 的各阶偏导数形式, 这在实际使用时十分不方便, 故很少被采用.

我们已知显式单步法的一般形式为

$$y_{n+1} = y_n + h\varphi(x_n, y_n, f, h). \tag{6.3.1}$$

用函数 $f(x,y)$ 在 (x,y) 邻近一些点来组合 $\varphi(x,y,f,h)$, 得到的相应单步方法称为 **Runge-Kutta 方法**.

取两个点 (x,y), $(x + a_2 h, y + b_{21} h f(x,y))$, 作线性组合

$$\varphi(x,y,f,h) = c_1 f(x,y) + c_2 f(x + a_2 h, y + b_{21} h f(x,y)), \tag{6.3.2}$$

其中系数 c_1, c_2, a_2, b_{21} 待定. 这些数据的选取原则为, 尽可能使 $y(x) + h\varphi(x,y,f,h)$ 与 $y(x+h)$ 在 x 的 Taylor 展开有相同的项.

将 $\varphi(x,y,f,h)$ 在 (x,y) 展开, 有

$$\begin{aligned}
\varphi(x,y,f,h) = {} & c_1 f(x,y) + c_2 [f(x,y) + a_2 h f_x(x,y) \\
& + b_{21} h f(x,y) f_y(x,y)] + O(h^2),
\end{aligned}$$

相比于 $y(x+h)$ 在 x 的 Taylor 展开

$$\begin{aligned}
y(x+h) = {} & y(x) + h y'(x) + \frac{h^2}{2} y''(x) + O(h^3) \\
= {} & y(x) + h \left[f(x,y) + \frac{h}{2} \left(f_x(x,y) + f_y(x,y) f(x,y) \right) + O(h^2) \right],
\end{aligned}$$

由 c_1, c_2, a_2, b_{21} 的选取原则, 应有

$$\begin{cases} c_1 + c_2 = 1, \\ c_2 a_2 = 1/2, \\ c_2 b_{21} = 1/2. \end{cases} \tag{6.3.3}$$

方程组 (6.3.3) 有无穷多组解. 若取 $c_1 = c_2 = \dfrac{1}{2}$, $a_2 = 1$, $b_{21} = 1$, 对应的二阶单步方法为

$$\begin{cases} y_{n+1} = y_n + \dfrac{h}{2}(K_1 + K_2), \\ K_1 = f(x_n, y_n), \\ K_2 = f(x_n + h, y_n + hK_1), \end{cases} \tag{6.3.4}$$

称之为**改进的 Euler 公式**; 若取方程组 (6.3.3) 的另一组解

$$c_1 = \frac{1}{4}, \quad c_2 = \frac{3}{4}, \quad a_2 = \frac{2}{3}, \quad b_{21} = \frac{2}{3},$$

对应的二阶单步方法为

$$\begin{cases} y_{n+1} = y_n + \dfrac{h}{4}(K_1 + 3K_2), \\ K_1 = f(x_n, y_n), \\ K_2 = f\left(x_n + \dfrac{2}{3}h, y_n + \dfrac{2}{3}hK_1\right), \end{cases} \tag{6.3.5}$$

称之为 **Heun 公式**.

改进的 Euler 公式和 Heun 公式是典型的二阶 Runge-Kutta 方法. 一般 m 阶 Runge-Kutta 方法可仿照二阶方法构造.

6.3.2 显式 Runge-Kutta 方法及稳定性

直接使用 Taylor 展式来建立高阶差分方法时, 差分方程比较复杂, 也不适合实际的应用. 为此, Runge (1895) 提出了间接使用 Taylor 展式来构造高精度数值方法的思想: 首先用函数 f 在 m 个点上的值的线性组合来代替 y 的导数, 然后按 Taylor 级数展开, 确定其中的组合系数, 这样既可避免计算 y 的高阶导数, 又可保证差分方法具有较高的精度. 方法描述如下:

定义 6.3.1 设 m 是一个正整数, 代表使用函数值 f 的个数, a_i, b_{ij} $(i = 2, 3, \cdots, m; j = 1, 2, \cdots, i-1)$ 和 c_i $(i = 1, 2, \cdots, m)$ 是一些待定的权因子 (为实数), 方法 (公式)

$$y_{n+1} = y_n + h(c_1 K_1 + \cdots + c_m K_m) \tag{6.3.6}$$

被称为初值问题 (6.1.1) 的 m **级显式 Runge-Kutta 方法 (公式)**, 其中 K_i $(i = 1, 2, \cdots, m)$ 满足下列方程:

$$K_1 = f(x_n, y_n),$$
$$K_2 = f(x_n + a_2 h, y_n + h b_{21} K_1),$$
$$\cdots\cdots\cdots\cdots\cdots\cdots\cdots\cdots\cdots\cdots$$
$$K_m = f\left(x_n + a_m h, y_n + h \sum_{i=1}^{m-1} b_{mi} K_i\right). \tag{6.3.7}$$

式 (6.3.6) 和 (6.3.7) 中的系数可以这样确定: 设问题 (6.1.1) 的解 $y(x)$ 和右端函数 $f(x, y)$ 充分光滑. 首先分别将式 (6.3.6) 的左端和右端各项在点 x_n 处展成关于 h 的 Taylor 级数, 然后比较左、右两端 h 的方次不超过 p 的项的系数, 并使其相等, 就得到确定 m 级显式 Runge-Kutta 方法中的系数满足的代数方程组, 求出代数方程组的解也就得到 m 阶 Runge-Kutta 方法, 且其精度为 p 阶, 称之为 m 级 p 阶 Runge-Kutta 方法. 显式 Runge-Kutta 公式 (6.3.6) 和 (6.3.7) 又可以写成如表 6.2 既直观又简洁的列阵形式 (称为 Butcher 表).

表 6.2　Butcher 表

0				
a_2	b_{21}			
a_3	b_{31}	b_{32}		
$\vdots$	$\vdots$	$\vdots$		
a_m	b_{m1}	b_{m2}	$\cdots$	$b_{m(m-1)}$
	c_1	c_2	$\cdots$	c_{m-1} $\quad$ c_m

对于 $m = 3, 4$ 的情形, 可类似地推导出相应的高阶显式 Runge-Kutta 方法, 这里仅列举几个常用的公式:

(1) 三级三阶显式 Kutta 公式

$$\begin{cases} y_{n+1} = y_n + \dfrac{h}{6}(K_1 + 4K_2 + K_3), \\[2mm] K_1 = f(x_n, y_n), \\[2mm] K_2 = f\left(x_n + \dfrac{1}{2}h, y_n + \dfrac{1}{2}hK_1\right), \\[2mm] K_3 = f(x_n + h, y_n - hK_1 + 2hK_2); \end{cases} \tag{6.3.8}$$

(2) 三级三阶显式 Heun 公式

$$\begin{cases} y_{n+1} = y_n + \dfrac{h}{4}(K_1 + 3K_3), \\[2mm] K_1 = f(x_n, y_n), \\[2mm] K_2 = f\left(x_n + \dfrac{1}{3}h, y_n + \dfrac{1}{3}hK_1\right), \\[2mm] K_3 = f\left(x_n + \dfrac{2}{3}h, y_n + \dfrac{2}{3}hK_2\right); \end{cases} \tag{6.3.9}$$

(3) 四级四阶古典显式 Runge-Kutta 公式

$$\begin{cases} y_{n+1} = y_n + \dfrac{h}{6}(K_1 + 2K_2 + 2K_3 + K_4), \\[2mm] K_1 = f(x_n, y_n), \\[2mm] K_2 = f\left(x_n + \dfrac{1}{2}h, y_n + \dfrac{1}{2}hK_1\right), \\[2mm] K_3 = f\left(x_n + \dfrac{1}{2}h, y_n + \dfrac{1}{2}hK_2\right), \\[2mm] K_4 = f(x_n + h, y_n + hK_3); \end{cases} \tag{6.3.10}$$

(4) 四级四阶显式 Kutta 公式

$$
\begin{cases}
y_{n+1} = y_n + \dfrac{h}{8}(K_1 + 3K_2 + 3K_3 + K_4), \\[2mm]
K_1 = f(x_n, y_n), \\[2mm]
K_2 = f\left(x_n + \dfrac{1}{3}h, y_n + \dfrac{1}{3}hK_1\right), \\[2mm]
K_3 = f\left(x_n + \dfrac{2}{3}h, y_n - \dfrac{1}{3}hK_1 + hK_2\right), \\[2mm]
K_4 = f(x_n + h, y_n + hK_1 - hK_2 + hK_3);
\end{cases}
\tag{6.3.11}
$$

(5) 四级四阶显式 Gill 公式

$$
\begin{cases}
y_{n+1} = y_n + \dfrac{h}{6}[K_1 + (2 - \sqrt{2})K_2 + (2 + \sqrt{2})K_3 + K_4], \\[2mm]
K_1 = f(x_n, y_n), \\[2mm]
K_2 = f\left(x_n + \dfrac{1}{2}h, y_n + \dfrac{1}{2}hK_1\right), \\[2mm]
K_3 = f\left(x_n + \dfrac{1}{2}h, y_n + \dfrac{\sqrt{2}-1}{2}hK_1 + \left(1 - \dfrac{\sqrt{2}}{2}\right)hK_2\right), \\[2mm]
K_4 = f\left(x_n + h, y_n - \dfrac{\sqrt{2}}{2}hK_2 + \left(1 + \dfrac{\sqrt{2}}{2}\right)hK_3\right).
\end{cases}
\tag{6.3.12}
$$

Gill 公式有减少舍入误差的优点. 最常用的 Runge-Kutta 公式是 (6.3.10)

一般地, 式 (6.3.6) 和 (6.3.7) 中的系数满足

$$
\sum_{j=1}^{m} c_j = 1; \quad a_i = \sum_{j=1}^{i-1} b_{ij}, \quad i = 2, 3, \cdots, m.
$$

待定参数 a_i, c_i 和 b_{ij} 的出现为构造高精度的数值方法创造了条件. 表 6.3 是 Butcher (1965) 做出的各级显式 Runge-Kutta 方法最高精度的结果. 从表 6.3 中可以看出, Runge-Kutta 方法的级数从 4 变为 5 时, 精度的阶数并没有相应地从 4 提高到 5. 这就是为什么 4 级以上的 Runge-Kutta 方法很少被采用的原因.

表 6.3   各级显式 Runge-Kutta 方法最高精度

级数 m	1	2	3	4	5	6	7	$m \geq 8$
精度阶数 p	1	2	3	4	4	5	6	$p \leq m-2$

一般来说，对于级数较高的 Runge-Kutta 方法，计算待定参数 a_i, c_i 和 b_{ij} 将十分复杂. 下面介绍另一种方法，通过把微分方程化为积分方程，用数值积分的方法逼近积分项，从而确定参数.

例 6.3.1   确定如下三级三阶显式 Runge-Kutta 公式的待定参数:

$$y_{n+1} = y_n + h(c_1 K_1 + c_2 K_2 + c_3 K_3), \tag{6.3.13}$$

其中

$$\begin{cases} K_1 = f(x_n, y_n), \\ K_2 = f(x_n + a_2 h, y_n + h b_{21} K_1), \\ K_3 = f(x_n + a_3 h, y_n + h b_{31} K_1 + h b_{32} K_2). \end{cases} \tag{6.3.14}$$

解   对于 $y' = f(x, y)$ 两边取积分得

$$y(x_{n+1}) = y(x_n) + \int_{x_n}^{x_{n+1}} f(x, y(x)) \mathrm{d}x.$$

再由 Simpson 公式有

$$y(x_{n+1}) = y(x_n) + \frac{h}{6}\left[f(x_n, y(x_n)) + 4f\left(x_n + \frac{h}{2}, y\left(x_n + \frac{h}{2}\right)\right) \right.$$
$$\left. + f(x_{n+1}, y(x_{n+1}))\right] + O(h^5). \tag{6.3.15}$$

如果设 (6.3.6) 中的系数 $c_1 = c_3 = \dfrac{1}{6}$, $c_2 = \dfrac{2}{3}$, 则有

$$y_{n+1} = y_n + \frac{1}{6}h(K_1 + 4K_2 + K_3), \tag{6.3.16}$$

其中

$$\begin{cases} K_1 = f(x_n, y_n), \\ K_2 = f(x_n + a_2 h, y_n + h b_{21} K_1), \\ K_3 = f(x_n + a_3 h, y_n + h b_{31} K_1 + h b_{32} K_2). \end{cases} \tag{6.3.17}$$

在式 (6.3.16) 及 (6.3.17) 中令 $y_n = y(x_n)$. 不难发现, 要获得截断误差为 $O(h^4)$ 的方法, 只需式 (6.3.16) 右端以 $O(h^4)$ 的精度逼近式 (6.3.15) 的右端. (6.3.15) 与 (6.3.16) 两式相减得

$$y(x_{n+1}) - y_{n+1}$$
$$= \frac{2h}{3}\left[f\left(x_n + \frac{h}{2}, y\left(x_n + \frac{h}{2}\right)\right) - f(x_n + a_2h, y_n + hb_{21}K_1)\right]$$
$$+ \frac{h}{6}[f(x_{n+1}, y(x_{n+1})) - f(x_n + a_3h, y_n + hb_{31}K_1 + hb_{32}K_2)].$$
$$(6.3.18)$$

一方面, 注意到 $y'(x_n) = f(x_n, y(x_n))$, 并记 $f_n = f(x_n, y(x_n))$, 有

$$f\left(x_n + \frac{h}{2}, y\left(x_n + \frac{h}{2}\right)\right) - f(x_n + a_2h, y_n + hb_{21}K_1)$$
$$= f\left(x_n + \frac{h}{2}, y(x_n) + \frac{h}{2}f_n + \frac{h^2}{8} \cdot \frac{\mathrm{d}}{\mathrm{d}x}f_n + O(h^3)\right)$$
$$- f(x_n + a_2h, y_n + hb_{21}f_n).$$

为了获得尽可能高的精度, 令 $a_2 = \frac{1}{2}$, $b_{21} = \frac{1}{2}$, 得

$$f\left(x_n + \frac{h}{2}, y\left(x_n + \frac{h}{2}\right)\right) - f(x_n + a_2h, y_n + hb_{21}K_1)$$
$$= \frac{h^2}{8}\left(\frac{\mathrm{d}}{\mathrm{d}x}f_n\right)f_y\left(x_n + \frac{h}{2}, y_n + \frac{h}{2}f_n\right) + O(h^3).$$

另一方面,

$$f(x_n + h, y(x_n + h))$$
$$- f\left(x_n + a_3h, y_n + hb_{31}f_n + hb_{32}f\left(x_n + \frac{h}{2}, y_n + \frac{h}{2}f_n\right)\right)$$
$$= f\left(x_n + h, y(x_n) + hf_n + \frac{h^2}{2} \cdot \frac{\mathrm{d}}{\mathrm{d}x}f_n + O(h^3)\right)$$
$$- f\left(x_n + a_3h, y_n + hf_n(b_{31} + b_{32})\right)$$

$$+ b_{32}\frac{h^2}{2}\big(f_x(x_n, y_n) + f_y(x_n, y_n)f_n\big) + O(h^3)\Big).$$

为获得尽可能高的精度，令 $a_3 = 1$, $b_{31} + b_{32} = 1$, 注意到 $\dfrac{\mathrm{d}}{\mathrm{d}x}f_n = f_x(x_n, y_n) + f_y(x_n, y_n)f_n$, 得

$$f(x_n + h, y(x_n + h))$$
$$- f\Big(x_n + a_3 h, y_n + hb_{31}f_n + hb_{32}f\Big(x_n + \frac{h}{2}, y_n + \frac{h}{2}f_n\Big)\Big)$$
$$= \frac{h^2}{2}(1 - b_{32})\Big(\frac{\mathrm{d}}{\mathrm{d}x}f_n\Big)$$
$$\cdot f_y\Big(x_n + h, y_n + hf_n + b_{32}\frac{h^2}{2}\cdot\frac{\mathrm{d}}{\mathrm{d}x}f_n + O(h^3)\Big) + O(h^3)$$
$$= \frac{h^2}{2}(1 - b_{32})\Big(\frac{\mathrm{d}}{\mathrm{d}x}f_n\Big)f_y\Big(x_n + \frac{h}{2}, y_n + \frac{h}{2}f_n\Big) + O(h^3).$$

所以式 (6.3.18) 为

$$y(x_{n+1}) - y_{n+1} = (2 - b_{32})\frac{h^3}{12}\Big(\frac{\mathrm{d}}{\mathrm{d}x}f_n\Big)\Big[f_y\Big(x_n + \frac{h}{2}, y_n + \frac{h}{2}f_n\Big) + O(h^4)\Big].$$

取 $b_{32} = 2$, 得 $y(x_{n+1}) - y_{n+1} = O(h^4)$. 这样，我们就得到了三级三阶的 Runge-Kutta 方法.

例 6.3.2 取 $h = 0.1$, 求解问题

$$\begin{cases} \dfrac{\mathrm{d}y}{\mathrm{d}x} = x^3 - \dfrac{y}{x}, \\[2mm] y(1) = \dfrac{2}{5}. \end{cases}$$

解 问题的精确解可以求出为

$$y = \frac{1}{5}x^4 + \frac{1}{5x}.$$

数值求解采用四种公式：三级三阶显式 Kutta 公式、三级三阶显式 Heun 公式、四级四阶显式 Kutta 公式、四级四阶显式 Gill 公式. 表 6.4 是精确解和不同方法数值解的比较 ($h = 0.1$). 表 6.5 和表 6.6

分别给出三级三阶显式 Heun 公式和四级四阶显式 Gill 公式在 $x = 2$ 点的误差和精度 ($h = 0.1$).

表 6.4 显式 Runge-Kutta 方法数值解与精确解的比较

x_n	三级三阶显式 Kutta 公式	三级三阶显式 Heun 公式	四级四阶显式 Kutta 公式	四级四阶显式 Gill 公式	精确解
1	0.400000	0.400000	0.400000	0.400000	0.400000
1.1	0.474638	0.474630	0.474638	0.474638	0.474638
1.2	0.581387	0.581373	0.581387	0.581387	0.581387
1.3	0.725066	0.725048	0.725066	0.725066	0.725066
1.4	0.911177	0.911155	0.911177	0.911177	0.911177
1.5	1.145834	1.145808	1.145833	1.145834	1.145833
1.6	1.435720	1.435691	1.435720	1.435720	1.435720
1.7	1.788067	1.788035	1.788067	1.788067	1.788067
1.8	2.210631	2.210597	2.210631	2.210631	2.210631
1.9	2.711684	2.711646	2.711683	2.711684	2.711683

表 6.5 三级三阶显式 Heun 公式的算法误差和精度

步长	误差	精度 (阶)
h	3.95603e$-$005	
$h/2$	4.96206e$-$006	2.99504
$h/4$	6.21215e$-$007	2.99777
$h/8$	7.77086e$-$008	2.99895
$h/16$	9.71697e$-$009	2.9995

表 6.6   四级四阶显式 Gill 公式的算法误差和精度

步长	误差	精度 (阶)
h	4.16667e$-$007	
$h/2$	2.60417e$-$008	4
$h/4$	1.62759e$-$009	4.00001
$h/8$	1.01711e$-$010	4.00019
$h/16$	6.41309e$-$012	3.98731

下面讨论显式 Runge-Kutta 方法的稳定性. 我们以三级三阶显式 Runge-Kutta 公式

$$\begin{cases} y_{n+1} = y_n + \dfrac{h}{6}(K_1 + 4K_2 + K_3), \\ K_1 = f(x_n, y_n), \\ K_2 = f\left(x_n + \dfrac{h}{2}, y_n + \dfrac{h}{2}K_1\right), \\ K_3 = f(x_n + h, y_n - hK_1 + 2hK_2) \end{cases}$$

为例. 公式应用到 $y' = \lambda y$, 有

$$K_1 = \lambda y_n,$$
$$K_2 = \lambda\left(1 + \frac{1}{2}\lambda h\right)y_n,$$
$$K_3 = \lambda[1 + \lambda h + (\lambda h)^2]y_n,$$

从而有

$$y_{n+1} = \left[1 + \lambda h + \frac{1}{2}(\lambda h)^2 + \frac{1}{6}(\lambda h)^3\right]y_n,$$

其绝对稳定域为

$$\left|1 + \lambda h + \frac{1}{2}(\lambda h)^2 + \frac{1}{6}(\lambda h)^3\right| < 1.$$

图 6.2 给出了各阶 Runge-Kutta 方法的显式绝对稳定域, 值得注意的是三、四阶 Runge-Kutta 方法的显式绝对稳定域包含了一段虚轴.

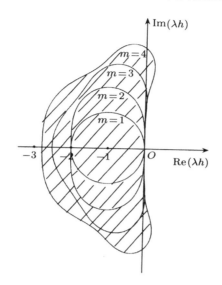

图 6.2 显式 Runge-Kutta 方法的绝对稳定域

6.3.3 隐式 Runge-Kutta 方法

定义 6.3.2 设 a_i, b_{ij}, c_i $(i, j = 1, 2, \cdots, m)$ 是一些实数, 称方法

$$
\begin{cases}
y_{n+1} = y_n + h \sum_{i=1}^{m} c_i K_i, \\
K_i = f\left(x_n + a_i h, y_n + h \sum_{j=1}^{m} b_{ij} K_j\right) \\
(i = 1, 2, \cdots, m; \quad m = 0, 1, 2, \cdots)
\end{cases}
\tag{6.3.19}
$$

是初值问题 (6.1.1) 的一个 m **级隐式 Runge-Kutta 方法**.

类似于显式 Runge-Kutta 公式 (6.3.6) 和 (6.3.7), 公式 (6.3.19) 也可表示成 Butcher 表, 即表 6.7. 隐式 Runge-Kutta 公式中参量 a_i, b_{ij}, c_i

的确定通常有两种方法. 第一种方法是将方程 (6.3.19) 的右端和左端分别在点 x_n 处作 Taylor 展开, 类似前面显式 Runge-Kutta 方法中系数的确定, 比较左、右级数就可以确定出诸参数; 另一种方法类似例 6.3.1 中显式三级 Kutta 方法系数的确定, 将微分方程化成等价的积分方程, 取阶数较高的数值积分公式计算右端的积分式, 对于每个 Runge-Kutta 方法, 相应地用 a_i, c_i 和 b_{ij} 所确定的积分公式是一个 Gauss 型数值积分公式, 由此可以给出 y_{n+1} 的一个计算表达式, 把它与公式 (6.3.19) 右端的 Taylor 展式作比较, 则可以确定出诸参数.

Kuntzmann (1961) 和 Butcher (1964) 已经发现对所有的 m 级方法均存在 $2m$ 阶隐式 Runge-Kutta 方法, 这显然要比显式 Runge-Kutta 方法优越.

对公式 (6.3.19) 的推导这里不作进一步的介绍, 表 6.8, 6.9 和 6.10 仅列出几个典型的隐式 Runge-Kutta 公式作为参考.

表 6.7 Butcher 表

a_1	b_{11}	$\cdots$	b_{1m}
$\vdots$	$\vdots$		$\vdots$
a_m	b_{m1}	$\cdots$	b_{mm}
	c_1	$\cdots$	c_m

表 6.8 隐式中点公式 ($m = 1$, $p = 2$)

$\dfrac{1}{2}$	$\dfrac{1}{2}$
	1

表 6.9 隐式 Runge-Kutta 公式 ($m = 2$, $p = 4$)

$\dfrac{3-\sqrt{3}}{6}$	$\dfrac{1}{4}$	$\dfrac{3-2\sqrt{3}}{12}$
$\dfrac{3+\sqrt{3}}{6}$	$\dfrac{3+2\sqrt{3}}{12}$	$\dfrac{1}{4}$
	$\dfrac{1}{2}$	$\dfrac{1}{2}$

对于同级的 Runge-Kutta 公式, 隐式公式的精确度要比显式公式的高, 且又有较好的数值稳定性, 这些优点对于求解下面 §6.7 中的刚性方程组是非常有用的. 但是在隐式 Runge-Kutta 公式中, 由于每个

K_i 的表达式中都含有 $K_1, \cdots, K_m$ 因而在使用时, 往往需要解非线性方程 (组), 这也给计算带来很大的不便和开销.

表 6.10 **Kuntzmann 和 Butcher 公式** $(m=3, p=6)$

$\dfrac{5-\sqrt{15}}{10}$	$\dfrac{5}{36}$	$\dfrac{10-3\sqrt{15}}{45}$	$\dfrac{25-6\sqrt{15}}{180}$
$\dfrac{1}{2}$	$\dfrac{10+3\sqrt{15}}{72}$	$\dfrac{2}{9}$	$\dfrac{10-23\sqrt{15}}{72}$
$\dfrac{5+\sqrt{15}}{10}$	$\dfrac{25+6\sqrt{15}}{180}$	$\dfrac{10+3\sqrt{15}}{45}$	$\dfrac{5}{36}$
	$\dfrac{5}{18}$	$\dfrac{4}{9}$	$\dfrac{5}{18}$

例 6.3.3 求解问题

$$\begin{cases} \dfrac{\mathrm{d}y}{\mathrm{d}x} = y, \\ y(0) = 1. \end{cases}$$

解 表 6.11 是精确解和数值解的比较 $(h=0.1)$, 其中采用的方法是隐式中点公式. 表 6.12 给出的是 $x=2$ 点的算法误差和精度 $(h=0.1)$, 其中仍然采用隐式中点公式.

表 6.11 **隐式中点公式**

x_n	数值解	精确解
1	2.720551	2.718282
1.1	3.006925	3.004166
1.2	3.329444	3.320177
1.3	3.673280	4.059941
1.4	4.059941	4.055200
1.5	4.487303	4.481689
1.6	4.959651	4.953032
1.7	5.481719	5.473947
1.8	6.058742	6.049647
1.9	6.696505	6.685894

表 6.12 隐式中点公式的算法误差和精度

步长	误差	精度 (阶)
h	1.23439e–002	
$h/2$	3.08057e–003	2.00112
$h/4$	7.69806e–004	2.00203
$h/8$	1.92430e–004	2.00016
$h/16$	4.81063e–005	2.00004

§6.4 线性多步法与预估-校正格式

常微分方程初值问题 (6.1.1) 的数值解法中, 除了像 Runge-Kutta 型公式等单步法之外, 还有另一种类型的解法 —— 多步法. 多步法的基本思想是: 某一步解的公式不仅与前一步解的值有关, 而且与前若干步解的值有关, 利用前面多步的信息预测下一步的值, 可以期望获得较高的精度. 构造多步法有多种途径, 下面先讨论基于数值积分的方法.

由微分方程初值问题

$$\begin{cases} \dfrac{\mathrm{d}y}{\mathrm{d}x} = f(x,y), & a \leqslant x \leqslant b, \\ y(a) = y_0 \end{cases} \tag{6.4.1}$$

可推出

$$y(x) = y(x^*) + \int_{x^*}^{x} f(x, y(s))\mathrm{d}s, \tag{6.4.2}$$

其中 $x, x^* \in (a, b)$. 取 x, x^* 为节点 x_{n+1}, x_{n-p}, 有

$$y(x_{n+1}) = y(x_{n-p}) + \int_{x_{n-p}}^{x_{n+1}} f(s, y(s))\mathrm{d}s. \tag{6.4.3}$$

若积分 $\displaystyle\int_{x_{n-p}}^{x_{n+1}} f(s, y(s))\mathrm{d}s$ 用积分节点 $x_n, x_{n-1}, \cdots, x_{n-q}$ 的数值积分

近似, 可得到格式

$$y_{n+1} = y_{n-p} + h\sum_{j=0}^{q} \alpha_j f(x_{n-j}, y_{n-j}), \qquad (6.4.4)$$

其中

$$\alpha_j = \frac{1}{h}\int_{x_{n-p}}^{x_{n+1}} l_j(t)\mathrm{d}t,$$

这里 $l_j(t)$ 是关于节点 $x_n, x_{n-1}, \cdots, x_{n-q}$ 的 Lagrange 基函数.

记 $r = \max\{p, q\}$, 只需已知在节点上函数值 $y_{n-r}, y_{n-r+1}, \cdots, y_n$ 就可由式 (6.4.4) 求得 y_{n+1}. 可以证明, 格式 (6.4.4) 为 $r+1$ 步的 $q+1$ 阶显式方法.

当 $p=1, q=2$ 时, 可得三步三阶显式格式

$$y_{n+1} = y_{n-1} + \frac{h}{3}[7f(x_n, y_n) - 2f(x_{n-1}, y_{n-1}) + f(x_{n-2}, y_{n-2})].$$

如果积分 $\displaystyle\int_{x_{n-p}}^{x_{n+1}} f(s, y(s))\mathrm{d}s$ 用积分节点 $x_{n+1}, x_n, \cdots, x_{n+1-q}$ 数值积分近似, 就可得到隐式格式

$$y_{n+1} = y_{n-p} + h\sum_{j=0}^{q} \beta_j f(x_{n+1-j}, y_{n+1-j}), \qquad (6.4.5)$$

其中

$$\beta_j = \frac{1}{h}\int_{x_{n-p}}^{x_{n+1}} l_j(x)\mathrm{d}x.$$

记 $r = \max\{p, q-1\}$, 格式 (6.4.5) 为 $r+1$ 步 $q+1$ 阶的隐式方法.

当 $p=2, q=2$ 时, 可得三步三阶隐式格式

$$y_{n+1} = y_{n-2} + \frac{h}{4}[3f(x_{n+1}, y_{n+1}) + 9f(x_{n-1}, y_{n-1})].$$

上述方法中若 $p = 0$, 则相应的格式 (方法) 称为 **Adams 格式 (方法)**, 其中 $q = 0$ 时为 Euler 格式; $q = 1$ 时, 二步显式 Adams 格式为

$$y_{n+1} = y_n + \frac{h}{2}[3f(x_n, y_n) - f(x_{n-1}, y_{n-1})],$$

二步隐式 Adams 格式为

$$y_{n+1} = y_n + \frac{h}{2}[f(x_{n+1}, y_{n+1}) + f(x_n, y_n)]$$

(这个格式也称为梯形公式).

利用插值多项式的余项, 可以求出 Adams 方法的局部截断误差. 当然也可以从得到的显式和隐式 Adams 格式, 由局部截断误差的定义来求出方法的局部截断误差.

隐式格式与同类显式格式相比, 有较小的截断误差, 更好的稳定性. 但是, 在隐式格式中, y_{n+1} 不能通过简单的算术运算得到, 一般地需要通过迭代方法才能得到 y_{n+1} 的近似值, 这必然大大地增加运算量. 若用一个恰当的显式格式求出的 y_{n+1} 作为隐式格式的预估值, 再用隐式格式对预估值作校正, 然后以这个校正的值作为格点函数 y_{n+1}, 则我们称这样的格式为 **预估 - 校正格式**.

用 Euler 公式作为预估, 梯形公式作校正构成的预估 - 校正公式为

$$\begin{cases} y_{n+1}^* = y_n + hf(x_n, y_n), \\ y_{n+1} = y_n + \dfrac{h}{2}[f(x_n, y_n) + f(x_{n+1}, y_{n+1}^*)]. \end{cases}$$

这个公式就是改进的 Euler 公式.

常用的预估 - 校正公式还有 **三点 Milne 公式**

$$\begin{cases} y_{n+1}^* = y_{n-3} + \dfrac{h}{3}[8f(x_n, y_n) - 4f(x_{n-1}, y_{n-1}) + 8f(x_{n-2}, y_{n-2})], \\ y_{n+1} = y_{n-1} + \dfrac{h}{3}[f(x_{n+1}, y_{n+1}^*) + 4f(x_n, y_n) + f(x_{n-1}, y_{n-1})] \end{cases}$$

和改进的 **四点 Adams 公式**

$$\begin{cases} y_{n+1}^* = y_n + \dfrac{h}{24}[55f(x_n, y_n) - 59f(x_{n-1}, y_{n-1}) \\ \qquad\quad + 37f(x_{n-2}, y_{n-2}) - 9f(x_{n-3}, y_{n-3})], \\ y_{n+1} = y_n + \dfrac{h}{24}[9f(x_{n+1}, y_{n+1}^*) + 19f(x_n, y_n) \\ \qquad\quad - 5f(x_{n-1}, y_{n-1}) + f(x_{n-2}, y_{n-2})]. \end{cases}$$

值得一提的是，线性多步方法都有较好的稳定性.

例 6.4.1 求解问题

$$\begin{cases} \dfrac{\mathrm{d}y}{\mathrm{d}x} = x^3 - \dfrac{y}{x}, \\ y(1) = \dfrac{2}{5}. \end{cases}$$

解 问题的精确解可以求出为

$$y = \dfrac{1}{5}x^4 + \dfrac{1}{5x}.$$

数值求解采用两种公式: 二步隐式 Adams 格式和改进的 Euler 公式.
表 6.13 是精确解和不同方法数值解的比较 ($h = 0.1$). 表 6.14 和 6.15
给出的是 $x = 2$ 点的算法误差和精度, 其中 $h = 0.1$.

表 6.13 线性多步法与预估 - 校正格式数值解与精确解的比较

x_n	二步隐式 Adams 格式	改进的 Euler 公式	精确解
1	0.400000	0.400000	0.400000
1.1	0.474961	0.475641	0.474638
1.2	0.582069	0.583408	0.581387
1.3	0.726138	0.728135	0.725066
1.4	0.912664	0.915329	0.911177
1.5	1.147760	1.151110	1.145833
1.6	1.438111	1.442169	1.435720
1.7	1.790945	1.795738	1.788067
1.8	2.214019	2.219578	2.210631
1.9	2.715606	2.721961	2.711683

表 6.14 二步隐式 Adams 格式的算法误差和精度

步长	误差	精度 (阶)
h	0.0044803	
$h/2$	0.00111986	2.00027
$h/4$	0.000279952	2.00007
$h/8$	6.99873e−005	2.00002
$h/16$	1.74968e−005	2

表 6.15 改进的 Euler 公式的算法误差和精度

步长	误差	精度 (阶)
h	0.011665	
$h/2$	0.00291656	1.99985
$h/4$	0.00072916	1.99996
$h/8$	0.000182291	1.99999
$h/16$	4.55729e−005	2

§6.5 理 论 分 析

6.5.1 单步法的收敛性分析

一般而言，显式单步法总可简记为

$$\begin{cases} y_{n+1} = y_n + h\phi(x_n, y_n, h), \\ y_0 = y|_{x=a}, \end{cases}$$

其中 $\phi(x_n, y_n, h)$ 称**增量函数**. 为证明其收敛性, 首先介绍一个有用的引理.

引理 6.5.1 设 $\{e_n\}$ 为实序列, 满足

$$e_{n+1} \le a_n e_n + b_n, \quad n = 0, 1, \cdots, N-1,$$

其中 $a_n > 0$, $b_n \in \mathbb{R}$, 则 $e_n \le E_n$ $(n = 0, 1, \cdots, N)$, 其中

$$E_n = \Big(\prod_{k=0}^{n-1} a_k \Big) e_0 + \sum_{k=0}^{n-1} \Big(\prod_{l=k+1}^{n-1} a_l \Big) b_k, \quad n = 0, 1, \cdots, N.$$

证明 定义序列 $\{E_n\}$ 满足

$$\begin{cases} E_{n+1} = a_n E_n + b_n, & n = 0, 1, \cdots, N-1, \\ E_0 = e_0, \end{cases} \tag{6.5.1}$$

则

$$e_{n+1} - E_{n+1} \le a_n(e_n - E_n), \quad n = 0, 1, \cdots, N-1.$$

由于 $E_0 - e_0 = 0$, 则 $e_1 - E_1 \le 0$, 于是 $e_n \le E_n$ $(n = 2, 3, \cdots, N)$. 不难验证 E_n 满足引理中的表达式. 引理得证.

不难发现上述引理正是连续情形的 Gronwall 不等式的离散对应物.

定义 6.5.1 对单步法, 如果截断误差

$$y(x + h) - y(x) - h\phi(x, y(x), h) = O(h^{p+1}),$$

则称格式 p **阶相容**.

对于单步法有如下收敛定理:

定理 6.5.1 设显式单步法中的增量函数满足

$$|\phi(x, y, h) - \phi(x, \bar{y}, h)| \le L_\phi |y - \bar{y}|,$$

其中 L_ϕ 是正数且格式 p 阶相容, 即局部截断误差为 $O(h^{p+1})$, 则该单步法 p 阶收敛, 即

$$|y_n - y(x_n)| \le Ch^p \quad (C \text{ 为某正常数}).$$

证明 定义

$$\bar{y}_{n+1} = y(x_n) + h\phi(x_n, y(x_n), h),$$

由格式 p 阶相容有 $|\bar{y}_{n+1} - y(x_{n+1})| \le Ch^{p+1}$ (C 为某正常数), 则

$$e_{n+1} = |y_{n+1} - y(x_{n+1})| \leq |y_{n+1} - \bar{y}_{n+1}| + |\bar{y}_{n+1} - y(x_{n+1})|$$

$$\leq (1 + hL_\phi)e_n + Ch^{p+1}. \tag{6.5.2}$$

上式是因为

$$|y_{n+1} - \bar{y}_{n+1}| = |(y_n + h\phi(x_n, y_n, h)) - (y(x_n) + h\phi(x_n, y(x_n), h))|$$

$$= |(y_n - y(x_n)) + h(\phi(x_n, y_n, h) - \phi(x_n, y(x_n), h))|$$

$$\leq (1 + hL_\phi)e_n. \tag{6.5.3}$$

由引理 6.5.1 立有

$$e_n \leq (1 + hL_\phi)^n e_0 + \sum_{k=0}^{n-1} (1 + hL_\phi)^k \cdot Ch^{p+1}$$

$$= \frac{(1 + hL_\phi)^n - 1}{hL_\phi} \cdot Ch^{p+1} \leq \frac{C}{L_\phi} h^p \cdot (e^{nhL_\phi} - 1)$$

$$\leq \frac{C}{L_\phi} [e^{(b-a)L_\phi} - 1] \cdot h^p. \tag{6.5.4}$$

定理得证.

注 上述证明中重要的一步

$$y_{n+1} - y(x_{n+1})$$

$$= (y_{n+1} - \bar{y}_{n+1}) + (\bar{y}_{n+1} - y(x_{n+1})) \triangleq p_{n+1} + q_{n+1}$$

有着实际的意义. 上式的分解实际表明整体误差 e_{n+1} 可分为局部截断误差 q_{n+1} 与传播误差 p_{n+1} 的和. 我们要求 q_{n+1} 小由相容性得到保证, 而 p_{n+1} 表示的是误差 e_n 在差分格式下的被放大部分, 它的控制通常称为稳定性. 实际上, 上面的证明可以理解为 "相容性 + 稳定性 = 收敛性". 这一命题将在以后进一步阐述.

6.5.2 稳定性

为研究稳定性, 先定义向量 $\boldsymbol{u} = (u_0, u_1, \cdots, u_N)^{\mathrm{T}}$ 的**无穷范数**

$$\|\boldsymbol{u}\|_\infty \triangleq \max_{0 \leq n \leq N} \|u_n\|$$

和对应于常微分方程 $y' = f(x, y)$ 的残量算子 $\mathcal{R}$:

$$(\mathcal{R}v)(x) \triangleq v'(x) - f(x, v(x)),$$

以及对应于该常微分方程数值格式 $y_{n+1} = y_n + h\phi(x_n, y_n; h)$ 的残量算子 $\mathcal{R}_h$:

$$(\mathcal{R}_h \boldsymbol{u})_n = \frac{1}{h}(u_{n+1} - u_n) - \phi(x_n, u_n; h), \quad n = 0, 1, \cdots, N - 1.$$

假设常微分方程的连续解为 $y(x)$, 而数值解为在格点 $a = x_0 < x_1 < \cdots < x_N = b$ 上满足

$$u_{n+1} = u_n + h\phi(x_n, u_n; h)$$

的点列, 显然对截断误差为 $O(h^{p+1})$ 的单步法有

$$(\mathcal{R}y)(x) = 0, \quad (\mathcal{R}_h \boldsymbol{u})_n = 0, \quad (\mathcal{R}_h \boldsymbol{y})_n = O(h^p),$$

其中 $\boldsymbol{y} = (y_0, y_1, \cdots, y_N)^{\mathrm{T}}$, $y_i = y(x_i)$ $(i = 0, 1, 2, \cdots, N)$.

定义 6.5.2 如存在 $K > 0$, 使得对任意网格点上取值的向量 $\boldsymbol{v}, \boldsymbol{w}$, 有

$$\|\boldsymbol{v} - \boldsymbol{w}\|_\infty \le K(\|v_0 - w_0\|_\infty + \|\mathcal{R}_h \boldsymbol{v} - \mathcal{R}_h \boldsymbol{w}\|_\infty), \quad h \le h_0$$

(这里 h_0 为充分小的网格尺度, $\boldsymbol{v}_0, \boldsymbol{w}_0$ 是初始给定向量), 则称该单步法是**稳定**的.

定义 6.5.2 的思想是自然的, 对于无误差扰动的差分格式:

$$\mathcal{R}_h \boldsymbol{u} = \boldsymbol{0}, \quad \boldsymbol{u}_0 = \boldsymbol{y}_0,$$

真实计算中实际为 $\mathcal{R}_h \boldsymbol{w} = \boldsymbol{\varepsilon}$, $\boldsymbol{w}_0 = \boldsymbol{y}_0 + \boldsymbol{\eta}_0$, 于是稳定性应要求

$$\|\boldsymbol{u} - \boldsymbol{w}\|_\infty \le K(\|\boldsymbol{\eta}_0\| + \|\boldsymbol{\varepsilon}\|_\infty),$$

即小扰动下计算解与精确解不会相差太远.

对于多步法, 则需定义残量算子 $\mathcal{R}_h$ 为

$$(\mathcal{R}_h \boldsymbol{u})_n = \frac{1}{h}\left(\sum_{i=0}^{k}\alpha_i u_{n+i}\right) - \sum_{i=0}^{k}\beta_i f(t_{n+i}, u_{n+i}),$$

以及稳定性为:

定义 6.5.3 如存在 $K > 0$, 使得对任意网格点上取值的向量 $\boldsymbol{v}, \boldsymbol{w}$ 有

$$\|\boldsymbol{v} - \boldsymbol{w}\|_\infty \le K\left(\max_{0 \le s \le k-1}\|\boldsymbol{v}_s - \boldsymbol{w}_s\|_\infty + \|\mathcal{R}_h\boldsymbol{v} - \mathcal{R}_h\boldsymbol{w}\|_\infty\right), \quad h \le h_0$$

(这里 h_0 为充分小的网格尺度, $\boldsymbol{v}_s, \boldsymbol{w}_s$ $(0 \le s \le k-1)$ 是初始给定的向量), 则称该多步法是**稳定**的.

如上定义的道理与单步法的解释类似.

上述稳定性概念也称**零稳定**.

6.5.3　收敛性

关于单步法和多步法的收敛性, 下面将不加证明地给出. 以下均假设 f 满足 Lipschitz 条件.

定理 6.5.2 多步法收敛等价于数值格式相容且稳定.

一般地, 一个 k 步的算法 (当 $k = 1$ 时即为单步法) 可表示为

$$\alpha_k y_{n+k} + \alpha_{k-1}y_{n+k-1} + \cdots + \alpha_0 y_n$$
$$= h(\beta_k f_{n+k} + \beta_{k-1}f_{n+k-1} + \cdots + \beta_0 f_n),$$

其中 $f_i = f(x_i, y_i)$ $(i = n, n+1, \cdots, n+k)$. 当 $\beta_k = 0$ 时算法是显式的, 否则是隐式的.

定义 6.5.4 多项式 $\rho(\xi) = \alpha_k \xi^k + \alpha_{k-1}\xi^{k-1} + \cdots + \alpha_0$ 称为**多步法的特征多项式**.

定义 6.5.5 如特征多项式 $\rho(\xi)$ 的根都在单位圆内或单位圆上, 而在单位圆上的根只能是单根, 则称**方法满足根条件**.

定理 6.5.3 数值格式稳定等价于其满足根条件.

推论 6.5.1 数值格式收敛等价于其相容且满足根条件.

注意单步法 $\rho(\xi) = \xi - 1$, 故其仅有唯一根 $\xi = 1$, 满足根条件, 从而收敛等价于相容.

本节定理证明读者可参考文献 [13] 或 [14].

§6.6 方程组及高阶方程数值方法

考虑一阶常微分方程方程组初值问题

$$\begin{cases} \dfrac{\mathrm{d}\boldsymbol{y}}{\mathrm{d}x} = \boldsymbol{f}(x, \boldsymbol{y}), & a \le x \le b, \\ \boldsymbol{y}(a) = \boldsymbol{\eta}, \end{cases} \tag{6.6.1}$$

其中

$$\boldsymbol{y}(x) = \begin{pmatrix} y_1(x) \\ y_2(x) \\ \vdots \\ y_m(x) \end{pmatrix}, \quad \boldsymbol{\eta} = \begin{pmatrix} \eta_1 \\ \eta_2 \\ \vdots \\ \eta_m \end{pmatrix}, \quad \boldsymbol{f}(x, \boldsymbol{y}) = \begin{pmatrix} f_1(x, \boldsymbol{y}) \\ f_2(x, \boldsymbol{y}) \\ \vdots \\ f_m(x, \boldsymbol{y}) \end{pmatrix}.$$

我们在前面导出的所有格式, 在形式上可以完全与单个方程一样应用于方程组 (6.6.1).

例如, 四级四阶古典 Runge-Kutta 公式为

$$\begin{cases} \boldsymbol{y}_{n+1} = \boldsymbol{y}_n + \dfrac{h}{6}(\boldsymbol{K}_1 + 2\boldsymbol{K}_2 + 2\boldsymbol{K}_3 + \boldsymbol{K}_4), \\ \boldsymbol{K}_1 = \boldsymbol{f}(x_n, \ \boldsymbol{y}_n), \\ \boldsymbol{K}_2 = \boldsymbol{f}\left(x_n + \dfrac{h}{2}, \ \boldsymbol{y}_n + \dfrac{h}{2}\boldsymbol{K}_1\right), \\ \boldsymbol{K}_3 = \boldsymbol{f}\left(x_n + \dfrac{h}{2}, \ \boldsymbol{y}_n + \dfrac{h}{2}\boldsymbol{K}_2\right), \\ \boldsymbol{K}_4 = \boldsymbol{f}(x_n + h, \ \boldsymbol{y}_n + h\boldsymbol{K}_3); \end{cases}$$

预估-校正的改进 Euler 公式为

$$\begin{cases} \boldsymbol{y}_{n+1}^* = \boldsymbol{y}_n + h\boldsymbol{f}(x_n, \boldsymbol{y}_n), \\ \boldsymbol{y}_{n+1} = \boldsymbol{y}_n + \dfrac{h}{2}[\boldsymbol{f}(x_n, \boldsymbol{y}_n) + \boldsymbol{f}(x_{n+1}, \boldsymbol{y}_{n+1}^*)]. \end{cases}$$

若我们考虑 m 阶的常微分方程初值问题

$$
\begin{cases}
\dfrac{\mathrm{d}^m y(x)}{\mathrm{d}x^m} = f(x, y, y', \cdots, y^{(m-1)}), \\
y(a) = \eta^{(0)}, \\
y'(a) = \eta^{(1)}, \\
\cdots\cdots\cdots\cdots \\
y^{(m-1)}(a) = \eta^{(m-1)},
\end{cases}
\tag{6.6.2}
$$

可把上述高阶方程化为等价的一阶方程组, 考虑一阶方程组初值问题

$$
\begin{cases}
\dfrac{\mathrm{d}y_1(x)}{\mathrm{d}x} = y_2(x), \\
\dfrac{\mathrm{d}y_2(x)}{\mathrm{d}x} = y_3(x), \\
\cdots\cdots\cdots\cdots \\
\dfrac{\mathrm{d}y_{m-1}(x)}{\mathrm{d}x} = y_m(x), \\
\dfrac{\mathrm{d}y_m(x)}{\mathrm{d}x} = f(x, y_1, y_2, \cdots, y_m), \\
y_1(a) = \eta^{(0)}, \\
y_2(a) = \eta^{(1)}, \\
\cdots\cdots\cdots\cdots \\
y_m(a) = \eta^{(m-1)},
\end{cases}
$$

从而前面的数值方法都可以应用到求解高阶方程, 而且还求出了 $y(x)$ 的各阶导函数的值.

§6.7　刚性方程组

考查时间发展方程组

$$
\begin{pmatrix} y' \\ z' \end{pmatrix} = \begin{pmatrix} -1000 & 999 \\ 0 & -1 \end{pmatrix} \begin{pmatrix} y \\ z \end{pmatrix} + \boldsymbol{f}(t).
$$

易求得系数矩阵的特征值为 $\lambda_1 = -1$ 和 $\lambda_2 = -1000$, 则 y 可表为

$$y(t) = C_1 \mathrm{e}^{-t} + C_2 \mathrm{e}^{-1000t} + \phi(t),$$

其中 $\phi(t)$ 是解 y 相应于非齐次项 $\boldsymbol{f}(t)$ 的部分. 当 $t \gg 1$ 时, $y(t) \approx \phi(t)$, 我们希望用数值方法得到渐近解. 如采用显式 Euler 方法, 由于要求 $\xi = \lambda h \in (-2, 0)$, 对 λ_1 要求 $h \in (0, 2)$, 对 λ_2 则要求 $h \in (0, 0.002)$. 整体而言, 为了保证迭代的稳定性, 应取较小的时间步长, 则 $h \in (0, 0.002)$. 另外, 由于 e^{-t} 收敛到 0 的速度远比 e^{-1000t} 要慢, 所以, 要得到令人满意的渐近解就需要计算到某一个较长的时间 T. 这样, 计算需要非常多的时间步, 导致舍入误差的积累, 从而影响精度. 这就是求解下面将要介绍的刚性方程的困难!

定义 6.7.1 对方程组 $\boldsymbol{y}' = \boldsymbol{A}\boldsymbol{y} + \boldsymbol{\phi}(t)$, $\boldsymbol{y}|_{t=0} = y_0$, 如 $\boldsymbol{A}$ 的特征值 λ_i 满足 $\mathrm{Re}(\lambda_i) < 0$, 且 $\max\limits_i |\mathrm{Re}(\lambda_i)| \gg \min\limits_i |\mathrm{Re}(\lambda_i)|$, 则称其为**刚性方程组**, 称

$$S = \frac{\max\limits_i |\mathrm{Re}(\lambda_i)|}{\min\limits_i |\mathrm{Re}(\lambda_i)|}$$

为**刚性比**.

显然, 刚性比越大系统越奇异. 对非线性常微分方程组 $\boldsymbol{y}' = \boldsymbol{f}(t, \boldsymbol{y})$, 设精确解为 $\bar{\boldsymbol{y}}(t)$, 其刚性则可由线性化的方程 $\boldsymbol{z}' = \boldsymbol{J}(t)\boldsymbol{z}$ $\left(\text{其中 } \boldsymbol{J}(t) = \dfrac{\partial \boldsymbol{f}}{\partial \boldsymbol{y}}(t, \bar{\boldsymbol{y}}(t))\right)$ 类似理解.

对于刚性方程组的求解, 一个最自然的想法就是扩大迭代法的绝对稳定域. 由此引出了下面的定义:

定义 6.7.2 如绝对稳定域包含整个左半平面 $\mathrm{Re}(\lambda h) < 0$, 则称数值方法为 **A 稳定**的.

显然, 如果算法是 A 稳定的, 则无论方程组的刚性比有多大, 都可以选取不是太小的 h 使算法绝对收敛. 例如隐式 Euler 方法就是 A 稳定的. 但是 Dahlquist 证明了下面的结果:

定理 6.7.1 (1) 任何显式线性多步法 (包括显式 Runge-Kutta 方

法) 不可能 A 稳定;

　　(2) A 稳定的隐式线性多步法不超过二阶;

　　(3) 具有最小误差常数的二阶 A 稳定隐式线性多步法为梯形法.

　　上述定理表明, 为构造更实用的求解刚性方程组的数值方法, 需要放松稳定性的限制. 关于这方面的两个推广是所谓的 A(α) 稳定及刚性稳定.

　　定义 6.7.3　如果绝对稳定域包括图 6.3 中的 α 角锥形域, 则称数值方法为 A(α) **稳定**的.

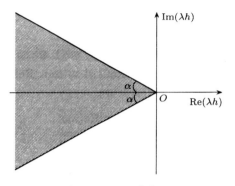

图 6.3　A(α) 稳定

　　定义 6.7.4　如果绝对稳定域包括图 6.4 中的区域, 其中 a, c 为正数, 则称数值方法为**刚性稳定**的.

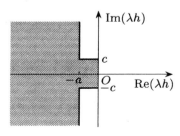

图 6.4　刚性稳定

　　首先注意任意 A(α) 稳定总是包括在一特定的刚性稳定域内. 为

进一步说明以上定义的思想, 我们设特征值为 $\lambda_j = a_j + \mathrm{i}b_j$, $a_j, b_j \in \mathbb{R}$, $a_j < 0$ $(j = 1, 2, \cdots, n)$, 并有 $|a_1| \leq |a_2| \leq \cdots \leq |a_n|$, 则刚性方程组的解的分量可表为

$$y(t) = C_1 \mathrm{e}^{(a_1 + \mathrm{i}b_1)t} + C_2 \mathrm{e}^{(a_2 + \mathrm{i}b_2)t} + \cdots + C_n \mathrm{e}^{(a_n + \mathrm{i}b_n)t} + \phi(t).$$

分以下几种情况讨论:

(1) 刚性比 $S \gg 1$, 但有 $|b_j|/|a_j| \leq \tan \alpha$.

此时, 无论 h 怎样选取, $\xi_j = (a_j + \mathrm{i}b_j)h$ 都将落在 A(α) 稳定区域内.

(2) $|a_j| \gg 1$, b_j 无限制.

此时, ξ_j 完全有可能落在 A(α) 稳定区域之外. 考查方程组解的分量中 λ_j 对应项 $C_j \mathrm{e}^{(a_j + \mathrm{i}b_j)t} = C_j \mathrm{e}^{a_j t}(\cos b_j t + \mathrm{i} \sin b_j t)$, 在忽略掉常数下其实部 $C_j \mathrm{e}^{a_j t} \cos b_j t$ 的图像如图 6.5. $|a_j|$ 决定了衰减速度, $|b_j|$ 决定了

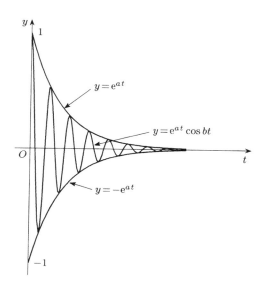

图 6.5 $|a_j| \gg 1$

振荡的频率. 由于 $|a_j| \gg 1$, 这项随着 t 增大将迅速收敛到 0. 此时, 无论 $|b_j|$ 有多大, 都不会对解产生很大影响. 这提示了此时对 h 不应

加过多限制. 这就是刚性稳定定义中要求 $|a_jh| \geq a$ 时, 对 b_j 无限制的原因.

(3) $|a_j| \sim O(1)$, $|b_j| \sim O(1)$.

此时 λ_j 对应项 $C_j\mathrm{e}^{(a_j+\mathrm{i}b_j)t} = C_j\mathrm{e}^{a_jt}(\cos b_jt + \mathrm{i}\sin b_jt)$, 其实部的图像如图 6.6 所示. 这项随着 t 增大衰减速度相对较慢, 振荡项 $|b_j|$ 对解的影响就不可忽略. 刚性稳定要求 $|a_jh| \leq a$ 时, $|b_jh| \leq c$, 就是说衰减不显著的情形下刚性稳定不允许振荡太剧烈, 此时要求有足够多的点把波形完全刻画清楚.

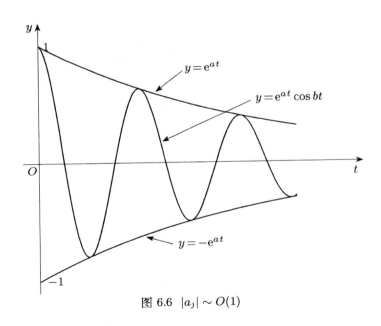

图 6.6 $|a_j| \sim O(1)$

(4) $|a_j| \sim O(1)$, $|b_j| \gg 1$.

此时刚性稳定和 $A(\alpha)$ 稳定都不能满足要求, 只有采用 A 稳定的数值格式.

关于刚性方程组进一步的讨论, 读者可参见文献 [23] 和 [16].

§6.8 分子动力学中的数值方法

分子动力学模拟可以看做现代计算科学的实验方法, 而广泛应用于计算化学、计算物理、材料科学以及生物科学.

分子动力学方法就是通过直接数值求解 N 个分子的运动方程, 得到这些分子每个时刻的坐标与动量, 即相空间中的轨迹, 从而用统计方法计算出多体系统的宏观性质.

一个经典体系的 Hamilton 量等于它的总能量:

$$H = H(\boldsymbol{r}, \boldsymbol{p}) = K(\boldsymbol{p}) + U(\boldsymbol{r}) = \sum_i \frac{p_i^2}{2m_i} + U(\boldsymbol{r}), \tag{6.8.1}$$

这里 $K(\boldsymbol{p})$ 是动能, $U(\boldsymbol{r})$ 为势能, p_i 是粒子 i 的动量, m_i 是粒子 i 的质量, r_i 是粒子 i 的位置.

由 Newton 第二定律有

$$F_i = m_i a_i = m_i \frac{\mathrm{d}^2 r_i}{\mathrm{d} t^2}, \tag{6.8.2}$$

这里 F_i 是作用于粒子 i 上的力,

$$F_i = -\nabla_i U(\boldsymbol{r}). \tag{6.8.3}$$

由 $H(\boldsymbol{r}, \boldsymbol{p})$ 的定义, 更加一般的运动方程式是

$$\begin{cases} \dfrac{\mathrm{d} r_i}{\mathrm{d} t} = \dfrac{\partial H(\boldsymbol{r}, \boldsymbol{p})}{\partial p_i}, \\ \dfrac{\mathrm{d} p_i}{\mathrm{d} t} = -\dfrac{\partial H(\boldsymbol{r}, \boldsymbol{p})}{\partial r_i}. \end{cases} \tag{6.8.4}$$

简单地说, 分子动力学方法就是求解方程组 (6.8.2) 或 (6.8.4).

下面, 我们只介绍常用的分子动力学数值方法, 而不涉及分子动力学的其他方面, 对分子动力学有兴趣的读者可参阅文献 [6]. 方程组 (6.8.2) 是二阶常微分方程组, 方程组 (6.8.4) 是一阶常微分方程组,

前面我们介绍的常微分方程组数值方法都可以应用到这两个方程组上. 但分子动力学方法考虑的粒子数目非常巨大, 为了节省计算量和内存, 常用的分子动力学数值方法为 Verlet 方法、蛙跳格式和速度 Verlet 方法.

(1) **Verlet 方法**:

由 Taylor 展式有

$$r_{n+1} = r_n + v_n\Delta t + \frac{1}{2}\cdot\frac{F_n}{m}\Delta t^2 + O(\Delta t^3),$$

$$r_{n-1} = r_n - v_n\Delta t + \frac{1}{2}\cdot\frac{F_n}{m}\Delta t^2 - O(\Delta t^3),$$

这里 Δt 是时间步长, $r_n = r(n\Delta t)$. 上面两式相加, 可得

$$r_{n+1} = 2r_n - r_{n-1} + \frac{F_n}{m}\Delta t^2 + O(\Delta t^4),$$

然后应用中心差商可得到

$$v_n = \frac{r_{n+1} - r_{n-1}}{2\Delta t} + O(\Delta t^2). \tag{6.8.5}$$

Verlet 方法的长处是位移计算不依赖于速度而且非常精确, 但计算出的速度不够精确.

(2) **蛙跳格式**:

$$\begin{cases} r_{n+1} = r_n + v_{n+\frac{1}{2}}\Delta t, \\[2mm] v_{n+\frac{1}{2}} = v_{n-\frac{1}{2}} + \dfrac{F_n}{m}\Delta t, \end{cases} \tag{6.8.6}$$

这里 $v_{n\pm\frac{1}{2}}$ 表示 $t_n \pm \frac{1}{2}\Delta t$ 时刻的速度场. 对当前时刻的速度场可用公式

$$v_n = \frac{1}{2}(v_{n+\frac{1}{2}} + v_{n-\frac{1}{2}})$$

得到.

蛙跳格式的长处是改进了速度场的精度, 不足之处是得到的当前时间速度场的精度仍不满意.

(3) **速度 Verlet 方法**:

$$\begin{cases} \boldsymbol{r}_{n+1} = \boldsymbol{r}_n + \boldsymbol{v}_n \Delta t + \dfrac{1}{2} \cdot \dfrac{\boldsymbol{F}_n}{m} \Delta t^2 \\ \boldsymbol{v}_{n+1} = \boldsymbol{v}_n + \dfrac{1}{2} \left(\dfrac{\boldsymbol{F}_{n+1}}{m} + \dfrac{\boldsymbol{F}_n}{m} \right) \Delta t. \end{cases} \tag{6.8.7}$$

速度 Verlet 方法的长处是格式非常稳定，计算出的速度也比较精确，不足之处是计算量比 Verlet 方法和蛙跳格式稍大. 速度 Verlet 方法是应用最多的分子动力学数值方法.

§6.9 Hamilton 系统的辛几何算法

Hamilton 体系是动力系统的一个重要体系，它反映了一切无耗散的真实物理过程. 因此，要求计算 Hamilton 系统的数值方法也是无耗散的. 经典的常微分方程的数值方法，例如 Runge-Kutta 方法等，一般都不适合于这类问题的计算，这主要是由于它们是耗散的算法，会导致相应的 Hamilton 系统总能量随时间呈线性变化 (即计算中能量误差有线性积累)，从而导致对系统长期演化性态研究的失败. Hamilton 体系出现于很多学科领域，例如流体力学、弹性力学、天体力学、几何光学、分子动力学、等离子体物理和最优控制等. Hamilton 力学研究的基础是辛 (symplectic) 几何，因而 Hamilton 力学计算的数值方法的研究也离不开辛几何.

辛几何的历史可追溯到 19 世纪，英国天文学家 Hamilton 为了研究 Newton 力学，引进广义坐标和广义动量来表示系统的能量，即 Hamilton 函数. 对于自由度是 n 的系统，n 个广义坐标和 n 个广义动量张成 $2n$ 维相空间. 于是，Newton 力学就成为相空间中的几何学，用现代观点来看，这就是一种辛几何学.

冯康首先于 1984 年注意到辛几何在数值分析中的应用，并提出了辛算法，从而开创了 Hamilton 力学的新的计算方法研究. 辛算法的出发点是分析力学中的基本定理：系统的解是一个单参数的保积变换 (即辛变换)，即使得离散方程保持原来连续系统的辛结构.

在这一节，我们将在简单介绍辛几何和辛代数的基础上，介绍

Hamilton 系统的两类辛格式: 线性 Hamilton 系统的中心 Euler 格式和一般的辛 Runge-Kutta 方法.

6.9.1 辛几何与辛代数的基本概念

首先叙述一下 Hamilton 力学的要素和记号. 设 $H(\boldsymbol{p}, \boldsymbol{q})$ 是 $2n$ 个变量 $p_1, p_2, \cdots, p_n, q_1, q_2, \cdots, q_n$ 的可微函数, 其中 $p_i = p_i(t)$, $q_i = q_i(t)$, 则 Hamilton 系统一般可以写成

$$\begin{cases} \dfrac{\mathrm{d}\boldsymbol{p}}{\mathrm{d}t} = -H_{\boldsymbol{q}}(\boldsymbol{p}, \boldsymbol{q}), \\ \dfrac{\mathrm{d}\boldsymbol{q}}{\mathrm{d}t} = H_{\boldsymbol{p}}(\boldsymbol{p}, \boldsymbol{q}), \end{cases} \tag{6.9.1}$$

其中 $\boldsymbol{p} = (p_1, p_2, \cdots, p_n)^{\mathrm{T}}$, $\boldsymbol{q} = (q_1, q_2, \cdots, q_n)^{\mathrm{T}}$, 函数 H 被称为系统的 **Hamilton 函数**. 如果记

$$\boldsymbol{z} = \begin{pmatrix} \boldsymbol{p} \\ \boldsymbol{q} \end{pmatrix}, \quad \boldsymbol{J}_{2n} = \begin{pmatrix} \boldsymbol{O} & \boldsymbol{I}_n \\ -\boldsymbol{I}_n & \boldsymbol{O} \end{pmatrix},$$

则方程组 (6.9.1) 又可写成

$$\frac{\mathrm{d}\boldsymbol{z}}{\mathrm{d}t} = \boldsymbol{J}_{2n}^{-1} H_{\boldsymbol{z}} = \boldsymbol{J}_{2n}^{-1} \begin{pmatrix} H_{\boldsymbol{p}} \\ H_{\boldsymbol{q}} \end{pmatrix}. \tag{6.9.2}$$

这里 $\boldsymbol{I}_n$ 是 n 阶单位矩阵. 不难知, 矩阵 $\boldsymbol{J}_{2n}$ 具有如下基本性质:

引理 6.9.1 (1) $\boldsymbol{J}_{2n}^{-1} = \boldsymbol{J}_{2n}^{\mathrm{T}} = -\boldsymbol{J}_{2n}$, $\boldsymbol{J}_{2n}\boldsymbol{J}_{2n} = -\boldsymbol{I}_{2n}$;

(2) 对任意向量 $\boldsymbol{v} \in \mathbb{R}^{2n}$, 有 $\boldsymbol{v}^{\mathrm{T}} \boldsymbol{J}_{2n} \boldsymbol{v} = 0$;

(3) 如果 $\boldsymbol{A}$ 是对称矩阵, 则 $\boldsymbol{B}^{\mathrm{T}} \boldsymbol{J}_{2n} + \boldsymbol{J}_{2n} \boldsymbol{B} = \boldsymbol{O}$, 其中 $\boldsymbol{B} = \boldsymbol{J}_{2n} \boldsymbol{A}$.

既然 Hamilton 力学是相空间上的几何学 (辛几何), 那么辛几何与通常的欧几里得几何 (欧氏几何) 有什么差别呢? 概括说来, 欧氏几何是研究长度的几何学, 而辛几何则是研究面积的几何学.

欧氏空间 $\mathbb{R}^n = \{\boldsymbol{x} | \boldsymbol{x} = (x_1, x_2, \cdots, x_n)\}$ 的欧几里得结构取决于双线性对称的非退化内积:

$$(\boldsymbol{x}, \boldsymbol{y}) = \boldsymbol{x}^{\mathrm{T}} \boldsymbol{I}_n \boldsymbol{y}.$$

由于非退化, 所以当 $\boldsymbol{x} \neq \boldsymbol{0}$ 时, $(\boldsymbol{x}, \boldsymbol{x})$ 恒正, 因而, 我们可以定义长度 $\|\boldsymbol{x}\| = \sqrt{(\boldsymbol{x}, \boldsymbol{x})}$. 保持内积 (即长度) 不变即满足 $\boldsymbol{A}^{\mathrm{T}} \boldsymbol{A} = \boldsymbol{I}_n$ 的线性变换 $\boldsymbol{A}$ 组成一个正交群, 它的李代数由满足 $\boldsymbol{A}^{\mathrm{T}} + \boldsymbol{A} = \boldsymbol{O}$ 的线性变换 $\boldsymbol{A}$ 即反对称变换组成, 也就是无穷小正交变换所组成. 欧氏几何的正交基 $\{\boldsymbol{e}_1, \boldsymbol{e}_2, \cdots, \boldsymbol{e}_n\}$ 满足 $(\boldsymbol{e}_i, \boldsymbol{e}_j) = \delta_{ij}$, 其任何一个子集 V 均有正交补集 $V^\perp = \{\boldsymbol{x} \in \mathbb{R}^n | (\boldsymbol{x}, \boldsymbol{y}) = 0, \ \forall \boldsymbol{y} \in V\}$.

$\mathbb{R}^{2n} = \{\boldsymbol{x} | \boldsymbol{x} = (x_1, \cdots, x_n, x_{n+1}, \cdots, x_{2n})\}$ 上辛几何是相空间中的几何学, 是具有特定的辛结构的相空间, 它取决于一个双线性反对称的非退化的内积 —— 辛内积:

$$[\boldsymbol{x}, \boldsymbol{y}] = (\boldsymbol{x}, \boldsymbol{J}_{2n} \boldsymbol{y}) = \boldsymbol{x}^{\mathrm{T}} \boldsymbol{J}_{2n} \boldsymbol{y} = \sum_{i=1}^n (x_i y_{n+i} - x_{n+i} y_i).$$

当 $n = 1$ 时, 辛内积变为

$$[\boldsymbol{x}, \boldsymbol{y}] = x_1 y_2 - x_2 y_1.$$

它恰好就是以向量 $\boldsymbol{x}, \boldsymbol{y}$ 为边的平行四边形的面积, 因而, 辛内积一般说来是面积度量. 由于内积的反对称性, 对于任意向量 $\boldsymbol{x}$ 恒有 $[\boldsymbol{x}, \boldsymbol{x}] = 0$, 因此不能由辛内积导致长度的概念. 这是辛几何与欧氏几何根本的差别. 辛几何的正交基 $\{\boldsymbol{e}_1, \cdots, \boldsymbol{e}_n, \boldsymbol{e}_{n+1}, \cdots, \boldsymbol{e}_{2n}\}$ 满足 $[\boldsymbol{e}_i, \boldsymbol{e}_j] = [\boldsymbol{e}_{n+i}, \boldsymbol{e}_{n+j}] = 0$ 和 $[\boldsymbol{e}_i, \boldsymbol{e}_{n+j}] = [\boldsymbol{e}_{n+i}, \boldsymbol{e}_j] = \delta_{ij} \ (i, j = 1, 2, \cdots, n)$. 此外, 对任何 $V \subset \mathbb{R}^{2n}$, 存在斜交补集:

$$V^\perp = \{\boldsymbol{x} \in \mathbb{R}^{2n} | [\boldsymbol{x}, \boldsymbol{y}] = 0, \ \forall \boldsymbol{y} \in V\}.$$

保持辛内积不变即满足 $\boldsymbol{A}^{\mathrm{T}} \boldsymbol{J}_{2n} \boldsymbol{A} = \boldsymbol{J}_{2n}$ 的线性变换 $\boldsymbol{A}$ 组成一个群, 它是一个典型的李群. 它的李代数则由满足 $\boldsymbol{B}^{\mathrm{T}} \boldsymbol{J}_{2n} + \boldsymbol{J}_{2n} \boldsymbol{B} = \boldsymbol{O}$ 的线性变换 $\boldsymbol{B}$ 组成. 由于奇数维空间中不存在非退化的反对称阵, 因此辛空间一定是偶数维空间.

定义 6.9.1 设 V 是定义在实数域 $\mathbb{R}$ 上的向量空间. 如果在 $V \times V$ 上定义的映射 ω 满足下列性质:

(1) **双线性**: 对 $\forall \boldsymbol{x}, \boldsymbol{x}_1, \boldsymbol{x}_2, \boldsymbol{y}, \boldsymbol{y}_1, \boldsymbol{y}_2 \in V$ 有

$$\omega(\lambda_1 \boldsymbol{x}_1 + \lambda_2 \boldsymbol{x}_2, \boldsymbol{y}) = \omega(\lambda_1 \boldsymbol{x}_1, \boldsymbol{y}) + \omega(\lambda_2 \boldsymbol{x}_2, \boldsymbol{y}),$$

$$\omega(\boldsymbol{x}, \lambda_1 \boldsymbol{y}_1 + \lambda_2 \boldsymbol{y}_2) = \omega(\boldsymbol{x}, \lambda_1 \boldsymbol{y}_1) + \omega(\boldsymbol{x}, \lambda_2 \boldsymbol{y}_2),$$

其中 λ_1 和 λ_2 是两个任意常数;

(2) **非退化**: 如果 $\boldsymbol{x} \in V$ 满足 $\omega(\boldsymbol{x}, \boldsymbol{y}) = 0, \forall \boldsymbol{y} \in V$, 则有 $\boldsymbol{x} = \boldsymbol{0}$;

(3) **反对称**: 对 $\forall \boldsymbol{x}, \boldsymbol{y} \in V$, $\omega(\boldsymbol{x}, \boldsymbol{y}) = -\omega(\boldsymbol{y}, \boldsymbol{x})$,

则我们称 (V, ω) 是**辛空间**, ω 是一个**辛映射** 或**辛结构**.

定义 6.9.2 称一个线性变换 $S : \mathbb{R}^{2n} \to \mathbb{R}^{2n}$ 是**辛变换**, 如果它保持内积 $[S\boldsymbol{x}, S\boldsymbol{y}] = [\boldsymbol{x}, \boldsymbol{y}], \forall \boldsymbol{x}, \boldsymbol{y} \in \mathbb{R}^{2n}$.

定理 6.9.1 辛空间上的一个线性变换 S 是辛的充分必要条件是

$$\boldsymbol{S}^{\mathrm{T}} \boldsymbol{J}_{2n} \boldsymbol{S} = \boldsymbol{J}_{2n},$$

其中 $\boldsymbol{S}^{\mathrm{T}}$ 是 $\boldsymbol{S}$ 的转置.

定义 6.9.3 一个 $2n$ 阶**矩阵** S **是辛的**, 如果

$$\boldsymbol{S}^{\mathrm{T}} \boldsymbol{J}_{2n} \boldsymbol{S} = \boldsymbol{J}_{2n}.$$

所有辛矩阵组成一个群, 我们称之为**辛群**, 用符号 $Sp(2n)$ 来表示.

定理 6.9.2 如果 $S \in Sp(2n)$, 则

(1) $\det \boldsymbol{S} = 1$;

(2) $\boldsymbol{S}^{-1} = -\boldsymbol{J}_{2n} \boldsymbol{S}^{\mathrm{T}} \boldsymbol{J}_{2n} = \boldsymbol{J}_{2n}^{-1} \boldsymbol{S}^{\mathrm{T}} \boldsymbol{J}_{2n}$;

(3) $\boldsymbol{S} \boldsymbol{J}_{2n} \boldsymbol{S}^{\mathrm{T}} = \boldsymbol{J}_{2n}$.

定理 6.9.3 矩阵

$$\begin{pmatrix} \boldsymbol{I}_n & \boldsymbol{B} \\ \boldsymbol{O} & \boldsymbol{I}_n \end{pmatrix}, \quad \begin{pmatrix} \boldsymbol{I}_n & \boldsymbol{O} \\ \boldsymbol{D} & \boldsymbol{I}_n \end{pmatrix}$$

是辛的, 当且仅当 $\boldsymbol{B}^{\mathrm{T}} = \boldsymbol{B}, \boldsymbol{D}^{\mathrm{T}} = \boldsymbol{D}$. 这里 $\boldsymbol{I}_n$ 为 n 阶单位矩阵.

定义 6.9.4 称一个 $2n$ 阶矩阵 $\boldsymbol{B}$ 是**无穷小辛矩阵**, 如果

$$\boldsymbol{B}^{\mathrm{T}} \boldsymbol{J}_{2n} + \boldsymbol{J}_{2n} \boldsymbol{B} = \boldsymbol{O}.$$

所有无穷小辛矩阵相对于对易运算 $[\boldsymbol{A}, \boldsymbol{B}] = \boldsymbol{A}\boldsymbol{B} - \boldsymbol{B}\boldsymbol{A}$ 组成一个**李代数**, 用符号 $sp(2n)$ 来表示.

例 6.9.1 设 F 和 G 是定义在相空间 $\mathbb{R}^{2n}$ 上的关于

$$(p_1, \cdots, p_n, q_1, \cdots, q_n)$$

的实值函数, 定义 **Poisson 括号**为

$$\{F, G\} = \sum_{i=1}^{n} \left(\frac{\partial F}{\partial q_i} \cdot \frac{\partial G}{\partial p_i} - \frac{\partial F}{\partial p_i} \cdot \frac{\partial G}{\partial q_i} \right).$$

显然, 这是一个双线性反对称变换, 且满足 Jacobi 条件:

$$\{F, \{G, H\}\} + \{G, \{H, F\}\} + \{H, \{F, G\}\} = 0.$$

所有定义在 $\mathbb{R}^{2n}$ 上无穷次可微实值函数和 Poisson 括号运算就形成一个李代数. 此外, Poisson 括号运算还满足 Leibniz 法则:

$$\{F, G \cdot H\} = \{F, G\} \cdot H + G \cdot \{F, H\},$$

其中 "·" 是通常的实函数的乘法运算.

引理 6.9.2 矩阵 $\boldsymbol{B}$ 是无穷小辛矩阵当且仅当 $\boldsymbol{B} = \boldsymbol{J}_{2n}\boldsymbol{A}$, 其中 $\boldsymbol{A}$ 是对称矩阵.

证明 由无穷小辛矩阵的定义, 可知 $\boldsymbol{B}^{\mathrm{T}}\boldsymbol{J}_{2n} + \boldsymbol{J}_{2n}\boldsymbol{B} = \boldsymbol{O}$, 又由 $\boldsymbol{J}_{2n}$ 的性质 $\boldsymbol{J}_{2n} = -\boldsymbol{J}_{2n}^{\mathrm{T}}$, 得 $(\boldsymbol{J}_{2n}\boldsymbol{B})^{\mathrm{T}} = \boldsymbol{J}_{2n}\boldsymbol{B}$. 令 $\boldsymbol{A} = -\boldsymbol{J}_{2n}\boldsymbol{B}$ 即可.

定理 6.9.4 如果 $\boldsymbol{B} \in sp(2n)$, 则 $\exp(\boldsymbol{B})^{①} \in Sp(2n)$.

证明留作习题.

定理 6.9.5 如果 $\boldsymbol{B} \in sp(2n)$, 而且 $|\boldsymbol{I}_{2n} + \boldsymbol{B}| \neq 0$, 则有

$$\boldsymbol{F} \triangleq (\boldsymbol{I}_{2n} + \boldsymbol{B})^{-1}(\boldsymbol{I}_{2n} - \boldsymbol{B}) \in Sp(2n).$$

此时我们称 $\boldsymbol{F}$ 是 $\boldsymbol{B}$ 的 **Cayley 变换**.

证明留作习题.

---

① $\exp(\boldsymbol{B}) \triangleq \sum_{n=0}^{\infty} \dfrac{\boldsymbol{B}^n}{n!}$.

6.9.2   线性 Hamilton 系统的辛差分格式

任何一个差分格式不论是显式或隐式的, 它都能看成从上一时刻到下一时刻的映射, 如果这个映射是辛的, 我们就说差分格式是辛格式. 首先考虑线性 Hamilton 系统, 即 Hamilton 函数 H 是 z 的二次型:

$$H(z) = \frac{1}{2}z^{\mathrm{T}}Sz, \quad S^{\mathrm{T}} = S.$$

此时, 系统 (6.9.1) 的具体形式是

$$\frac{\mathrm{d}z}{\mathrm{d}t} = Bz, \quad B = J_{2n}^{-1}S. \tag{6.9.3}$$

由于 B 是无穷小辛矩阵, 即 $B \in sp(2n)$, 所以 $\exp(tB)$ 是辛矩阵.

系统 (6.9.3) 的解表示式 $z(t) = \exp(tB)z(0)$ 可以看做无穷小辛矩阵指数变换.

定理 6.9.6   线性 Hamilton 系统的加权格式

$$\frac{z_{m+1} - z_m}{h} = B[\alpha z_{m+1} + (1-\alpha)z_m] \tag{6.9.4}$$

是辛的, 当且仅当 $\alpha = \frac{1}{2}$, 即 (6.9.4) 是中点 Euler 公式. 此时, z_m 到 z_{m+1} 的变换可表示成下列形式:

$$z_{m+1} = F_h z_m, \quad F_h = \psi\left(-\frac{h}{2}B\right), \tag{6.9.5}$$

其中 $\psi(\lambda) = \dfrac{1-\lambda}{1+\lambda}$.

假设给定的 Hamilton 系统是可分的, 即

$$H(p, q) = \frac{1}{2}p^{\mathrm{T}}Up + \frac{1}{2}q^{\mathrm{T}}Vq, \tag{6.9.6}$$

其中

$$S = \begin{pmatrix} U & O \\ O & V \end{pmatrix},$$

$U^{\mathrm{T}} = U$ 且正定, $V^{\mathrm{T}} = V$, 则系统 (6.9.3) 变成

$$\frac{\mathrm{d}p}{\mathrm{d}t} = -Vq, \quad \frac{\mathrm{d}q}{\mathrm{d}t} = Up. \tag{6.9.7}$$

这时, 中点 Euler 公式 (6.9.4) 可写成

$$\frac{p_{m+1} - p_m}{h} = -V\frac{q_{m+1} + q_m}{2}, \tag{6.9.8}$$

$$\frac{q_{m+1} - q_m}{h} = U\frac{p_{m+1} + p_m}{2} \tag{6.9.9}$$

或

$$\begin{pmatrix} p_{m+1} \\ q_{m+1} \end{pmatrix} = \begin{pmatrix} I_n & \frac{h}{2}V \\ -\frac{h}{2}U & I_n \end{pmatrix}^{-1} \begin{pmatrix} I_n & -\frac{h}{2}V \\ \frac{h}{2}U & I_n \end{pmatrix} \begin{pmatrix} p_m \\ q_m \end{pmatrix}. \tag{6.9.10}$$

对于可分系统 (6.9.7), 我们还可以构造显式辛差分格式, 例如

$$\begin{cases} p_{m+1} = p_m - hVq_{m+1/2}, \\ q_{m+1} = q_m + hUp_{m+1/2}. \end{cases} \tag{6.9.11}$$

此时 p 在整点 $x_m = mh$ 处计算, 而 q 是在半点 $x_{m+1/2} = \left(m + \frac{1}{2}\right)h$ 处计算, 可以表示为

$$\begin{pmatrix} p_{m+1} \\ q_{m+3/2} \end{pmatrix} = \begin{pmatrix} I_n & O \\ -hU & I_n \end{pmatrix}^{-1} \begin{pmatrix} I_n & -hV \\ O & I_n \end{pmatrix} \begin{pmatrix} p_m \\ q_{m+1/2} \end{pmatrix}. \tag{6.9.12}$$

Cayley 变换可以作进一步的推广.

定理 6.9.7 设函数 $\psi(\lambda)$ 满足: 它在 $\lambda = 0$ 处能展成幂级数, $\psi(\lambda)\psi(-\lambda) = 1$ 和 $\psi'(0) \neq 0$, $\psi(0) = 1$. 如果 $B \in sp(2n)$, 则 $\psi(hB)$ 是辛阵 (我们称 ψ 是无穷小辛阵 hB 的 Cayley 变换).

现在考虑 e^x 的有理逼近

$$\mathrm{e}^x \approx \frac{P_l(x)}{Q_n(x)},$$

其中 $P_l(x)$ 和 $Q_n(x)$ 分别是 x 的 l 次和 n 次多项式, 且 $Q_n(0) \neq 0$. 对每对整数 l, n 都可选择适当的多项式 $P_l(x)$ 和 $Q_n(x)$, 使得 $\dfrac{P_l(x)}{Q_n(x)}$ 在原点的 Taylor 展式与 e^x 的有尽可能多相同的主项. 显然有

$$\mathrm{e}^x - \frac{P_l(x)}{Q_n(x)} = O(|x|^{l+n+1}).$$

特别地, e^x 具有如下形式的有理逼近:

$$\mathrm{e}^x = \frac{P_n(x)}{P_n(-x)} + O(|x|^{2n+1}),$$

其中

$$P_0(\lambda) = 1,$$
$$P_1(\lambda) = 2 + \lambda,$$
$$P_2(\lambda) = 12 + 6\lambda + \lambda^2,$$
$$P_3(\lambda) = 120 + 60\lambda + 12\lambda^2 + \lambda^3,$$
$$\cdots\cdots\cdots\cdots\cdots\cdots\cdots$$
$$P_n(\lambda) = 2(2n-1)P_{n-1}(\lambda) + \lambda^2 P_{n-2}(\lambda),$$
$$\cdots\cdots\cdots\cdots\cdots\cdots\cdots$$

如果记 $\psi(x) = \dfrac{P_n(x)}{P_n(-x)}$, 则不难知道函数 $\psi(x)$ 满足定理 6.9.7 的假设条件. 因而, 我们有下述定理:

定理 6.9.8　Hamilton 系统的差分格式

$$\boldsymbol{z}_{m+1} = \frac{P_n(h\boldsymbol{B})}{P_n(-h\boldsymbol{B})}\boldsymbol{z}_m, \quad n = 1, 2 \tag{6.9.13}$$

是辛的, 具有 $2n$ 阶精度, 且与方法 (6.9.1) 有相同的双线性不变量.

　　例 6.9.2　当 $n = 1$ 时, 格式 (6.9.13) 变为具有二阶精度的中心 Euler 公式, 即

$$\boldsymbol{z}_{m+1} = \boldsymbol{z}_m + \frac{h\boldsymbol{B}}{2}(\boldsymbol{z}_m + \boldsymbol{z}_{m+1}).$$

例 6.9.3 当 $n = 2$ 时, 格式 (6.9.13) 上有四阶精度, 具体形式是:

$$z_{m+1} = z_m + \frac{h\boldsymbol{B}}{2}(z_m + z_{m+1}) + \frac{h^2\boldsymbol{B}^2}{12}(z_m - z_{m+1}).$$

6.9.3 辛 Runge-Kutta 方法

将方程 (6.9.1) 表示为

$$\frac{\mathrm{d}z}{\mathrm{d}t} = \boldsymbol{f}(z), \quad \boldsymbol{f}(z) = \begin{pmatrix} -H_{\boldsymbol{q}} \\ H_{\boldsymbol{p}} \end{pmatrix}, \tag{6.9.14}$$

并考虑如下形式的 s 级 Runge-Kutta 方法

$$\begin{cases} z_{m+1} = z_m + h\displaystyle\sum_{i=1}^{s} c_i \boldsymbol{f}(\boldsymbol{K}_i), \\[2mm] \boldsymbol{K}_i = z_m + h\displaystyle\sum_{j=1}^{s} b_{ij}\boldsymbol{f}(\boldsymbol{K}_j), \quad 1 \le i \le s. \end{cases} \tag{6.9.15}$$

定理 6.9.9 Runge-Kutta 方法 (6.9.15) 是辛的, 如果

$$c_i b_{ij} + c_j b_{ji} = c_i c_j, \quad i, j = 1, 2, \cdots, s$$

或者

$$\boldsymbol{CB} + \boldsymbol{B}^{\mathrm{T}}\boldsymbol{C} - \boldsymbol{cc}^{\mathrm{T}} = \boldsymbol{O}$$

成立, 其中 $\boldsymbol{C} = \mathrm{diag}(c_1, \cdots, c_s)$, $\boldsymbol{B} = (b_{ij})$, $\boldsymbol{c} = (c_1, \cdots, c_s)^{\mathrm{T}}$.

Gauss-Legendre 格式是唯一的具有 $2s$ 阶精度的 Runge-Kutta 方法, 且满足定理 6.9.9 的条件.

例 6.9.4 由定理 6.9.9 适当选取系数 c_i, b_{ij} 代入格式 (6.9.15) 可得到:

(1) 中点 Euler 公式

$$\begin{cases} z_{m+1} = z_m + h\boldsymbol{f}(\boldsymbol{K}_1), \\[2mm] \boldsymbol{K}_1 = z_m + \dfrac{h}{2}\boldsymbol{f}(\boldsymbol{K}_1), \end{cases}$$

或者写成

$$z_{m+1} = z_m + hf\left(\frac{z_{m+1} + z_m}{2}\right);$$

(2) 二级四阶隐式 Runge-Kutta 格式

$$\begin{cases} z_{m+1} = z_m + \dfrac{h}{2}[f(K_1) + f(K_2)], \\[2mm] K_1 = z_m + h\left[\dfrac{1}{4}f(K_1) + \left(\dfrac{1}{4} - \dfrac{1}{6}\sqrt{3}\right)f(K_2)\right], \\[2mm] K_2 = z_m + h\left[\left(\dfrac{1}{4} + \dfrac{1}{6}\sqrt{3}\right)f(K_1) + \dfrac{1}{4}f(K_2)\right]. \end{cases}$$

对可分系统即 $H(p, q) = U(p) + V(q)$, 可以构造如下显式 Runge-Kutta 型格式:

$$\begin{aligned} p^1 &= p_m + hc_1 f(q_m), & q^1 &= q_m + hd_1 g(p^1), \\ p^2 &= p^1 + hc_2 f(q^1), & q^2 &= q^1 + hd_2 g(p^2), \\ p^3 &= p^2 + hc_3 f(q^2), & q^3 &= q^2 + hd_3 g(p^3), \\ p_{m+1} &= p^3 + hc_4 f(q^3), & q_{m+1} &= q^3 + hd_4 g(p_{m+1}), \end{aligned}$$

其中 $f(q) = -H_q$ 和 $g(p) = H_p$. 如果系数 c_i 和 d_i 满足

$$c_1 = 0, \quad c_2 = c_4 = \frac{1}{3}(2 + \alpha), \quad c_3 = -\frac{1}{3}(1 + 2\alpha),$$

$$d_1 = d_4 = \frac{1}{6}(2 + \alpha), \quad d_2 = d_3 = \frac{1}{6}(1 - \alpha),$$

$$\alpha = 2^{1/3} + \left(\frac{1}{2}\right)^{1/3},$$

则格式是一个具有四阶精度且保持系统形如 $p^{\mathrm{T}} B p$ 二次守恒律的辛格式.

例 6.9.5　求解问题

$$\frac{\mathrm{d}z}{\mathrm{d}t} = Bz, \quad B = J_4^{-1} S,$$

其中 S 满足 $S^{\mathrm{T}} = S$, 这里取 S 的具体形式为

$$\begin{pmatrix} 4 & 3 & 2 & 1 \\ 3 & 4 & 3 & 2 \\ 2 & 3 & 4 & 3 \\ 1 & 2 & 3 & 4 \end{pmatrix}.$$

这个问题的解析解可以表示成 $z(t) = \exp(tB)z(0)$. 采用例 6.9.3 中的四阶格式和例 6.9.4 中四阶隐式 Runge-Kutta 格式, 并取 $z(0) = (1,1,1,1)^{\mathrm{T}}$, 表 6.16 和表 6.17 给出 $t = 2$ 时算法的 L_2 误差和精度.

表 6.16 例 6.9.2 中的四阶格式的算法误差和精度

步长	误差	精度 (阶)
h	0.00643389680824	
$h/2$	0.00040878965863	3.97626219191206
$h/4$	0.00002565163593	3.99423595865297
$h/8$	0.00000160481723	3.99856992750160
$h/16$	0.00000010032588	3.99964330579577

表 6.17 四阶隐式 Runge-Kutta 格式的算法误差和精度

步长	误差	精度 (阶)
h	0.00251678777632	
$h/2$	0.00016005358180	3.97495670087752
$h/4$	0.00001004397219	3.99415311847378
$h/8$	0.00000062837310	3.99856471611153
$h/16$	0.00000003928305	3.99964268580816

从前面的分析可知, 辛差分格式往往是隐式的, 只有对特殊的可分 Hamilton 系统, 利用显式和隐式交替技术可以建立本质上是显式的辛差分格式. 除了通过分析已知的算法并对其作适当改进或迭代建立辛算法外, 我们还可以从分析力学的角度出发, 利用生成函数理论构造种类繁多的任意阶精度的辛算法. 冯康等在发展算法的同时, 利用线性达布变换的框架构造了所有类型的生成函数与相应的 Hamilton-Jacobi 方程. 实践证明, Hamilton 算法 (即辛算法) 不仅是一种新的

数值方法, 它还具有严格保持 Hamilton 系统的辛结构的特点. 有限
阶辛算法的截断误差部分不会导致系统能量发生线性变化, 而仅对应
周期变化. 这一特征正是人们期望的, 特别是当对天体物理中的有关
问题作定性研究时, 由于辛算法能保持连续系统的辛结构, 它将不会
歪曲 Hamilton 系统的整体特征, 使得长期演化性态能较真实地反映
天体现象, 而能量又是系统运动的一个重要参数, 它的 "保持" 将使
得相应的数值结果更具有实际意义, 不至于出现一些非系统本身所具
有的 "计算机现象". 事实上, 辛算法除在定性问题的长期跟踪计算中
发挥传统方法无法比拟的优势外, 在天体物理学中的一些定量问题研
究中, 它也有着相应的特点, 并已逐渐被广泛采用.

§6.10   边 值 问 题

6.10.1   问题提法

实际问题中也常常碰到所谓两点边值问题, 形如:

$$\begin{cases} y'' = f(t, y(t), y'(t)), \quad t \in [a, b], \\ a_0 y(a) - a_1 y'(a) = \alpha, \\ b_0 y(b) + b_1 y'(b) = \beta. \end{cases} \tag{6.10.1}$$

要得到这样问题的解的存在唯一性非常困难, 即使是线性问题也一
样, 如

$$\begin{cases} y'' + \pi^2 y = 0, \\ y(0) = 0, \ y(1) = 1 \end{cases} \quad \text{及} \quad \begin{cases} y'' + \pi^2 y = 0, \\ y(0) = y(1) = 0, \end{cases}$$

其中左边的方程无解, 而右边的方程却有无穷多解.

对以下的问题, 我们均先假定解存在唯一.

6.10.2   打靶法

我们先考虑这样一个初值问题:

$$y'' = f(t, y, y'), \quad t \in [a, b], \tag{6.10.2}$$

满足初值条件

$$\begin{cases} a_0 y(a) - a_1 y'(a) = \alpha, \\ c_0 y(a) - c_1 y'(a) = s. \end{cases}$$

可以适当选取 c_0, c_1, 满足 $c_0 a_1 - c_1 a_0 = 1$. 这样, 方程的初值条件变为

$$\begin{cases} y(a) = a_1 s - c_1 \alpha, \\ y'(a) = a_0 s - c_0 \alpha. \end{cases} \tag{6.10.3}$$

以初值条件 (6.10.3) 解方程 (6.10.2) 可得解 $y(t; s)$. 如果 s 取得足够好, $y(t; s)$ 是方程 (6.10.1) 的解, 就应有

$$\phi(s) \triangleq b_0 y(b; s) + b_1 y'(b; s) - \beta = 0.$$

我们可以通过 Newton 迭代法求解方程 $\phi(s) = 0$ 来获得需要的 s. 设初始估计为 s_0, 则

$$s_{n+1} = s_n - \frac{\phi(s_n)}{\phi'(s_n)}, \quad n = 0, 1, 2, \cdots. \tag{6.10.4}$$

下面的问题是如何得到 $\phi'(s_n)$. 分别将式 (6.10.2) 和 (6.10.3) 两边对 s 求偏导, 得到

$$\begin{cases} (y_s)'' = f_2(t, y, y') y_s + f_3(t, y, y')(y_s)', \quad t \in [a, b], \\ y_s(a) = a_1, \\ (y_s)'(a) = a_0, \end{cases}$$

这里 $y_s = \dfrac{\partial y}{\partial s}$, $f_2(t, y, y') = \dfrac{\partial}{\partial y} f(t, y, y')$, $f_3(t, y, y') = \dfrac{\partial}{\partial y'} f(t, y, y')$. 注意到这是一个关于 y_s 的初值问题, 可将其与式 (6.10.3) 和 (6.10.2) 联立求得 $y_s(b; s_n)$ 和 $y_{st}(b; s_n)$, 进而得到 $\phi_s(s_n) = b_0 y_s(b, s_n) + b_1 y_{st}(b; s_n)$, 其中 $y_{st} = \dfrac{\partial^2 y}{\partial s \partial t}$.

总结步骤如下: 已知 s_n, 求解

$$\begin{cases} y_1' = y_2, \\ y_2' = f(t, y_1, y_2), \\ y_3' = y_4, \\ y_4' = f_2(t, y_1, y_2)y_3 + f_3(t, y_1, y_2)y_4, \end{cases}$$

其中初值为

$$\begin{cases} y_1(a) = a_1 s_n - c_1 \alpha, \\ y_2(a) = a_0 s_n - c_0 \alpha, \\ y_3(a) = a_1, \\ y_4(a) = a_0. \end{cases}$$

由常微分方程组的数值方法得 $y_i(b)$ $(i = 1, 2, 3, 4)$, 从而有

$$\phi(s_n) = b_0 y_1(b) + b_1 y_2(b) - \beta,$$
$$\phi'(s_n) = b_0 y_3(b) + b_1 y_4(b).$$

由式 (6.10.4) 得 s_{n+1}. 如此迭代, 即可得到令人满意的 s, 从而求得两点边值问题 (6.10.1) 的解.

如果设 $a_0 = 1$, $a_1 = 0$, $c_0 = 0$, $c_1 = -1$, 则初值条件 (6.10.3) 可写为

$$\begin{cases} y(a) = \alpha, \\ y'(a) = s. \end{cases}$$

我们可以把 $y(a)$ 形象地视为子弹射出的位置, $y'(a)$ 视为子弹射出的方向, 迭代求 s 的过程就是不断调整射出方向, 使子弹命中 "靶" $y(b) = \beta$. 这一过程可由图 6.7 说明, 这也正是**打靶法**名称的由来.

关于二阶线性常微分方程的边值问题, 还可采用针对椭圆型偏微分方程的变分方法, 在此不赘述, 读者可参见文献 [5].

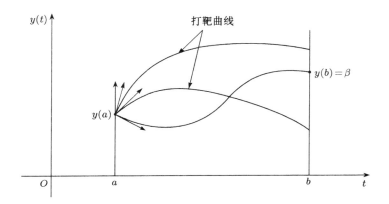

图 6.7　打靶法示意图

习　题　六

1. 试讨论方程 $\dfrac{\mathrm{d}y}{\mathrm{d}x} = \dfrac{y^2}{2} - 1$ 在什么区域中满足解的存在唯一性定理, 并求通过 $(0,0)$ 点的解的存在区间.

2. 对初值问题 $y' = 100y$, $y(0) = 1$, 用 Euler 方法求其数值解, 步长为 h. 如果给初值一个扰动 ε, 给出扰动后的数值解, 观察它们的差值并指出这说明了什么问题.

3. 分析隐式 Euler 方法的整体截断误差的阶, 从而说明它是一阶方法.

4. 给定二步方法:

$$y_{n+2} - (1+\alpha)y_{n+1} + \alpha y_n = \frac{h}{12}[(5+\alpha)f_{n+2} + 8(1-\alpha)f_{n+1} - (1+5\alpha)f_n],$$

其中 $-1 \le \alpha < 1$. 试求方法的绝对稳定域.

5. 证明对于任意参数 α, 下列格式是二阶的:

$$\begin{cases} y_{n+1} = y_n + \dfrac{1}{2}(k_2 + k_3), \\[2mm] k_1 = hf(x_n, y_n), \\[2mm] k_2 = hf(x_n + \alpha h, y_n + \alpha k_1), \\[2mm] k_3 = hf(x_n + (1-\alpha)h, y_n + (1-\alpha)k_2). \end{cases}$$

6. 确定下列隐式单步法的阶:

$$y_{n+1} = y_n + \frac{1}{6}h[4f(x_n, y_n) + 2f(x_{n+1}, y_{n+1}) + hf'(x_n, y_n)].$$

7. 考虑由增量函数

$$\phi(x, y, f, h) = f(x, y) + \frac{h}{2}g\Big[x + \frac{1}{3}h, y + \frac{1}{3}hf(x, y)\Big]$$

决定的单步方法, 其中 $g(x, y) = \dfrac{\partial}{\partial x}f(x, y) + f(x, y)\dfrac{\partial}{\partial y}f(x, y)$, 研究该方法的阶和收敛性.

8. 考虑如下的线性多步法:

$$y_{n+2} + (b-1)y_{n+1} - by_n = \frac{1}{4}h[(b+3)f_{n+2} + (3b+1)f_n].$$

对不同的参数 b 所得到的数值方法的精度相同吗? 为什么?

9. 求下列方程的刚性比, 如用四阶 Runge-Kutta 方法求解, 试问: 步长允许取多大才能保证计算的稳定性?

(1) $\begin{cases} u' = -10u + 9v, \\ v' = 10u - 11v; \end{cases}$　　(2) $\begin{cases} u' = 998u + 1998v, \\ v' = -999u - 1999v. \end{cases}$

10. 证明定理 6.9.4, 定理 6.9.5.

11. 证明定理 6.9.6 中, 当 $\alpha \neq \dfrac{1}{2}$ 时不是辛格式.

上机习题六

1. 分别用 Euler 方法和改进的 Euler 方法求解下列初值问题:

$$\begin{cases} y' = -\dfrac{1}{x^2} - \dfrac{y}{x} - y^2, & 1 \le x \le 2, \\ y(1) = -1. \end{cases}$$

比较它们的计算结果, 从中体会预估-校正的作用.

2. 刚性比是衡量问题困难程度的重要指标, 针对问题合理选择求解刚性问题的方法很重要. 请你尝试用不同方法求解下面的初值问题:

$$\begin{cases} y_1'(t) = -0.013y_1 - 1000y_1y_2, \\ y_2'(t) = -2500y_2y_3, \\ y_3'(t) = -0.013y_1 - 1000y_1y_2 - 2500y_2y_3, \\ y_1(0) = 1, \quad y_2(0) = 1, \quad y_3(0) = 0, \end{cases} \quad t \in [0, 10].$$

比较它们的求解结果和计算时间, 并分析它们的精度.

3. 用打靶法求解常微分方程边值问题:

$$\begin{cases} y'' + \dfrac{2}{x}y' - \dfrac{2}{x^2}y = \dfrac{\sin(\ln x)}{x^2}, & 1 \le x \le 2, \\ y(1) = 1, \quad y(2) = 2. \end{cases}$$

其精确解为

$$y(x) = c_1 x + \dfrac{c_2}{x^2} - \dfrac{3}{10}\sin(\ln x) - \dfrac{1}{10}\cos(\ln x),$$

其中

$$c_2 = \dfrac{1}{70}[8 - 12\sin(\ln 2) - 4\cos(\ln 2)],$$

$$c_1 = \dfrac{11}{10} - c_2.$$

从中体会边值问题和初值问题的基本差别.

4. (Lorenz 问题与混沌) 考虑著名的 Lorenz 方程

$$\begin{cases} \dfrac{\mathrm{d}x}{\mathrm{d}t} = \sigma(y - x), \\[2mm] \dfrac{\mathrm{d}y}{\mathrm{d}t} = \rho x - y - xz, \\[2mm] \dfrac{\mathrm{d}z}{\mathrm{d}t} = xy - \beta z, \end{cases}$$

其中 σ, ρ, β 为变化区域有一定限制的实参数. 该方程形式简单, 表面上看并无惊人之处, 但由该方程揭示出的许多现象, 促使 "混沌" 成为数学研究的崭新领域, 在实际应用中也产生了巨大的影响.

(1) 对取定的参数值 $\sigma = 10, \rho = 28, \beta = 8/3$, 选取不同的初值 (例如坐标原点), 观察计算的结果有什么特点? 解的曲线是否有界, 是不是周期的或者趋于某个固定的点?

(2) 在问题允许的范围内适当改变其中的参数值, 再选取不同的初值, 观察并记录计算的结果有什么特点? 是否发现什么不同的现象?

5. 考虑偏微分方程

$$\begin{cases} \dfrac{\partial u}{\partial t} + \dfrac{\partial u}{\partial x} = 0, \qquad 0 < x < 2\pi, \\[2mm] u|_{x=0} = u|_{x=2\pi}, \quad t > 0, \\[2mm] u|_{t=0} = \sin x. \end{cases}$$

分别运用 Euler 方法、二级二阶、三级三阶、四级四阶 Runge-Kutta 方法求解该方程. $\left(\text{提示: 首先对 } x \text{ 离散, 变为 } \dfrac{\partial u_i}{\partial t} + \dfrac{u_{i+1} - u_{i-1}}{2h} = 0\right)$

第七章 Monte Carlo 方法

§7.1 引   言

人类对自然界现象和社会经济活动的数学描述, 既有确定性的方法 (见文献 [27]), 也有随机性的方法 (见文献 [12]). 随机变量、随机过程以及随机微分方程等概率论中的数学工具为我们提供了描述和理解这些现象的另一种有力手段, 随之相应的, 为了解决复杂问题而对优秀随机算法的需求也日益迫切, 给当代科学和工程计算提出了新的课题. 从应用领域来看, 统计物理、量子化学、材料科学、高分子科学、生物数学的蓬勃发展, 经济预测、金融产品定价的定量分析都极大地刺激着随机模拟的应用和发展. 本章首先介绍 Monte Carlo 方法的基本原理和算法实现, 再介绍 Metropolis 算法和模拟退火算法. 读者可参考文献 [19].

一般我们所称呼的 Monte Carlo 方法是对任何利用随机数序列来做随机模拟的这类数值方法的统称, 该类方法的使用已达数世纪之久, 但是只在半个多世纪前才开始成长为应用于复杂性最高的问题的数值方法之一. Monte Carlo 本是摩纳哥 (Monaco) 的著名赌城, 第二次世界大战时期 N. Metropolis 在曼哈顿计划中取其博彩游戏和随机模拟算法二者的相似之处, 首次借用其名来作为随机模拟算法的名称.

Monte Carlo 方法不同于传统的数值离散方法, 因为后者往往应用于用常微分方程或者偏微分方程来描述的物理系统或者数学系统, 而应用 Monte Carlo 方法的很多领域, 并不需要这些微分方程来描述系统的行为, 而是直接模拟物理过程, 或使用 "概率密度函数" 这一概念来刻画所考查的系统. 从统计物理的角度来讲, 常见的问题是我们已知系统的大量粒子的运动分布规律 (概率密度函数), 而感兴趣的往往是这些大量粒子共同表现出来的宏观统计物理量, 比如温度、比热. 而从大量粒子的分布规律提取宏观的统计量, 本质上就是在所有粒子的相空间上求数学期望 (积分或者求和) 的过程. 由于粒子数非常庞大, 因此相空间的维数非常高, 高维数变量的数值积分就成为了一个不可回避的计算问题, 也成了 Monte Carlo 方法要解决的基本问题.

为了说明思想, 以下面简单的一维积分问题为例:

$$I(f) = \int_0^1 f(x)\mathrm{d}x. \tag{7.1.1}$$

传统的计算方法, 如梯形法:

$$I(f) \approx \left[\frac{1}{2}f(x_0) + \sum_{i=1}^{N-1} f(x_i) + \frac{1}{2}f(x_N)\right]h, \tag{7.1.2}$$

这里 $h = \dfrac{1}{N}$, $x_i = ih$ $(i = 0, 1, \cdots, N)$. 众所周知, 梯形法的精度为 $O(h^2) = O(N^{-2})$. 更多的其他数值求积的方法如矩形法、中点法及外推法等可见文献 [1].

Monte Carlo 方法把积分 $I(f)$ 看做某个随机变量的函数的数学期望 $I(f) = \mathrm{E}f(X)$, 这里 X 是服从区间 $[0,1]$ 上均匀分布的随机变量. 根据概率论中的弱大数定律 ①, 我们可以构造如下计算积分值的 **Monte Carlo 方法**:

$$I(f) \approx \frac{1}{N}\sum_{i=1}^{N} f(X_i) \triangleq I_N(f), \tag{7.1.3}$$

这里 X_i $(i = 1, 2, \cdots, N)$ 为独立同服从区间 $[0, 1]$ 上均匀分布的随机

---

① **弱大数律**: 设 X_n $(n = 1, 2, \cdots)$ 为独立同分布 (i.i.d.) 随机变量, $\eta = \mathrm{E}X_1$, $S_N = X_1 + X_2 + \cdots + X_N$. 如果 $\mathrm{E}|X_i| < +\infty$, 则当 $N \to \infty$ 时, $\dfrac{S_N}{N}$ 依概率收敛于 η, 即 $\dfrac{S_N}{N} \xrightarrow{P} \eta$.

变量 (以后简记为 i.i.d. $\mathcal{U}[0,1]$ 随机变量). 显然 $I_N(f)$ 依概率收敛到 $I(f)$, $I_N(f)$ 作为一个随机变量有性质

$$\mathrm{E}I_N(f) = \mathrm{E}\Big[\frac{1}{N}\sum_{i=1}^N f(X_i)\Big] = \frac{1}{N}\sum_{i=1}^N \int_0^1 f(x)\mathrm{d}x$$
$$= I(f). \tag{7.1.4}$$

此时误差估计 $e_N = |I_N(f) - I(f)|$ 仍旧是随机变量, 我们估计其 "均方误差":

$$\mathrm{E}|e_N|^2 = \mathrm{E}[I_N(f) - I(f)]^2 = \mathrm{E}\Big[\frac{1}{N}\sum_{i=1}^N(f(X_i) - I(f))\Big]^2$$

$$= \frac{1}{N^2}\sum_{i,j=1}^N \mathrm{E}[f(X_i) - I(f)][f(X_j) - I(f)]$$

$$= \frac{1}{N}\mathrm{E}[f(X_i) - I(f)]^2 = \frac{1}{N}\mathrm{Var}(f), \tag{7.1.5}$$

其中 $\mathrm{Var}(f)$ 为 $f(X)$ 的方差. 由 Schwartz 不等式有

$$\mathrm{E}|e_N| \leqslant \sqrt{\mathrm{E}|e_N|^2} = \sqrt{\frac{\mathrm{Var}(f)}{N}}. \tag{7.1.6}$$

如果 $f(X)$ 有有限方差, 则 Monte Carlo 方法在如上意义下具有半阶收敛性.

例 7.1.1 考查下面的数值积分例子:

$$\int_0^{\frac{\pi}{2}} \sin x\mathrm{d}x = 1. \tag{7.1.7}$$

由 Monte Carlo 方法有

$$\int_0^{\frac{\pi}{2}} \sin x\mathrm{d}x \approx \frac{1}{N}\sum_{i=1}^N \frac{\pi}{2}\sin\Big(\frac{\pi}{2}X_i\Big), \tag{7.1.8}$$

其中取 X_i $(i = 1, 2, \cdots, N)$ 为 i.i.d. $\mathcal{U}[0, 1]$ 随机变量. 固定 $m = 100$, 分别取 $N = 10, 20, 50, 100, 200, 500, 1000, 2000, 5000, 10000$, 定义 e_N^j $(j = 1, 2, \cdots, m)$ 为样本量 N 固定的情形下 m 次独立计算的误差,

$$e_N = \frac{1}{m} \sum_{j=1}^{m} e_N^j.$$ 以 $\ln N$ 为横坐标, 以 $\ln e_N$ 为纵坐标绘图如图 7.1 所

示, 从中不难看出半阶收敛速度.

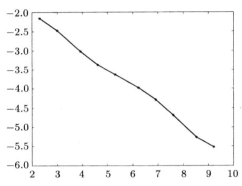

图 7.1 Monte Carlo 方法的半阶收敛性

对于一般的概率型积分:

$$\int f(x)p(x)\mathrm{d}x, \tag{7.1.9}$$

其中 $p(x)$ 为概率密度函数, 满足 $\int p(x)\mathrm{d}x = 1$ 和 $p(x) \geq 0$, 则上式

可以用 $\dfrac{1}{N} \displaystyle\sum_{i=1}^{N} f(X_i)$ 来近似, 且与前类似有相应的结果, 这里 X_i $(i =$

$1, 2, \cdots, N)$ 是以 $p(x)$ 为其分布密度的 i.i.d. 随机变量.

我们来看多变量积分的情形, 以体会 Monte Carlo 方法求解积分问题和其他经典数值积分公式的优劣. 我们考虑在 $\mathbb{R}^d$ 空间的超立方体 $\Omega = [0, 1]^d$ 中求解如下的积分问题:

$$I(f) = \int \cdots \int_{\Omega} f(\boldsymbol{x})p(\boldsymbol{x})\mathrm{d}\boldsymbol{x}, \tag{7.1.10}$$

其中函数 $p(\boldsymbol{x})$ 满足 $\int p(\boldsymbol{x})\mathrm{d}\boldsymbol{x} = 1$ 和 $p(\boldsymbol{x}) \geq 0$.

如果在每个坐标方向上将区间 $[0,1]$ 等距剖分 n 等份来利用中点公式进行数值积分, 容易证明此时的精度仍旧为 $O(n^{-2})$, 但是此时需要计算被积函数值和加法运算各 $N = n^d$ 次. 如果采用 Monte Carlo 方法, 产生 M 个 i.i.d 随机向量序列 $\boldsymbol{X}_1, \boldsymbol{X}_2, \cdots, \boldsymbol{X}_M$, 使得 $\boldsymbol{X}_i$ 的密度分布服从概率密度函数 $p(\boldsymbol{x})$, 令 $I_M = \dfrac{1}{M}\displaystyle\sum_{i=1}^{M} f(\boldsymbol{X}_i)$ 来近似 $I(f)$, 收敛阶为 $O(M^{-1/2})$, 需要计算被积函数值和加法运算各 M 次. 对于同一个算例, 两种方法若要达到相近的精度要求, 即 $M^{-1/2} = n^{-2} = N^{-2/d}$, 则 $M = N^{4/d}$. 这说明当 $d > 4$ 的时候, $M < N$, Monte Carlo 方法所需要的运算量小于梯形公式的运算量, 而且维数越高二者的运算量差别越大.

然而在统计物理中 (见文献 [25]), 我们经常要处理如下的典型问题: 求形如

$$\langle A \rangle \triangleq \frac{1}{Z} \int_{R^{6N}} A(c)\mathrm{e}^{-\beta H(c)}\mathrm{d}c \tag{7.1.11}$$

的积分平均, 这里 $Z = \displaystyle\int_{R^{6N}} \mathrm{e}^{-\beta H(c)}\,\mathrm{d}c$ 是所谓配分函数 (partition funtion), $\beta = (k_{\mathrm{B}}T)^{-1}$, k_{B} 是 Boltzmann 常数, T 是绝对温度, $\mathrm{d}c = \mathrm{d}x_1 \cdots \mathrm{d}x_N \mathrm{d}p_1 \cdots \mathrm{d}p_N$, N 是所考虑体系的粒子数. 如果模拟中取值 1000 个粒子, 则 Monte Carlo 方法做 100 个运算量 (暂且忽略产生随机数所需要的运算量) 达到的数值精度基本上需要梯形公式做 10^{3000} 次运算量才可匹敌, 后者的运算量对目前威力最大的计算机而言也是鞭长莫及的. 可见, 虽然 Monte Carlo 方法的半阶收敛性是非常糟糕的结果, 但是在处理维数很高的问题的时候几乎是唯一的选择, 因为这种方法受空间维数的制约远没有其他经典的数值离散方法大.

§7.2 随机数的产生

如前节所言, 要在计算机上实现 Monte Carlo 方法的首要任务就是

如何效率比较高地产生服从指定分布规律的随机数. 由于理论分析中的随机变量在计算机上是难以做到的, 而且在数值计算中要求数值实验有 "可重复性", 因而在计算中实际实现的是所谓 "伪随机数"(pseudo random). 即采用确定性算法产生貌似 "随机" 的数列, 而其性态能通过相应的统计检验, 因而能作为真正随机数的一种替代. 以下我们先介绍 $\mathcal{U}(0,1)$ 伪随机数的产生方法. 本节的重点是如何由此来构造满足其他分布规律的随机数发生器. 相关的参考文献有 [14].

7.2.1 $\mathcal{U}[0,1]$ 伪随机数的产生

1. "平方取中" 法 (Midsquare method)

在计算机发明的早期, Von Neumann 等人为使用伪随机数提出了 "平方取中" 法. 例如, 首先取一给定的四位数 3333, 将其平方, 得到 11108889; 然后取出其中间的一个数 1088, 将其平方, 得到 1183744. 循环前述过程, 进行下去, 把每个数除以 10^4 即产生区间 [0,1] 上均匀分布的伪随机数列. 显然, 这一方法最大循环长度不超过 10^4, 而且其统计结果并不理想, 但是这一算法在早期核反应计算中就已用到.

2. 线性同余法 (Linear congruential algorithm)

在 $\mathcal{U}[0,1]$ 的伪随机数发生器中, 最通用的是所谓线性同余法, 它们取如下的形式:

$$X_{n+1} = aX_n + b(\bmod m), \tag{7.2.1}$$

这里 a, b, m 是事先取定的自然数.

衡量伪随机数发生器好坏的一个重要标准是所谓最大循环长度 (cycle length). 在同样的计算时间内, 最大循环长度越大越好. 对线性同余法有下述定理:

定理 7.2.1 对线性同余法, 如果 a, b, m 的选择使得

(1) b 与 m 互素;

(2) $(a-1)$ 是 m 的任一奇数因子的倍数;

(3) 若 $m/4$, 则 $(a-1)/4$,

那么此伪随机数发生器的最大循环长度为 m, 即满长度.

满足定理 7.2.1 的一个自然的选择为

$$m = 2^k, \quad a = 4c + 1, \quad b \text{为奇数}.$$

3. 神奇的 "16807"

1969 年, Lewis, Goodman 和 Miller 提出了下述发生器:

$$X_{n+1} = aX_n \pmod{m}, \tag{7.2.2}$$

并且取 $a = 7^5 = 16807, m = 2^{31} - 1 = 2147483647$. Shrage 给出了一个在计算机上高效实现上述乘法同余的算法. 这样得到的伪随机数发生器最大循环长度可达到 2.1×10^9. 这个发生器通过了当时的所有理论测试, 被称为最小标准发生器 (Minimal standard generator)(意指其他的发生器如果要被接受, 至少要能达到这一发生器的质量).

后来, 基于这一方法, L'Ecuyer 采用所谓 Bays-Durham 洗牌算法 (见文献 [21]) 给出了一个更为强大的随机数发生器, 其最大循环长度达到约 2.3×10^{18}. 在数值计算的著名书籍 [31] 中, 给出了这一算法的具体实现程序 ran2( ). 该书作者声称, 如果有人能给出使用上述算法而导致系统性失败的案例, 将付款 1000 美元!

随机数发生器是进行随机模拟的基石, 如果没有一个可靠的随机数发生器, 一切的计算结果都不再可信. 笔者强烈建议读者使用经过大量测试的、成熟的随机数发生器程序包, 而不提倡自行编写此类程序. 另外, 对程序的选取也要慎重, 我们推荐文献 [31] 中的程序以及 www.netlib.org 上的随机数发生器.

7.2.2 一般分布的随机变量的产生

1. 变换法 (Transformation method)

命题 7.2.1 设随机变量 Y 的分布函数为 $F(y)$, 即

$$P\{Y \leqslant y\} = F(y). \tag{7.2.3}$$

如随机变量 $X \sim \mathcal{U}[0,1]$, 则 $Y = F^{-1}(X)$ 就满足所要求的分布.

证明 由 $X \sim \mathcal{U}[0,1]$, $Y = F^{-1}(X)$ 有

$$P\{Y \leqslant y\} = P\{F^{-1}(X) \leqslant y\}$$
$$= P\{X \leqslant F(y)\} = F(y). \tag{7.2.4}$$

证毕.

上述命题表明: 如果我们已有了服从 $\mathcal{U}[0,1]$ 分布的随机变量 X_i $(i = 1, 2, \cdots)$, 则 $Y_i = F^{-1}(X_i)$ 就是服从分布为 $F(y)$ 的随机变量. 命题 7.2.1 的几何意义是明显的. 在图 7.2 所示的随机变量 Y 的概率密度函数 $p(y)$ 的图形中, y_1 与 y_2 两个突起点表明其出现的概率较大, 于是其分布函数 $F(y)$ 的图形 7.3 中自然在 y_1, y_2 两点更加陡峭, 表现为对应横轴相同的长度在纵轴上的投影所占长度较大, 由于 X_i 服从 $\mathcal{U}[0,1]$ 分布, 自然使 y_1, y_2 及其紧邻点出现的几率较大.

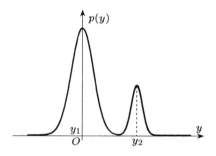

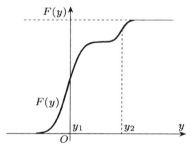

图 7.2 Y 的概率密度函数示意图   图 7.3 Y 的分布函数示意图

例 7.2.1 指数分布的概率密度为

$$p(y) = \begin{cases} 0, & y \leqslant 0, \\ \lambda e^{-\lambda y}, & y \geqslant 0, \end{cases} \tag{7.2.5}$$

其分布函数 $F(y) = \displaystyle\int_0^y p(z)\mathrm{d}z = 1 - e^{-\lambda y}$, 从而

$$F^{-1}(x) = -\frac{1}{\lambda}\ln(1-x), \quad x \in (0,1).$$

由变换法, 指数分布的随机变量可由公式

$$Y_i = -\frac{1}{\lambda}\ln(1 - X_i), \quad i = 1, 2, \cdots \tag{7.2.6}$$

产生, 这里 $X_i \sim \mathcal{U}(0,1)$.

例 7.2.2 正态分布的概率密度为

$$p(x) = \frac{1}{\sqrt{2\pi}}\mathrm{e}^{-\frac{x^2}{2}}, \tag{7.2.7}$$

其分布函数为

$$F(x) = \int_{-\infty}^{x} p(y)\mathrm{d}y = \frac{1}{2} + \frac{1}{2}\,\mathrm{erf}\left(\frac{x}{\sqrt{2}}\right), \tag{7.2.8}$$

这里 $\mathrm{erf}(x) = \frac{2}{\sqrt{\pi}}\int_{0}^{x}\mathrm{e}^{-t^2}\mathrm{d}t$ 为误差函数 (error function). 因此 $F^{-1}(x) = \sqrt{2}\mathrm{erf}^{-1}(2x-1)$. 但是此时变换法在计算机上不易实现, 因为 erf^{-1} 难于计算. 这也表明了变换法的局限性.

为生成标准正态分布, 我们介绍著名的 Box-Muller 方法.

2. Box-Muller 方法

为生成标准正态分布随机变量, 考虑在微积分中求 $\int_{-\infty}^{+\infty}\mathrm{e}^{-x^2}\mathrm{d}x$ 的技巧:

$$\left(\int_{-\infty}^{+\infty}\mathrm{e}^{-x^2}\mathrm{d}x\right)^2 = \int_{-\infty}^{+\infty}\int_{-\infty}^{+\infty}\mathrm{e}^{-(x^2+y^2)}\mathrm{d}x\mathrm{d}y$$

$$= \int_{0}^{+\infty}\int_{0}^{2\pi}\mathrm{e}^{-r^2}r\mathrm{d}r\mathrm{d}\theta = \pi, \tag{7.2.9}$$

即将一个一维积分变成二维积分之后再采取极坐标换元策略. Box-Muller 方法也采用这一思想. 令 $(x_1, x_2) = (r\cos\theta, r\sin\theta)$, 则

$$\frac{1}{2\pi}\mathrm{e}^{-\frac{x_1^2+x_2^2}{2}}\mathrm{d}x_1\mathrm{d}x_2 = \frac{1}{2\pi}\mathrm{e}^{-\frac{r^2}{2}}r\mathrm{d}r\mathrm{d}\theta$$

$$= \left(\frac{1}{2\pi}\mathrm{d}\theta\right)\cdot\left(\mathrm{e}^{-\frac{r^2}{2}}r\mathrm{d}r\right). \tag{7.2.10}$$

这样将一个二维正态分布的生成转变为对 θ 和 r 的生成. 密度 $\frac{1}{2\pi}$ 对应于 θ 方向的 $\mathcal{U}[0, 2\pi]$, 而密度 $\mathrm{e}^{-\frac{r^2}{2}}r$ 对应于 r 方向的分布函数 $F(r) =$

$\int_0^r \mathrm{e}^{-\frac{s^2}{2}} s \, ds = 1 - \mathrm{e}^{-\frac{r^2}{2}}$，这正好可使用变换法.

于是二维正态分布随机数 (Y_1, Y_2) 的产生，可通过先选取相互独立的随机数 $X_1, X_2 \sim \mathcal{U}[0,1]$，然后利用

$$\begin{cases} Y_1 = \sqrt{-2\ln X_1} \cos(2\pi X_2), \\ Y_2 = \sqrt{-2\ln X_1} \sin(2\pi X_2) \end{cases} \qquad (7.2.11)$$

来实现. 该算法在文献 [31] 中有程序，取其中之一即得到正态分布的伪随机数发生器.

3. 舍选法 (Acceptance-rejection method)

对于一般分布随机变量的产生多是用所谓**舍选法**. 它的基本想法是将一维概率密度看成高维的联合概率密度的边缘概率密度，即利用如下的基本事实: 如果随机变量 $\boldsymbol{X} = (X_1, X_2)$ 的概率密度为 $p(x_1, x_2)$，则 X_1 的概率密度为 $\int_{-\infty}^{+\infty} p(x_1, x_2)\mathrm{d}x_2$.

假设我们要生成概率密度为 $p(x)$ 的随机变量 X. 首先假设 $x \in [a, b]$, $\int_a^b p(x)\mathrm{d}x = 1$, 且 $p(x) \leqslant d$ (d 为某正数), 定义集合

$$A \triangleq \{(x,y) | x \in [a,b], y \in [0, p(x)]\}, \qquad (7.2.12)$$

则如图 7.4 所示，二维随机变量 $(X, Y) \sim \mathcal{U}(A)$ 的 X 分量的边缘概率密度:

$$\int_0^d \chi_A(x,y)\mathrm{d}y = \int_0^{p(x)} 1\mathrm{d}y = p(x), \qquad (7.2.13)$$

其中 $\chi_A(x,y)$ 是二维随机变量 (X, Y) 的概率密度. 上述结果给出了对定义域有界，概率密度有界的一般随机变量的产生办法.

算法 7.2.1 (用舍选法生成一般分布随机变量)

步 1: 依分布 $\mathcal{U}[a,b]$ 生成随机数 X_i;

步 2: 依分布 $\mathcal{U}[0,d]$ 产生一个决策变量 $0 \leqslant Y_i \leqslant d$.

步 3: 决策: 如果 $0 \leqslant Y_i < p(X_i)$, 则接受 X_i; 否则拒绝.

步 4: 转步 1.

以上算法的过程体现了舍选法这一名称的由来. 对于定义域无界的更一般随机变量的生成需要更多的技巧, 读者可参见文献 [11].

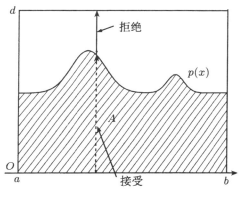

图 7.4 舍选法的示意图

§7.3 减小方差的技巧

在 7.1.1 小节中我们已经了解到, Monte Carlo 方法的求积误差由 $\dfrac{\sigma}{\sqrt{N}}$ 来表征, 这里 N 表示样本数量, $\sigma = (\mathrm{Var}(f))^{\frac{1}{2}}$ 为标准差. 为提高求积精度, 第一种选择是将 N 增大, 即增加样本的数量, 但由于 Monte Carlo 方法只是半阶收敛, 要得到较高精度, 只有大量的增大运算量. 第二种选择是通过一些理论技巧来减小方差, 这正是本节的主要内容.

7.3.1 重要性抽样法

假设所求积分为式 (7.1.1), 基本的 Monte Carlo 方法算法是产生 $X_i \sim$ i.i.d. $\mathcal{U}[0,1]$, 于是

$$I(f) \approx I_N(f) \triangleq \frac{1}{N} \sum_{i=1}^{N} f(X_i). \tag{7.3.1}$$

但是我们对 $I(f)$ 有另一种看法：

$$I(f) = \int_0^1 f(x)\mathrm{d}x = \int_0^1 \frac{f(x)}{p(x)}p(x)\mathrm{d}x, \tag{7.3.2}$$

这里 $p(x)$ 是 $[0,1]$ 上的一个概率密度，即 $\int_0^1 p(x)\mathrm{d}x = 1, p(x) > 0$. 这样我们得到了另一种形式的积分近似：

$$I(f) \approx \frac{1}{N}\sum_{i=1}^N \frac{f(Y_i)}{p(Y_i)}, \tag{7.3.3}$$

这里 Y_i $(i = 1, 2, \cdots, N)$ 是遵循概率密度为 $p(y)$ 的 i.i.d. 随机变量.

以图 7.5 为例，我们说明重要性抽样带来的好处：

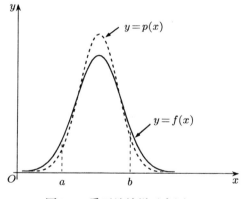

图 7.5　重要性抽样示意图

设 $f(x)$ 的值较大的部分主要集中于如图 7.5 所示的区域 $[a,b]$. 在式 (7.3.1) 中，因为 $X_i \sim$ i.i.d. $\mathcal{U}[0,1]$，所以会有相当数目的 $\{X_j\}$ 在 $[a,b]$ 之外，也就是说，在计算过程中，会有相当数目的点为了计算 $\int_0^a f(x)\mathrm{d}x + \int_b^1 f(x)\mathrm{d}x$ 去作贡献，而从图中看出，$\int_0^a f(x)\mathrm{d}x + \int_b^1 f(x)\mathrm{d}x$ 占全部 $I(f)$ 很小的比例，即我们花了相当比例的运算量去完成对最终数值结果贡献不大的部分，其效率必定低下，进而精度较差. 另外，如果我们用式 (7.3.3) 去求 $I_N(f)$，而且 $p(x)$ 的增长、下降以及高度趋

势与 $f(x)$ 类似，那么，可以期望更多的点出现在 $f(x)$ 的峰值区，从而提高计算精度. 这也是 "重要性抽样" 这一名称的意义：$p(x)$ 反映了 $f(x)$ 的 "重要部分". 理论上，我们从方差角度分析：

$$\text{Var}_X(f) = \int_0^1 [f - I(f)]^2 \mathrm{d}x = \int_0^1 f^2 \mathrm{d}x - I^2(f), \tag{7.3.4}$$

$$\text{Var}_Y\left(\frac{f}{p}\right) = \int_0^1 \left(\frac{f}{p}\right)^2 p\mathrm{d}y - I^2(f) = \int_0^1 \frac{f^2}{p}\mathrm{d}y - I^2(f). \tag{7.3.5}$$

如果适当选取 $p(y)$, 使得 $\int_0^1 \frac{f^2}{p}\mathrm{d}y < \int_0^1 f^2\mathrm{d}x$, 则方差得到减少. 特别地，如果 $p(x) = \frac{f(x)}{I(f)}$, 则 $\text{Var}_Y\left(\frac{f}{p}\right) = 0$. 即当 $p(x)$ 的重要性选得与 $f(x)$ 完全一样时，方差成为 0, 我们得到了精确积分值. 但注意我们要获得 $p(x)$ 的前提是已知精确积分值 $I(f)$, 这是不可能的.

重要性抽样对实际计算有根本思想性的指导作用，它依赖于我们对一个问题先验的了解程度并以此构造适当的抽样所依据的概率密度.

7.3.2 控制变量法

控制变量法 的思想是：利用一个性质 (如均值) 已知的随机变量去 "控制" 另一个随机变量. 具体而言，考查如下表达式：

$$\int_0^1 f(x)\mathrm{d}x = \int_0^1 [f(x) - g(x)]\mathrm{d}x + \int_0^1 g(x)\mathrm{d}x. \tag{7.3.6}$$

利用 Monte Carlo 方法：

$$I_N(f) = \frac{1}{N}\sum_{i=1}^N [f(X_i) - g(X_i)] + I(g), \tag{7.3.7}$$

这里 $X_i \sim$ i.i.d. $\mathcal{U}[0,1]$, $I(g) = \int_0^1 g(x)\mathrm{d}x$ 是已知的. 如果

$$\text{Var}(f - g) \leqslant \text{Var}(f),$$

则我们得到了一个方差减小的方法. 显然当 $f = g$ 时, $\mathrm{Var}(f - g) = 0$, 即得到精确积分值, 但这时需要事前已知 $I(g)$, 和重要性抽样方法一样这是不可能的. 下面给出一个具体例子说明控制变量的作用.

例 7.3.1　求积:

$$I(f) = \int_{-\infty}^{+\infty} \frac{1}{\sqrt{2\pi}}(1 + r)^{-1}\mathrm{e}^{-\frac{x^2}{2}}\mathrm{d}x, \qquad (7.3.8)$$

其中 $r = \mathrm{e}^{\sigma x}$ (常数 $\sigma > 0$). 于是注意到

$$(1 + r)^{-1} \approx \begin{cases} 1, & x \leqslant 0, \\ 0, & x > 0 \end{cases} \triangleq h(x), \qquad (7.3.9)$$

$$I(f) = \frac{1}{\sqrt{2\pi}} \int_{-\infty}^{+\infty} [(1 + r)^{-1} - h(x)]\mathrm{e}^{-\frac{x^2}{2}}\mathrm{d}x + \frac{1}{2}. \tag{7.3.10}$$

此时 $h(x)$ 即起到了控制变量的作用. 可用标准正态分布作重要性抽样计算第一项的积分项, 请读者自行上机验证.

7.3.3　分层抽样法

分层抽样法, 也称做 "几何分裂法", 指把被积区域剖分成多个子区域, 在每个子区域上采用通常的 Monte Carlo 方法. 此方法特别适用于被积函数值变化起伏比较剧烈的情况. 仍然考虑求积

$$I(f) = \int_0^1 f(x)\mathrm{d}x.$$

作区间 $\Omega = [0, 1]$ 最简单的分裂, 即分为 M 等份:

$$\Omega_k = \left[\frac{k-1}{M}, \frac{k}{M}\right], \quad k = 1, 2, \cdots, M. \tag{7.3.11}$$

在 Ω_k 上均匀分布抽样 $n = N/M$ 个 i.i.d. 的随机变量 $X_1^{(k)}, X_2^{(k)}, \cdots,$ $X_n^{(k)}$(不同 Ω_k 上产生的随机变量序列也是独立的), 并定义

$$\bar{f}_k \triangleq |\Omega_k|^{-1} \int_{\Omega_k} f(x)\mathrm{d}x = \mathrm{E}f(X^{(k)}), \qquad X^{(k)} \sim \mathcal{U}(\Omega_k), \tag{7.3.12}$$

其中 $|\Omega_k|$ 为区间 Ω_k 的长度, 以及定义

$$I_N \triangleq \frac{1}{N} \sum_{k=1}^{M} \sum_{i=1}^{n} f(X_i^{(k)}). \tag{7.3.13}$$

显然有

$$\mathrm{E}I_N = \frac{1}{N} \sum_{k=1}^{M} (n \cdot \bar{f}_k) = I(f), \tag{7.3.14}$$

$$\begin{aligned}
\mathrm{Var}(I_N) &= \mathrm{E}[I_N - I(f)]^2 \\
&= \frac{1}{N^2} \sum_{k,l=1}^{M} \sum_{i,j=1}^{n} \mathrm{E}\big[(f(X_i^{(k)}) - \bar{f}_k)(f(X_j^{(l)}) - \bar{f}_l)\big] \\
&= \frac{1}{N^2} \sum_{k=1}^{M} \left[n \cdot |\Omega_k|^{-1} \int_{\Omega_k} (f(x) - \bar{f}_k)^2 \mathrm{d}x \right] \\
&= \frac{1}{N} \int_{\Omega} [f(x) - \bar{f}(x)]^2 \mathrm{d}x \triangleq \frac{1}{N} \sigma_s^2,
\end{aligned} \tag{7.3.15}$$

其中 $\bar{f}(x)$ 为 Ω 上的分段常数函数:

$$\bar{f}(x) \triangleq \bar{f}_k \quad (x \in \Omega_k, k = 1, 2, \cdots, M).$$

命题 7.3.1 $\sigma_s \leqslant \sigma \triangleq \left\{ \int_{\Omega} [f(x) - I(f)]^2 \mathrm{d}x \right\}^{\frac{1}{2}}$.

证明

$$\sigma_s^2 \leqslant \sigma^2 \iff \sum_k \int_{\Omega_k} [f(x) - \bar{f}_k]^2 \mathrm{d}x \leqslant \sum_k \int_{\Omega_k} [f(x) - I(f)]^2 \mathrm{d}x. \tag{7.3.16}$$

但是对关于 c 的二次函数

$$g(c) = \int_{\Omega_k} [f(x) - c]^2 \mathrm{d}x, \tag{7.3.17}$$

$c = \bar{f}_k$ 是最小值点, 证毕.

命题 7.3.1 表明, 采用分层抽样法必定减小方差. 分层抽样法还可以与重要性抽样法耦合操作, 参考本章习题.

7.3.4   对偶变量法

对偶变量 (Antithetic variables) 法是一种特殊的针对定义域具有一定对称性并且被积分函数具有特殊性质所采用的特殊技巧之一.

设被积函数 $f(x)$ 的定义域为 $[0,1]$, 则有:

命题 7.3.2   如果 $f(x)$ 是单调的, 则相关系数

$$\mathrm{Cov}(f(X), f(1-X)) \leqslant 0, \quad X \sim \mathcal{U}[0,1].$$

证明

$$
\begin{aligned}
&\mathrm{Cov}(f(X), f(1-X)) \\
&= \int_0^1 f(x)f(1-x)\mathrm{d}x - \left[\int_0^1 f(x)\mathrm{d}x \right]^2 \\
&= \int_0^1 \int_0^1 f(x)f(1-x)\mathrm{d}x\mathrm{d}y - \int_0^1 \int_0^1 f(x)f(y)\mathrm{d}x\mathrm{d}y \\
&= \int_0^1 \int_0^1 f(x)f(1-x)\mathrm{d}x\mathrm{d}y - \int_0^1 \int_0^1 f(x)f(1-y)\mathrm{d}x\mathrm{d}y \\
&= \int_0^1 \mathrm{d}x \int_0^x f(x)[f(1-x) - f(1-y)]\mathrm{d}y \\
&\quad + \int_0^1 \mathrm{d}y \int_0^y f(x)[f(1-x) - f(1-y)]\mathrm{d}x \\
&= \int_0^1 \mathrm{d}x \int_0^x [f(x) - f(y)][f(1-x) - f(1-y)]\mathrm{d}y \\
&\leqslant 0.
\end{aligned}
\tag{7.3.18}
$$

基于命题 7.3.2, 定义

$$I_N \triangleq \frac{1}{2N} \sum_{i=1}^N [f(X_i) + f(1-X_i)], \tag{7.3.19}$$

则

$$\mathrm{E}I_N = I(f), \tag{7.3.20}$$

$$\text{Var}(I_N) = \frac{1}{2N}[\text{Var}(f) + \text{Cov}(f(X), f(1-X))] \leqslant \frac{1}{2N}\text{Var}(f),$$

$$(7.3.21)$$

即方差减小.

其他减少方差的技巧在此不一一细述. 一般说来, 减小方差的技巧都要依赖于对未知被积函数的 "重要性" 信息的先验认识. 对于实际计算中的问题, 往往要求我们对所要平均的随机变量即被积函数有先验的了解, 或者对发生的物理过程的性态有一定的认识, 通过利用这些预知的近似信息可以构造相应的技巧来减小方差, 提高精度.

§7.4 Metropolis 算法

1953 年, N. Metropolis 等人提出了针对一类特殊形式的积分的有效算法 (见文献 [29]). 由于它能处理的是典型的统计物理中的系综平均型积分 (或求和), 因而具有广泛的应用, 被后人称为 Metropolis 算法.

例 7.4.1 (一维 Ising 模型) 在统计物理中, 人们用晶格模型图 7.6 研究磁性材料的相变. 图中每一个格点 (site) 代表一个电子, "↑" 和 "↓" 表示电子的自旋. 电子彼此之间相互作用而对外表现出磁性. 我们设整个一维系统共有 M 个格点, 对每一个格点 i 上电子的自旋态, 用 $\sigma_i = \pm 1$ 来表示电子自旋是 "↑" 态, 还是 "↓" 态. 所有这 M 个电子的自旋态刻画了整个系统的一个微观态, 记为 $\sigma = (\sigma_1, \sigma_2, \cdots, \sigma_M)$. 显然系统可能的不同微观态共有 2^M 种. 统计物理理论表明在没有外场的时候, 热力学宏观量 "单个粒子的内能" 可以从系统的微观态 "平均" 求得:

$$U_M = \frac{1}{M}\sum_{\sigma}\frac{\exp\{-\beta H(\sigma)\}}{Z_M}H(\sigma) \triangleq \frac{1}{M}\langle H(\sigma)\rangle, \qquad (7.4.1)$$

上式中 $\sum\limits_{\sigma}$ 表示对所有可能的微观态求和 (显然全体微观态的数目是 2^M), $\beta = (k_BT)^{-1}$, k_B 为 Boltzmann 常数, T 为绝对温度, $\langle H(\sigma)\rangle$

表示能量函数 $H(\sigma)$ 在概率密度 $\dfrac{1}{Z_M}\exp\{-\beta H(\sigma)\}$ 下求平均. 这里

$$Z_M = \sum_\sigma \exp\{-\beta H(\sigma)\} \tag{7.4.2}$$

是配分函数,

$$H(\sigma) = -J \sum_{\langle ij \rangle} \sigma_i \sigma_j, \quad \sigma_i \in \{1, -1\} \tag{7.4.3}$$

是能量函数, $\displaystyle\sum_{\langle ij \rangle}$ 表示对所有 $|i-j|=1$ (即紧邻) 的格点对求和. 通常称具有这一形式概率密度的分布为 Gibbs 分布. 相应的比热容为

$$C_M = \frac{\beta^2}{M}\left\{ \sum_\sigma H^2(\sigma)\frac{\exp\{-\beta H(\sigma)\}}{Z_M} - \left[\sum_\sigma H(\sigma)\frac{\exp\{-\beta H(\sigma)\}}{Z_M} \right]^2 \right\}$$

$$= \frac{\beta^2}{M}[\langle H^2(\sigma) \rangle - \langle H(\sigma) \rangle^2]. \tag{7.4.4}$$

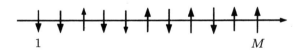

图 7.6　一维 Ising 模型示意图

二维 Ising 模型可以描述当温度 T 升高到一定温度时, 铁磁系统会突然丧失磁性的相变过程. 对于 U_M, C_M 的典型形式在统计物理中无处不在, 这正是 Metropolis 算法所要解决的问题.

7.4.1　基本思想

对于形如式 (7.4.1) 的求和 (或积分), 首先最自然的想法是采用下面的 Monte Carlo 方法:

$$\langle H(\sigma) \rangle \approx \frac{1}{N} \sum_{i=1}^{N} H(\sigma^{(i)}), \tag{7.4.5}$$

其中 $\{\sigma^{(i)}\}_{i=1}^{N}$ 是概率密度为 $\dfrac{1}{Z_M}\exp\{-\beta H(\sigma)\}$ 的 i.i.d. 随机变量序列. 但是问题在于服从这个概率分布的随机变量的生成谈何容易, 前面讲到的若干方法都难以奏效. Metropolis 方法的妙处在于通过一个 "迭代法" 自发地产生出服从这样分布的随机变量. 这好比我们要求一个非线性方程 $f(x) = 0$ 的根, 一般的直接法是难以实现的, 但是如果采用一个合适的迭代法 $x_{k+1} = g(x_k)$, 使得最后的不动点 x^* 是方程的根, 我们就可以得到非线性方程求根的方法了.

Metropolis 算法也称为马尔科夫链 (马氏链, Markov chain) Monte Carlo 方法. 它建立起一个马氏链, 适当地定义转移概率矩阵 $\boldsymbol{P}$, 使得概率密度 $\dfrac{1}{Z_M}\mathrm{e}^{-\beta H(\sigma)}$ 恰为其唯一的平稳分布. 如果将 $\dfrac{1}{Z_M}\mathrm{e}^{-\beta H(\sigma)}$ 按不同 σ 排成一个行向量 $\boldsymbol{\pi}$, 则矩阵 $\boldsymbol{P}$ 的选取应使得

$$\boldsymbol{\pi}\boldsymbol{P} = \boldsymbol{\pi},$$

并且对迭代格式 $\boldsymbol{\nu}_{n+1} = \boldsymbol{\nu}_n \boldsymbol{P}$ 应满足与不动点迭代类似的压缩映像性质. 这样从任意的初分布 $\boldsymbol{\nu}_0$ 出发产生该马氏链的一个时间序列样本, 经过充分长的时间得到的样本序列应该服从想要的分布 $\boldsymbol{\pi}$. 这就是 Metropolis 算法的巧妙所在. 在有限维情形其数学形式与求解特征值的幂法有类似之处. 但要注意的是由于 Metropolis 算法是随机型算法, $\{\sigma^{(i)}\}_{i\geqslant 1}$ 作为其一个抽样不可避免的具有涨落, 所以即使当 N 充分大时序列 $\{\sigma^{(i)}\}_{i\geqslant N}$ 依然以一定概率偏离平稳分布 $\boldsymbol{\pi}$. 所以计算过程中并不是 N 越大结果越准确. 这一点与前面标准的 Monte Carlo 方法道理是相同的.

7.4.2 物理直观

以下我们均假设所有可能的微观态 σ 的数目为 n, 讨论将很容易扩展至无限个即积分平均型的表达式. 在统计物理中, 式 (7.4.1), (7.4.4) 称为系综平均. 它表明我们所看到的宏观态实际上是微观状态按一定概率平均的结果. 例如假想一个容器中有大量分子, 并且达到

了平衡态, 此时我们能测出气体的温度 T, 器壁所受的压力 p, 等等. 统计物理认为: 这一个宏观系统实际上对应了大量的微观系统, 它的性质是这些大量微观系统相应量的统计平均, 如图 7.7 所示.

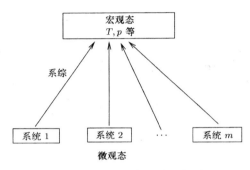

图 7.7　平衡态统计系综示意图

　　虽然系统 1 直到系统 m 是彼此独立各自发展的系统, 每个系统在任一时刻对应于一个微观态, 但在任何一个时刻, 各种微观状态整体呈现的概率分布是不变的, 这即是平衡态统计系综的观点. Metropolis 算法对这一问题采取了另一个观点: 既然宏观的系统物理量 T, p, ρ 等随时间不变, 而系统处于一个动态平衡, 这表明时间的平均应该等于系综的平均, 即

$$\langle H(\sigma) \rangle \approx \frac{1}{N} \sum_{i=1}^{N} H(\sigma^{(i)}). \tag{7.4.6}$$

如果我们能够找到合适的分子碰撞规则产生状态序列 $\{\sigma^{(i)}\}_{i=1}^{N}$, 就可以在计算中重复这一物理过程, 从而找到求平均的另一种方法. 这种碰撞规则的选取正是前面近述的马氏链的转移概率矩阵的选取.

　　式 (7.4.6) 中左端称为**空间平均**或**系综平均**, 右端称为**时间平均**. 这种空间平均等于时间平均的结果在统计物理中常称为**遍历性**.

　　应该说, 上面的对 Metropolis 算法的解释是不严格的, 从数学上, 它的基础在于所谓的遍历论 (见文献 [35]). 以下将对 Metropolis 算法作更严格的数学上的陈述.

7.4.3 数学表述

下面以

$$\langle H(\sigma) \rangle = \frac{1}{Z} \sum_{\sigma} H(\sigma) \exp\{-\beta H(\sigma)\} \tag{7.4.7}$$

为例进行说明, 其中 $Z = \sum_{\sigma} \exp\{-\beta H(\sigma)\}$ 为规一化因子.

定义 $\Omega = \{\sigma | \sigma$ 为所有可能的微观态$\}$, 令 $\mathcal{F}$ 为 Ω 的子集生成的一个 σ- 代数, 并且对每个 $S \in \mathcal{F}$, 定义

$$\mathcal{P}(S) = \sum_{\sigma \in S} \frac{\exp\{-\beta H(\sigma)\}}{Z},$$

则 $(\Omega, \mathcal{F}, \mathcal{P})$ 构成一个概率空间. 定义这一空间上时齐马氏链的转移概率矩阵 $\boldsymbol{P} = (p_{ij})_{N_t \times N_t}$, 这里 N_t 为所有可能微观态的数目, p_{ij} 为从状态 i 到状态 j 的转移概率. 除特殊说明外, 今后提到的马氏链均指时齐马氏链. 称 $\boldsymbol{P}$ 为一个随机矩阵, 因为

(1) $p_{ij} \geqslant 0, \ i, j = 1, 2, \cdots, N_t,$

(2) $\sum_{j=1}^{N_t} p_{ij} = 1, \ i = 1, 2, \cdots, N_t.$

其中条件 (2) 保证矩阵 $\boldsymbol{P}$ 必有特征值 1 及右特征向量 $(1, 1, \cdots, 1)^{\mathrm{T}}$, 并且由矩阵论中的 Gerschgörin 圆盘定理知, 1 为矩阵 $\boldsymbol{P}$ 的模最大特征值.

以一维 Ising 模型为例, Ω 中所有可能的微观态的数目 $N_t = 2^M$, 在其上定义的一个 Gibbs 分布即可视为一个 N_t 维向量, 其上定义的马氏链转移概率矩阵 $\boldsymbol{P}$ 为 $N_t \times N_t$ 阶的. 我们的目标即是通过合适的选取转移概率矩阵 $\boldsymbol{P}$ 使得最终生成的随机变量序列服从该 Gibbs 分布.

定义 7.4.1 如果 $\boldsymbol{A} \in \mathbb{R}^{N_t \times N_t}$[①] 满足下述二者之一:

---

① $\mathbb{R}^{m \times n}$ 指 $m \times n$ 实矩阵的全体.

(1) $N_t = 1$ 且 $A = O$;

(2) $N_t \geqslant 2$, 且存在一个置换矩阵 $Q \in \mathbb{R}^{N_t \times N_t}$ 及整数 r $(1 \leqslant r \leqslant N_t - 1)$, 使得

$$Q^T A Q = \begin{pmatrix} B & C \\ O & D \end{pmatrix},$$

这里 $B \in \mathbb{R}^{r \times r}$, $D \in \mathbb{R}^{(N_t-r) \times (N_t-r)}$, $C \in \mathbb{R}^{r \times (N_t-r)}$, $O \in \mathbb{R}^{(N_t-r) \times r}$ 为一零矩阵,

则称 A 为可约矩阵; 否则, 称其为**不可约矩阵**.

对一个马氏链转移概率矩阵 P 而言, 不可约意味着不存在一种标号法使得后 $N_t - r$ 个微观态跃迁到前 r 个微观态的概率为 0, 即后 $N_t - r$ 个微观态可单独分离成一个彼此互通的马氏链而与前 r 个没有联系.

定义 7.4.2   对马氏链的转移概率矩阵 P, 如果分布 π 满足 $\pi = \pi P$, 则称 π 为马氏链的**不变分布** (也称为矩阵 P 的不变分布).

上述定义等价于 π 是相应于矩阵 P 的特征值 1 的左特征向量.

例 7.4.2   任一有限状态时齐马氏链可由图形表示. 以 3 个状态的马氏链为例, 有时可表示如图 7.8 和图 7.9. 图中的箭头和数字表示不同状态间的转移概率.

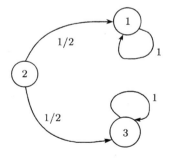

图 7.8 Markov 链示意图 1

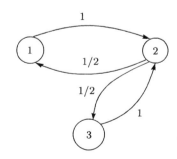

图 7.9 Markov 链示意图 2

对应于图 7.8 的转移概率矩阵为

$$P = \begin{pmatrix} 1 & 0 & 0 \\ 1/2 & 0 & 1/2 \\ 0 & 0 & 1 \end{pmatrix},$$

这里矩阵元素 p_{ij} 是从状态 i 到状态 j 的转移概率. 显然此时 P 是一个可约矩阵, 它有两个不变分布 $\pi_1 = (1, 0, 0)$ 和 $\pi_2 = (0, 0, 1)$.

对应于图 7.9 的转移概率矩阵为

$$P = \begin{pmatrix} 0 & 1 & 0 \\ 1/2 & 0 & 1/2 \\ 0 & 1 & 0 \end{pmatrix}.$$

这是一个不可约矩阵, 它有唯一的不变分布为 $\pi = \left(\dfrac{1}{4}, \dfrac{1}{2}, \dfrac{1}{4}\right)$.

定理 7.4.1 (Perron-Frobenius 定理) 如果 $A \in \mathbb{R}^{n \times n}$ 为非负不可约矩阵 (这里非负指矩阵的元素非负), 则

(1) $\rho(A) > 0$ 是一个单重特征值;

(2) 相应于 $\rho(A)$ 的特征向量可全选为正;

(3) 相应于其他特征值的非负特征向量是不存在的.

这里 $\rho(A)$ 指 A 的谱半径.

定理 7.4.1 的证明见文献 [18]. 该定理表明, 对一个不可约马氏链而言, 不变分布是存在唯一的. 所以也称这样的随机矩阵 P 为**遍历矩阵** (ergodic).

正如本节基本思想部分所介绍的, 不变分布 π 就是我们所要求的 Gibbs 分布, 所以 π 对应的 σ 状态分量为

$$\frac{1}{Z} \exp\{-\beta H(\sigma)\} \triangleq \pi(\sigma). \tag{7.4.8}$$

由已知的不变分布 π 并不能唯一确定转移概率矩阵 P, 仅由 $\pi = \pi P$ 只能提供 N_t 个方程, 而 P 总共有 N_t^2 个未知数, 所以不同的取法将导致不同的算法.

在 Metropolis 算法中选取了一个更强的条件 —— 细致平衡条件来部分确定矩阵 $\boldsymbol{P}$, 事实上这一概念在统计物理中有着明显的直观意义.

定义 7.4.3 如果马氏链满足

$$\pi(\sigma)P(\sigma \to \sigma') = \pi(\sigma')P(\sigma' \to \sigma),$$

则称该**马氏链满足细致平衡条件**或称该马氏链为**可逆**的, 这里 $P(\sigma \to \sigma')$ 指从状态 σ 到状态 σ' 的转移概率.

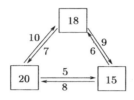

图 7.10 整体平衡示意图

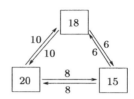

图 7.11 细致平衡示意图

图 7.10 和图 7.11 解释了整体平衡 (整体平衡指满足条件 $\boldsymbol{\pi}\boldsymbol{P} = \boldsymbol{\pi}$) 和细致平衡的区别. 假设有三个教室里面分别有 18, 20 和 15 个人, 箭头描述了三个教室之间的人员流动. 图 7.10 表示的是虽然不同教室两两流动人数不同, 但是净效果却是整体平衡 —— 每个教室总人数保持不变; 图 7.11 表示不同教室之间流动的人数正好抵消, 即细致平衡. 容易发现, 由细致平衡条件可推出整体平衡条件 $\boldsymbol{\pi}\boldsymbol{P} = \boldsymbol{\pi}$. 进一步由 Perron-Frobenius 定理可知, 对一个满足细致平衡条件的不可约马氏链转移概率矩阵 $\boldsymbol{P}$, $\boldsymbol{\pi}$ 还是其唯一的不变分布. 由细致平衡条件可得到

$$\frac{P(\sigma' \to \sigma)}{P(\sigma \to \sigma')} = \frac{\pi(\sigma)}{\pi(\sigma')} = \exp\{-\beta[H(\sigma) - H(\sigma')]\}. \tag{7.4.9}$$

上式表明: 通过引入细致平衡条件我们至少可以确定出转移概率矩阵元素的比值.

Metropolis 算法通过数值模拟一个特定的满足细致平衡条件的马氏链的发展过程, 产生一个状态序列 $\sigma^{(1)}, \sigma^{(2)}, \cdots, \sigma^{(n)}$, 从而得以使

用公式 (7.4.6). 为使产生的马氏链满足细致平衡条件，并且在数值上更具可实现性，Metropolis 算法分为彼此独立的两步实现：第一步，产生一个预选状态 σ'. 第二步，判断是否接受该新状态，如果接受，则 $\sigma^{(n+1)} = \sigma'$; 反之，则 $\sigma^{(n+1)} = \sigma^{(n)}$. 以下将以一维 M 个格点的 Ising 模型为例更细致地进行说明：

第一步，从当前状态产生预选态 σ'.

假设当前状态为 $\sigma = (\sigma_1, \sigma_2, \cdots, \sigma_M)$. 预选状态的产生方式涉及马氏链转移概率矩阵的可约性，且不同预选态的产生方法将使程序的计算复杂程度大不相同. 有两种直观的方式产生预选状态：

方式 1　从剩下的 $N_t - 1$ 种状态中均匀随机产生；

方式 2　从当前 M 个格点中随机挑选一个格点，将其上的自旋态反转，即从 1 变成 -1, 或者从 -1 变成 1, 由此产生一个新状态.

容易发现，方式 1 与方式 2 产生的代价是不同的，而且产生之后对能量函数 $H(\sigma)$ 的计算复杂性也不一样. 对于方式 1, 我们要从 $N_t - 1$ 种状态中随机产生一个状态，并且产生之后对新能量 $H(\sigma)$ 的计算要从头开始，因而计算量较大；对于方式 2, 因为新状态相比原状态只是局部更改，故能量函数的计算也只需要做局部更新. 具体而言，假设随机选择了第 i 号格点进行反转，则在式 (7.4.3) 的计算中能量的更新只需要考虑第 $i-1$ 与 i 号格点以及第 i 与 $i+1$ 号格点作用能量的变化，从而节省了计算量.

从数学上，我们将这一预选过程描述为对一个马氏链转移概率矩阵 (称预选矩阵) 的设定：

方式 1　(等可能预选)

$$G(\sigma, \sigma') = \begin{cases} \dfrac{1}{N_t - 1}, & \sigma \neq \sigma', \\ 0, & \sigma = \sigma'; \end{cases}$$

方式 2　(单点变化预选)

$$G(\sigma, \sigma') = \begin{cases} \dfrac{1}{M}, & \sigma \text{ 与 } \sigma' \text{ 中仅有一个格点取值不同}, \\ 0, & \text{其他}. \end{cases}$$

显然以 $G(\sigma, \sigma')$ 为元素的矩阵 $\boldsymbol{G}$ 仍然是一随机矩阵，且为对称的不可约矩阵.

第二步, 决定接受还是拒绝预选态.

决定的规则是使该马氏链满足细致平衡条件 (7.4.9), 这也是 Metropolis 算法的核心. 首先计算

$$R = \frac{\pi(\sigma')}{\pi(\sigma)} = \exp(-\beta \Delta H), \tag{7.4.10}$$

其中 $\Delta H = H(\sigma') - H(\sigma)$ 为能量差. 如果 $\Delta H < 0$, 即预选态 σ' 的能量比旧状态 σ 能量低, 则 $R > 1$, 于是接受 σ' 作为新的状态; 如果 $\Delta H > 0$, 即预选态 σ' 的能量比旧状态 σ 能量高, 则 $R < 1$, 于是以概率 R 接受状态 σ'. 以上操作表明, Metropolis 算法中状态序列的产生总是倾向于从能量较高的状态跳到能量较低的状态, 即能量较低的状态以更大的几率出现, 并且也有一定的概率从能量较低的状态跑到能量较高的状态, 这显然符合概率密度 $\frac{1}{Z} \exp\{-\beta H(\sigma)\}$ 的直观认识.

在数学上, 由于第一步和第二步概率上独立, 可以写出最终的转移概率矩阵 $\boldsymbol{P}$ 的元素如下:

$$P(\sigma, \sigma') = \begin{cases} G(\sigma, \sigma')\dfrac{\pi(\sigma')}{\pi(\sigma)}, & \pi(\sigma') < \pi(\sigma) \text{ 且 } \sigma \neq \sigma', \\ G(\sigma, \sigma'), & \pi(\sigma') \geqslant \pi(\sigma) \text{ 且 } \sigma \neq \sigma', \\ 1 - \displaystyle\sum_{\tau \neq \sigma} P(\sigma, \tau), & \sigma = \sigma'. \end{cases} \tag{7.4.11}$$

容易验证转移概率矩阵 $\boldsymbol{P}$ 满足细致平衡条件 $(\sigma \neq \sigma')$

$$\begin{aligned} \pi(\sigma)P(\sigma, \sigma') &= G(\sigma, \sigma')\min\{\pi(\sigma), \pi(\sigma')\} \\ &= G(\sigma', \sigma)\min\{\pi(\sigma'), \pi(\sigma)\} \\ &= \pi(\sigma')P(\sigma', \sigma), \end{aligned}$$

并且其还是不可约的.

最后, 设状态 $\sigma^{(1)}, \sigma^{(2)}, \cdots, \sigma^{(n)}$ 已有, 我们将 Metropolis 算法描述如下:

算法 7.4.1 (Metropolis 算法)

步 1: 根据相应预选规则由 $\sigma^{(n)}$ 产生预选态 σ'.

步 2: 定义 $\Delta H(\sigma) = H(\sigma') - H(\sigma^{(n)})$, 计算

$$A = \min\{1, R\} = \begin{cases} 1, & H(\sigma') \leqslant H(\sigma^{(n)}), \\ \exp\{-\beta\Delta H(\sigma)\}, & \text{其他}. \end{cases}$$

步 3: 生成一均匀分布随机数 $r \sim \mathcal{U}[0,1]$.

步 4: 如果 $r \leqslant A$, 则 $\sigma^{(n+1)} = \sigma'$; 否则 $\sigma^{(n+1)} = \sigma^{(n)}$, 转步 1.

注 A 的另一种选法 (Glauber 算法) 是:

$$A = \frac{1}{1 + \exp\{-\beta[H(\sigma) - H(\sigma')]\}}.$$

由此策略也可类似式 (7.4.11) 定义转移概率矩阵的元素 $P(\sigma,\sigma')$, 且不难验证其对应的转移概率矩阵 $\boldsymbol{P}$ 也满足细致平衡条件并且不可约.

7.4.4 理论框架

Metropolis 算法以及其他马氏链 Monte Carlo 算法的基本理论框架是时齐马氏链的遍历定理, 我们不打算在此给出这一框架的严格证明, 有兴趣的读者可参见文献 [42].

定义 7.4.4 一个向量 $\boldsymbol{v}$ 的**全变差定义**为

$$\|\boldsymbol{v}\| = \sum_i |v_i|$$

其中 v_i 为 $\boldsymbol{v}$ 的第 i 个分量.

显然全变差就是通常矩阵论中的 L^1 范数.

定义 7.4.5 如果存在自然数 τ, 使得马氏链的转移概率矩阵 $\boldsymbol{P}$ 满足 $\boldsymbol{P}^\tau > 0$ (这里矩阵 $\boldsymbol{A} > 0$ 表示 $\boldsymbol{A}$ 的每个元素都严格大于 0), 则称该马氏链为**本原** 的或 $\boldsymbol{P}$ 为本原的.

这一定义实际上要求在一段时间之后, 从一个状态出发可以以非零概率达到任何一点. 由 Frobenius-Perron 定理可知, 本原马氏链的不变分布一定是唯一的. 可验证 Metropolis 算法和 Glauber 算法对应的马氏链都是本原马氏链.

注 马氏链的本原性是一个比不可约性更强的条件，例如下面的矩阵 $\boldsymbol{P}$ 是不可约的，但不是本原的：

$$\boldsymbol{P} = \begin{pmatrix} 0 & 1 \\ 1 & 0 \end{pmatrix}.$$

定理 7.4.2(时齐马氏链的遍历定理)   本原马氏链的转移概率矩阵 $\boldsymbol{P}$ 有唯一的不变分布 $\boldsymbol{\pi}$, 且对任意初始分布 $\boldsymbol{\nu}$, 有

$$\lim_{n \to +\infty} \|\boldsymbol{\nu P}^n - \boldsymbol{\pi}\| = 0.$$

定理 7.4.2 表明，对本原马氏链，任意初分布都必然发展至该马氏链的平稳分布. 进一步还有时齐马氏链的大数律等等，不再赘述. 对模拟有兴趣的读者可进一步参考文献 [24], 对理论有兴趣的读者可进一步参考文献 [42].

§7.5 模拟退火算法

对于传统的无约束凸规划问题，已有良好的数值方法，如典型的最速下降法. 但是在实际问题中，非凸优化问题大量存在，尤其如下面的组合优化问题：

(1) **TSP 问题** (Traveling Salesman Problem):

假设有 N 个不同城市，两两之间有唯一路径连接 ($l_{ij} = l_{ji}$), 试寻找一条贯穿所有城市并最终回到出发城市的路径，使得每一个城市必须且只能经过一次 (见图 7.12), 问：最短的路径长是多少？数学上这个问题可表述为：

$$\min_{\boldsymbol{x} \in X} \left\{ H(\boldsymbol{x}) = \sum_{i=1}^{N} l_{x_i x_{i+1}} \right\},$$

其中 $x_{N+1} \equiv x_1, X = \{(x_1, x_2, \cdots, x_N), x_1, x_2 \cdots, x_N$ 为 $1, 2, \cdots, N$ 的一个排列 $\}, H(\boldsymbol{x})$ 称为路径函数.

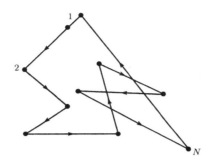

图 7.12 TSP 问题示意图

显然所有可能的路径数目为 $(N-1)!/2$. 这是一个典型的组合爆炸问题, 当 N 增大时, 所有可能的状态数以指数增加, 而且路径函数 $H(\boldsymbol{x})$ 没有任何规律可循, 此时传统的算法将一筹莫展.

(2) **图像磨光问题**:

设一幅图像共有 J 个像素点, 每个像素点上有 256 种颜色, 记全体为

$$X = \{(x_1, x_2, \cdots, x_J), \quad x_i \in \{0, 1, \cdots, 255\}\}. \tag{7.5.1}$$

一幅图像的光滑度定义为

$$H(\boldsymbol{x}) \triangleq \alpha \sum_{\langle s,t \rangle} (x_s - x_t)^2, \quad \alpha > 0, \ \boldsymbol{x} \in X, \tag{7.5.2}$$

这里 $\displaystyle\sum_{\langle s,t \rangle}$ 指对图像中相邻的像素点求和. 对一幅给定的图像 $\boldsymbol{y} \in X$, 定义

$$H(\boldsymbol{x}|\boldsymbol{y}) = \alpha \sum_{\langle s,t \rangle} (x_s - x_t)^2 + \frac{1}{2\sigma^2} \sum_s (x_s - y_s)^2. \tag{7.5.3}$$

在实际问题中, $\boldsymbol{y}$ 通常代表一幅被噪声污染的、有缺陷的图像, 为得到一幅更光滑的图像, 利用以下优化问题:

$$\min_{\boldsymbol{x} \in X} H(\boldsymbol{x}|\boldsymbol{y}). \tag{7.5.4}$$

显然这一组合优化问题中所有可能状态数为 256^J. 通常的优化算法依然不适用. 模拟退火算法 (Simulated Annealing Algorithm) 给出了一种从随机性角度处理这类确定性组合优化问题的框架, 是近些年的一种广泛试用的方法 (见文献 [20], [42]).

7.5.1 基本框架

对于优化问题

$$\min_{\boldsymbol{x} \in X} H(\boldsymbol{x}), \tag{7.5.5}$$

定义 $H(\boldsymbol{x})$ 的全局极小点集 $M = \{\boldsymbol{x}_0 | H(\boldsymbol{x}_0) = \min_{\boldsymbol{x} \in X} H(\boldsymbol{x})\}$, 引入参数 $\beta > 0$, 定义

$$\Pi^\beta(\boldsymbol{x}) = \frac{1}{Z_\beta} \mathrm{e}^{-\beta H(\boldsymbol{x})}, \quad Z_\beta = \sum_{\boldsymbol{x} \in X} \exp\{-\beta H(\boldsymbol{x})\}. \tag{7.5.6}$$

显然 $\Pi^\beta(\boldsymbol{x})$ 是 X 上的一个概率密度, 相应的分布称为 $\Pi^\beta(\boldsymbol{x})$ 分布.

定理 7.5.1 $\Pi^\beta(\boldsymbol{x})$ 有性质

$$\lim_{\beta \to +\infty} \Pi^\beta(\boldsymbol{x}) = \begin{cases} \dfrac{1}{|M|}, & \boldsymbol{x} \in M, \\ 0, & \boldsymbol{x} \notin M \end{cases} \tag{7.5.7}$$

(这里 $|M|$ 表示集合 M 中元素的个数), 并且当 β 充分大时, 对 $\forall \boldsymbol{x} \in M$, $\Pi^\beta(\boldsymbol{x})$ 作为 β 的函数单调增; 对 $\boldsymbol{x} \notin M$, $\Pi^\beta(\boldsymbol{x})$ 作为 β 的函数单调减.

证明

$$\Pi^\beta(\boldsymbol{x}) = \frac{\mathrm{e}^{-\beta[H(\boldsymbol{x})-m]}}{\displaystyle\sum_{\boldsymbol{z}:H(\boldsymbol{z})=m} \mathrm{e}^{-\beta[H(\boldsymbol{z})-m]} + \sum_{\boldsymbol{z}:H(\boldsymbol{z})>m} \mathrm{e}^{-\beta[H(\boldsymbol{z})-m]}}$$

$$\to \begin{cases} \dfrac{1}{|M|}, & \boldsymbol{x} \in M, \\ 0, & \boldsymbol{x} \notin M \end{cases} \quad (\beta \to +\infty), \tag{7.5.8}$$

这里 $m = \min_{\boldsymbol{x} \in X} H(\boldsymbol{x})$.

如果 $\boldsymbol{x} \in M$, 则

$$\Pi^\beta(\boldsymbol{x}) = \frac{1}{|M| + \displaystyle\sum_{\boldsymbol{z}:H(\boldsymbol{z})>m} \mathrm{e}^{-\beta[H(\boldsymbol{z})-m]}}. \tag{7.5.9}$$

显然当 $\beta > 0$ 单调增加时, $\Pi^\beta(\boldsymbol{x})$ 单调增加.

如果 $\boldsymbol{x} \notin M$, 则

$$\frac{\partial \Pi^\beta(\boldsymbol{x})}{\partial \beta} = \frac{\mathrm{e}^{-\beta[H(\boldsymbol{x})-m]}[m-H(\boldsymbol{x})]\tilde{Z}_\beta}{\tilde{Z}_\beta^2}$$

$$- \frac{\mathrm{e}^{-\beta[H(\boldsymbol{x})-m]}\displaystyle\sum_{\boldsymbol{z}\in X} \mathrm{e}^{-\beta[H(\boldsymbol{z})-m]}[m-H(\boldsymbol{z})]}{\tilde{Z}_\beta^2}$$

$$= \frac{\mathrm{e}^{-\beta[H(\boldsymbol{x})-m]}}{\tilde{Z}_\beta^2}\left[[m-H(\boldsymbol{x})]\tilde{Z}_\beta - \sum_{\boldsymbol{z}\in X} \mathrm{e}^{-\beta[H(\boldsymbol{z})-m]}[m-H(\boldsymbol{z})]\right], \tag{7.5.10}$$

这里

$$\tilde{Z}_\beta \triangleq \sum_{\boldsymbol{z}\in X} \exp\{-\beta[H(\boldsymbol{z})-m]\}. \tag{7.5.11}$$

注意到

$$\lim_{\beta\to+\infty}\left\{[m-H(\boldsymbol{x})]\tilde{Z}_\beta - \sum_{\boldsymbol{z}\in X} \mathrm{e}^{-\beta[H(\boldsymbol{z})-m]}[m-H(\boldsymbol{z})]\right\}$$

$$= |M|[m-H(\boldsymbol{x})] < 0, \tag{7.5.12}$$

故得证.

$\Pi^\beta(\boldsymbol{x})$ 的构造给出了从随机性出发最优化 $H(\boldsymbol{x})$ 的途径. 定理 7.5.1 表明, 如果对于固定的 $\beta > 0$ 我们能构造随机数序列服从 $\Pi^\beta(\boldsymbol{x})$ 分布, 那么令 β 增加, 则 "最终" $(\beta = +\infty)$ 随机数会在最小值点中跳跃. 这一过程称**退火**, 它在物理上是有明确意义的. 在物理上, 一个能量极小化意味着晶体在完美无缺陷的情形下达到自由能的极小态, 自然界中看到的很多晶体有缺陷是因为它们只是在能量的局部极小态而非

全局极小态. 为生长成一个完美的晶体, 可以想象下述物理过程: 在温度较高时, 晶体会以液态存在, 此时将温度缓缓下降, 晶体慢慢生成, 直到最后到达零温度时, 晶体完全长成. 我们得到了一个理想的能量极小化过程.

关于 $\Pi^\beta(\boldsymbol{x})$ 的构造我们正好用到 Metropolis 算法.

7.5.2 理论结果

为理论证明方便起见, 定义对于模拟退火的 Metropolis 抽样为

$$P^\beta(\boldsymbol{x},\boldsymbol{y}) = \begin{cases} G(\boldsymbol{x},\boldsymbol{y})\dfrac{\Pi^\beta(\boldsymbol{y})}{\Pi^\beta(\boldsymbol{x})}, & \boldsymbol{x} \neq \boldsymbol{y} \text{ 且 } \Pi^\beta(\boldsymbol{y}) < \Pi^\beta(\boldsymbol{x}), \\ G(\boldsymbol{x},\boldsymbol{y}), & \boldsymbol{x} \neq \boldsymbol{y} \text{ 且 } \Pi^\beta(\boldsymbol{y}) \geqslant \Pi^\beta(\boldsymbol{x}), \quad (7.5.13) \\ 1 - \displaystyle\sum_{\boldsymbol{z} \neq \boldsymbol{x}} P^\beta(\boldsymbol{x},\boldsymbol{z}), & \boldsymbol{x} = \boldsymbol{y}. \end{cases}$$

与以前类似, 以 $G(\boldsymbol{x},\boldsymbol{y})$ 为元素的矩阵 $\boldsymbol{G}$ 为预选矩阵, 通常选取 $\boldsymbol{G}$ 为对称矩阵.

我们有如下模拟退火基本收敛定理:

定理 7.5.2 (模拟退火基本定理) 设 X 为一有限集, $H(\boldsymbol{x})\,(\boldsymbol{x} \in X)$ 为非常数的函数, $\boldsymbol{G}$ 是以 $G(\boldsymbol{x},\boldsymbol{y})$ 为元素的对称不可约的预选矩阵. 如果退火速度选为 $\beta(n) \leqslant C \ln n$, 其中常数 C 依赖于矩阵 $\boldsymbol{G}$ 和函数 H, 则对任意初始分布 $\boldsymbol{\nu}$, 有

$$\lim_{n \to +\infty} \|\boldsymbol{\nu} \boldsymbol{P}^{\beta(1)} \cdots \boldsymbol{P}^{\beta(n)} - \Pi^\infty\| = 0, \qquad (7.5.14)$$

其中 Π^∞ 为向量, 它的分量为 $\Pi^\infty(\boldsymbol{x}) = \lim\limits_{\beta \to +\infty} \Pi^\beta(\boldsymbol{x})$.

定理 7.5.2 的证明可参见文献 [42]. 该定理表明. 模拟退火算法的退火速度必须满足 $\beta(n) \leqslant C \ln n$, 注意到这是一个非常慢的速度. 因为 $n \geqslant \exp\{C^{-1}\beta(n)\}$, 为使 $\beta(n)$ 趋于给定的 $N_0 \gg 1$, 则 $n \sim \exp(N_0)$, 即要计算指数长的时间才能在理论上达到一定的精确度. 在实际计算的过程中我们不可能以这一退火速度去计算, 而是采取一个更快的实际速度如 $\beta(n) \sim p^{-n}\,(p \lesssim 1)$ 使 $\beta(n) \to +\infty$. 自然, 这在理论上并不

严格. 同时, 定理 7.5.2 中要求预选矩阵 $G(x, y)$ 为对称矩阵, 实际计算中的若干算法也并不一定满足此约束, 却也有很好的实际效果. 至于具体的细节, 读者可参照文献 [51].

§7.6　拟 Monte Carlo 方法

无论是 Monte Carlo 方法还是 Metropolis 算法, 其误差量级都是 $O\left(\dfrac{\sigma}{\sqrt{N}}\right)$. 下面将要介绍的拟 Monte Carlo 方法是在放弃对随机数序列独立性要求的前提下用数论中的拟随机数序列 (Quasi-random number) 替代原有的伪随机数序列 (Pseudo-random number), 从而根本上改变了 Monte Carlo 方法的统计特性, 它将收敛速度提高到了 $O((\ln N)^k N^{-1})$, 这里的 k 与空间维数有关. 以下仅作简单介绍, 有兴趣的读者可参考文献 [3].

7.6.1　差异

差异 (Discrepancy) 这一概念是对点的均匀性的一种衡量. 对 d 维空间的单位方体 I^d 中 N 个点序列 $\{x_n\}_{n=1}^N$, 及任意子集 $J \subset I^d$, 定义

$$R_N(J) \triangleq \frac{1}{N}\sharp\{x_n \in J\} - m(J), \tag{7.6.1}$$

这里 $\sharp\{x_n \in J\}$ 表示 $\{x_n\}_{n=1}^N$ 落在 J 集合中的点数, $m(J)$ 指 J 的测度.

定义 7.6.1　定义 I^d 中所有长方形集合的全体为

$$E \triangleq \{J(\boldsymbol{x}, \boldsymbol{y}) | (0, 0, \cdots, 0) \leqslant \boldsymbol{x} \leqslant \boldsymbol{y} \leqslant (1, 1, \cdots, 1)\},$$

这里 $\boldsymbol{x} = (x_1, x_2, \cdots, x_d)$, $\boldsymbol{y} = (y_1, y_2, \cdots, y_d)$, $\boldsymbol{x} \leqslant \boldsymbol{y}$ 表示 $x_i \leqslant y_i$ $(i = 1, 2, \cdots, d)$. $J(\boldsymbol{x}, \boldsymbol{y})$ 表示最下角与最上角坐标分别为 $\boldsymbol{x}$ 和 $\boldsymbol{y}$ 的矩形体集合. 定义

$$E^* \triangleq \{J(\boldsymbol{0}, \boldsymbol{y}) | (0, 0, \cdots, 0) \leqslant \boldsymbol{y} \leqslant (1, 1, \cdots, 1)\}.$$

定义 7.6.2 一个序列 $\{x_n\}_{n=1}^N$ 的 L^∞ **差异** 定义为

$$D_N \triangleq \sup_{J \in E} |R_N(J)|, \tag{7.6.2}$$

L^2 **差异** 定义为

$$T_N \triangleq \left\{ \int_{(x,y) \in I^{2d}, x \leqslant y} [R_N(J(x,y))]^2 \mathrm{d}x\mathrm{d}y \right\}^{\frac{1}{2}}. \tag{7.6.3}$$

可类似定义 L^p 差异.

特别地, 定义差异:

$$D_N^* \triangleq \sup_{J \in E^*} |R_N(J)|, \tag{7.6.4}$$

$$T_N^* \triangleq \left\{ \int_{I^d} [R_N(J(0,x))]^2 \mathrm{d}x \right\}^{\frac{1}{2}}. \tag{7.6.5}$$

7.6.2 变差

在一维时, 一个函数 f 的**变差** (Variation) 定义为所有跳跃的总和:

$$V[f] \triangleq \sup_{\tau} \sum_i |f(x_{i+1}) - f(x_i)|, \tag{7.6.6}$$

这里 τ 是指对 $f(x)$ 的定义域的所有可能的划分. 如果 f 连续可微, 则

$$V[f] = \int_0^1 |\mathrm{d}f| = \int_0^1 |f'(x)|\mathrm{d}x. \tag{7.6.7}$$

对 d 维单位方体 $[0,1]^d$ 上的函数 f 的变差定义为

$$V[f] \triangleq \int_{I^d} \left| \frac{\partial^d f}{\partial x_1 \cdots \partial x_d} \right| \mathrm{d}x_1 \cdots \mathrm{d}x_d + \sum_{i=1}^d V[f_1^{(i)}]. \tag{7.6.8}$$

这里 $f_1^{(i)}$ 是函数 f 在边界 $x_i = 1$ 上的限制. 显然上述定义是递归的.

定理 7.6.1 (Koksma-Hlawka 定理) 对任何序列 $\{x_n\}_{n=1}^N$ 及任何有界变差函数 f, 数值积分误差有下述不等式:

$$\mathcal{E}[f] \leqslant V[f]D_N^*, \tag{7.6.9}$$

这里 $\mathcal{E}[f] \triangleq |I[f] - I_N[f]| = \left| \int_{I^d} f(\boldsymbol{x})\mathrm{d}\boldsymbol{x} - \frac{1}{N}\sum_{i=1}^N f(\boldsymbol{x}_i) \right|.$

证明. 此处仅给出定理的启发性证明. 对在 I^d 边界上为 0 的函数 $f(\boldsymbol{x})$, 定义

$$R(\boldsymbol{x}) \triangleq R_N(J(\boldsymbol{0}, \boldsymbol{x})), \tag{7.6.10}$$

则

$$\mathrm{d}R(\boldsymbol{x}) = \left\{ \frac{1}{N}\sum_{i=1}^N \delta(\boldsymbol{x} - \boldsymbol{x}_i) - 1 \right\}\mathrm{d}\boldsymbol{x}, \tag{7.6.11}$$

这里 $\mathrm{d}R = \dfrac{\partial^d R}{\partial x_1 \cdots \partial x_d}\mathrm{d}\boldsymbol{x}$, $\mathrm{d}\boldsymbol{x} = \mathrm{d}x_1 \cdots \mathrm{d}x_d$. 于是

$$
\begin{aligned}
\mathcal{E}[f] &= \left| \int_{I^d} f(\boldsymbol{x})\mathrm{d}\boldsymbol{x} - \frac{1}{N}\sum_{i=1}^N f(\boldsymbol{x}_i) \right| \\
&= \left| \int_{I^d} \left[1 - \frac{1}{N}\sum_{i=1}^N \delta(\boldsymbol{x} - \boldsymbol{x}_i) \right] f(\boldsymbol{x})\mathrm{d}\boldsymbol{x} \right| \\
&= \left| \int_{I^d} R(\boldsymbol{x})\mathrm{d}f(\boldsymbol{x}) \right| \\
&\leqslant \left(\sup_{\boldsymbol{x}} R(\boldsymbol{x}) \right) \int_{I^d} |\mathrm{d}f(\boldsymbol{x})| = D_N^* V[f].
\end{aligned}
\tag{7.6.12}
$$

定理得证.

7.6.3 拟 Monte Carlo 积分

称一个序列 $\{x_i\}_{i=1}^N \subset I^d$ 为**拟随机**的, 如果

$$D_N \leqslant C(\ln N)^k N^{-1}, \tag{7.6.13}$$

其中 C 是与 N 无关, 但可与维数 d 相关的常数, k 为正常数.

常用可拟随机序列为:

(1) **Van der Corput 序列** $(d = 1)$:

x_n 的产生办法:

① 将 n 以 2 为基数作 2 进制展开:

$$n = a_m a_{m-1} \cdots a_1 a_0; \quad (2 \text{ 进制})$$

② 在 2 进制下产生 x_n:

$$x_n = 0.a_0 a_1 \cdots a_m. \quad (2 \text{ 进制})$$

(2) **Halton 序列** $(d > 1)$:

$\boldsymbol{x}_n = (x_n^1, x_n^2, \cdots, x_n^d)$ 的产生办法:

① 将 n 以 p_k 为基数作 p_k 进制展开 (p_k 是第 k 个素数):

$$n = a_{m_k}^k a_{m_k-1}^k \cdots a_1^k a_0^k; \quad (p_k \text{进制})$$

② 在 p_k 进制下产生 x_n^k:

$$x_n^k = 0.a_0^k a_1^k \cdots a_{m_k}^k. \quad (p_k \text{ 进制})$$

对上述 Halton 序列, 数论学家已证明: $D_N \leqslant C_d (\ln N)^d N^{-1}$, 其中 C_d 为依赖于 d 的常数.

一些其他的拟随机数序列如 Sobol 序列、 Faure 序列的产生, 可参见文献 [31].

如 Koksma-Hlawka 定理所指出的, 积分 $\int_{I^d} f(\boldsymbol{x}) \mathrm{d}\boldsymbol{x}$ 可由 $\dfrac{1}{N} \sum\limits_{i=1}^{N} f(\boldsymbol{x}_i)$ 近似, 当 $\boldsymbol{x}_i$ 取为拟随机数时, 相应的数值积分称为**拟 Monte Carlo 积分**. 其收敛阶约为 $O(N^{-1})$, 速度较 Monte Carlo 方法改善许多.

7.6.4　拟 Monte Carlo 方法的缺陷

(1) 由于拟 Monte Carlo 方法的基础直接来自于 Koksma-Hlawka

不等式, 而且拟随机数产生的方法的限制, 它通常仅适用于 $\int_{I^d} f(\boldsymbol{x})\mathrm{d}\boldsymbol{x}$ 型的积分, 对于前述强有力的 Metropolis 算法, 是否能构造相应的一阶拟 Monte Carlo 积分形式, 是一个困难的问题;

(2) 计算实践表明, 当所计算的空间的维数很大时, 拟 Monte Carlo 方法变得并不高效, 其原因是因为收敛阶中有 $(\ln N)^d$ 项, 当 d 非常大时, 这一常数界可能有非平凡的贡献;

(3) 计算实践表明, 当被积函数 $f(\boldsymbol{x})$ 不是很光滑时, 拟 Monte Carlo 方法也会变得不够高效, 其原因是误差中 $V[f]$ 项将会比较大.

总而言之, 拟 Monte Carlo 方法最适合于空间维数为中等数目, 被积函数较光滑的 I^d 上的积分, 虽然它较 Monte Carlo 方法有更好的收敛速度, 但其适用范围相对有限.

习 题 七

1. 计算例 7.1.1 中的数值例子的均方误差.

2. 说明如下随机数发生器产生正态分布随机数 x_i, y_i 的合理性, 并且通过计算机实验, 和 Box-Muller 方法比较运行效率.

步 1: 产生服从 $(-1, 1)$ 上均匀分布的相互独立的两个随机数 u_i, v_i, 令 $r^2 = u_i^2 + v_i^2$.

步 2: 如果 $r^2 \geq 1$, 则转步 1; 否则

$$\begin{cases} x_i = u_i \sqrt{-\dfrac{2\ln(r^2)}{r^2}}, \\ y_i = v_i \sqrt{-\dfrac{2\ln(r^2)}{r^2}}. \end{cases}$$

步 3: 转步 1.

3. 证明算法 7.2.1 生成的随机变量服从概率密度为 $p(x)$ 的分布. (提示: 对产生的随机变量 Z, 计算累计分布函数 $P(Z \leq z)$ 后微分)

4. 考虑分层抽样法和重要性抽样法结合起来计算

$$I(f) = \int_0^1 f(x)p(x)\mathrm{d}x,$$

其中 $p(x)$ 为概率密度. 把积分区域 $\Omega = [0,1]$ 分裂为 M 个互不相交的子区域

$$\Omega = \bigcup_{k=1}^M \Omega_k, \quad \Omega_k \bigcap \Omega_l = \varnothing, \quad k \neq l.$$

令 $\bar{p}_k = \int_{\Omega_k} p(x)\mathrm{d}x$. 定义 Ω_k 上的概率密度 $p^{(k)}(x) = \dfrac{p(x)}{\bar{p}_k}$, $x \in \Omega_k$. 在每一个 Ω_k 上按照概率密度 $p^{(k)}$ 独立的产生 N_k 个 i.i.d. 的随机变量 $\{X_i^{(k)}\}_{i=1}^{N_k}$, $\displaystyle\sum_{k=1}^M N_k = N$. 则 $I(f)$ 可以用如下的统计平均量近似

$$I_N = \sum_{k=1}^M \frac{\bar{p}_k}{N_k} \sum_{i=1}^{N_k} f(X_i^{(k)}).$$

(1) 对于给定的区域剖分 $\Omega = \bigcup_{k=1}^M \Omega_k$ 和总抽样数 N, 各个子区域上的抽样数目 $\{N_k\}_{k=1}^M$ 如何取值, 方差 $\mathrm{Var}(I_N)$ 最小? 该结果在计算模拟的时候具有可行性么?

(2) 证明: 当 $N_k = N\bar{p}_k$ 时, 如上采用分层抽样技术后的方差 $\mathrm{Var}(I_N)$ 不可能超过在整个区域 Ω 上按照分布 $p(x)$ 抽样的所得的方差. 这个结果对计算模拟算法有什么指导作用?

5. 证明随机矩阵的谱半径等于 1.

上机习题七

1. 产生以图 7.13 中函数 $p(x)$ 为概率密度的随机变量, 并用 Monte Carlo 方法计算积分 $\int_0^2 \mathrm{e}^{-x}\mathrm{d}x$ 的数值, 且和理论计算精确解比较, 计算算法的数值收敛阶.

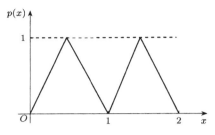

图 7.13　锯齿形概率密度

2. 用 Monte Carlo 方法计算积分 $I = \int_0^1 \cos\left(\dfrac{x}{5}\right)\mathrm{e}^{-5x}\mathrm{d}x$, 并分别对不使用和使用重要性抽样减小方差技术所获得结果进行比较.

3. 设计一种随机数抽样方法, 产生满足概率密度为

$$p(x_1, x_2, x_3) = \frac{1}{8\pi}\mathrm{e}^{-r} \quad \left(r = \sqrt{x_1^2 + x_2^2 + x_3^2}\right)$$

的随机向量 $\boldsymbol{X} = (X_1, X_2, X_3)$.

4. 考查 $M \times M$ 格点二维 Ising 模型中 U_M, C_M 随温度变化的相变现象, 并数值确定相变的临界温度 β_c. 这里 U_M, C_M 如书中式 (7.4.1), (7.4.4) 所示,　J 取为 1, 边界条件取为周期.

5. 采用模拟退火法求中国 144 个城市的最短连接路径, 有关算法可参见文献 [51]. 144 个城市的坐标见下表:

编号	x	y	编号	x	y	编号	x	y
1	3639	1315	2	4177	2244	3	3712	1399
4	3569	1438	5	3757	1187	6	3493	1696
7	3904	1289	8	3488	1535	9	3791	1339
10	3506	1221	11	3374	1750	12	3376	1306
13	3237	1764	14	3326	1556	15	3188	1881
16	3089	1251	17	3258	911	18	3814	261
19	3238	1229	20	3646	234	21	3583	864
22	4172	1125	23	4089	1387	24	4297	1218
25	4020	1142	26	4196	1044	27	4116	1187

28	4095	626	29	4312	790	30	4252	882
31	4403	1022	32	4685	830	33	4386	570
34	4361	73	35	4720	557	36	4643	404
37	4634	654	38	4153	426	39	4784	279
40	2846	1951	41	2831	2099	42	3007	1970
43	3054	1710	44	3086	1516	45	1828	1210
46	2562	1756	47	2716	1924	48	2061	1277
49	2291	1403	50	2751	1559	51	2788	1491
52	2012	1552	53	1779	1626	54	2381	1676
55	682	825	56	1478	267	57	1777	892
58	518	1251	59	278	890	60	1064	284
61	1332	695	62	3715	1678	63	3688	1818
64	4016	1715	65	4181	1574	66	3896	1656
67	4087	1546	68	3929	1892	69	3918	2179
70	4062	2220	71	3751	1945	72	3972	2136
73	4061	2370	74	4207	2533	75	4029	2498
76	4201	2397	77	4139	2615	78	3766	2364
79	3777	2095	80	3780	2212	81	3896	2443
82	3888	2261	83	3594	2900	84	3796	2499
85	3678	2463	86	3676	2578	87	3478	2705
88	3789	2620	89	4029	2838	90	3810	2969
91	3862	2839	92	3928	3029	93	4167	3206
94	4263	2931	95	4186	3037	96	3486	1755
97	3492	1901	98	3322	1916	99	3334	2107
100	3479	2198	101	3429	1908	102	3587	2417
103	3318	2408	104	3176	2150	105	3507	2376
106	3296	2217	107	3229	2367	108	3264	2551
109	3394	2643	110	3402	2912	111	3360	2792
112	3101	2721	113	3402	2510	114	3439	3201
115	3792	3156	116	3468	3018	117	3526	3263
118	3142	3421	119	3356	3212	120	3012	3394
121	3130	2973	122	3044	3081	123	2935	3240
124	2765	3321	125	3140	3550	126	3053	3739
127	2545	2357	128	2769	2492	129	2284	2803
130	2611	2275	131	2348	2652	132	2577	2574
133	2860	2862	134	2778	2826	135	2592	2820
136	2801	2700	137	2126	2896	138	2401	3164
139	2370	2975	140	1890	3033	141	1304	2312
142	1084	2313	143	3538	3298	144	3470	3304

6. 写一个子程序生成 d 维的 Halton 序列, 并计算二重积分

$$\int_0^1 \int_0^2 y \sin(\pi x) \mathrm{d}y \mathrm{d}x,$$

和 Monte Carlo 方法比较收敛速度.

参 考 文 献

[1] BURDEN R L, FAIRES J D. Numerical Analysis. 7th ed. 北京: 高等教育出版社, 2001.

[2] BOGGESS A, NARCOWICH F J. A First Course in Wavelets with Fourier Analysis. Upper Saddle River, New Jersey: Prentice Hall, 2001.

[3] CAFLISH R E. Monte Carlo and Quasi-Monte Carlo methods. Acta Numerica, 1998(7): 1-49.

[4] CHAPRA S C, CANALE R P. Numerical Methods for Engineers. 3rd ed. 北京: 科学出版社, 2000.

[5] CIARLET P G. The Finite Element Method for Elliptic Problems. Amsterdam, New York: North-Holland Pub., 1978.

[6] DAAN F, BEREND S. Understanding Molecular Simulation from Algorithms to Applications. San Diego: Academic Press, 1996.

[7] DEMIDOVICH B P, MARON I A. Computational Mathematics. Moscow: Mir Pub., 1981.

[8] DAVID K, NASH S. Numerical Methods and Software. Englewood Cliffs, New Jersey: Prentice-Hall Inc., 1989.

[9] EINSTEIN A. Ann D. Physik, 1905(17): 549-560.

[10] ENGQUIST B, GOLUB G. From Numerical Analysis to Computational Science. Mathematics Unlimited-2001 and beyond. Berlin, New York: Springer, 2001.

[11] FISHMAN G S. Monte Carlo: Concepts, Algorithms and Applications. New York: Springer, 1995.

[12] GARDINER C W. Handbook of Stochastic Methods for Physics, Chemistry and Natural Sciences. Berlin, New York: Springer, 1983.

[13] GAUTSCHI W. Numerical Analysis: An Introduction. Boston: Birkhauser 1997.

[14] GENTLE J G. Random Number Generation and Monte Carlo Method. Berlin, New York: Springer, 1998.

[15] HAIRER E, WANNER G. Solving Ordinary Differential Equations I: Non-Stiff Problems. Berlin: Springer, 1987.

[16] HAIER E, WANNER G. Solving Ordinary Differential Equations II: Stiff and Differential-Algebraic Problems. Berlin, New York: Springer, 1996.

[17] HEATH M T. Scientific Computing: An Introductory Survey. 2nd ed. 北京：清华大学出版社，2001.

[18] HORN R A, JOHNSON C R. Matrix Analysis. Cambridge: Cambridge University Press, 1985.

[19] KALOS M H, WHITLOCK P A. Monte Carlo Methods. New York: John Wiley and Sons, 1986.

[20] KIRKPATRICK S, GELATT C D, VECCHI M P. Optimization by simulated annealing. Science, 1983(220): 671-680.

[21] KNUTH D E. The Art of Computer Programming: Sorting and Searching. Massachusetts: Addison-Wesley, 1973.

[22] KRESS R. Numerical Analysis. New York: Spinger-Verlag, 1998.

[23] LAMBERT J D. Numerical Methods for Ordinary Differential Systems The Initial Value Problems. New York: Wiley, 1991.

[24] LANDAU D P, BINDER K. A Guide to Monte Carlo Simulations in Statistical Physics. 北京：世界图书出版公司, 2004.

[25] LANDAU L D, LIFSHITZ E M. Statistical Physics. Oxford: Butterworth-Heine-mann. 1980.

[26] LI T Y. Numerical solutions of multivariate polynomial systems by homotopy continuation methods. Acta Numerica, 1997(6): 399-436.

[27] LIN C-C, SEGEL L A. Mathematics Applied to Deterministic Problems in The Natural Sciences. New York: Macmillan, 1974.

[28] MADRAS N. Lectures on Monte Carlo Methods. Providence, Rode Island: AMS, 2002.

[29] METROPOLIS N, ROSENBLUTH A, ROSENBLUTH M, et al. J. Chem. Phys., 1953(21): 1087.

[30] ORTEGA J H, RHEINBOLDT W C. Iterative Solution of Nonlinear Equations in Several Variables. New York: Academic Press, 1970.

[31] PRESS W H, FLANNERY B P, TEUKOLSKY S A, et al. Numerical Recipes: The Art of Scientific Computing. Cambridge: Cambridge University Press, 1986.

[32] QUARTERONI A, SACCO R, SALERI F. Numerical Mathematics. New York: Springer, 2000.

[33] SATO Y, MITSUI T. Stability analysis of numerical schemes for stochastic differential equations. SIAM J. Numer. Anal., 1996(33): 2254-2267.

[34] STOER J, BULIRSCH R. Introduction to Numerical Analysis. New York: Springer, 1998.

[35] SINAI Y G. Introduction to Ergodic Theory. Princeton: Princeton University Press, 1977.

[36] DONGARRA J, SULLIVAN F. Top ten algorithms of the Century. Computing in Science and Engineering, 2000, 2(1): 22-23.

[37] TURNER P R. Guide to Scientific Computing. 2nd ed. Houndmills, Basingstoke, Hampshire: Macmillan Press, 2000.

[38] UEBERHUBER C W. Numerical Computation 1. Berlin, New York: Springer, 1997.

[39] UEBERHUBER C W. Numerical Computation 2. Berlin, New York: Springer, 1997.

[40] WEAVER H J. Applications of Discrete and Continuous Fourier Analysis. New York: Wiley, 1983.

[41] WIENER N. Differential space. J. Math. Phys., 1923(58): 131-174.

[42] WINKLER G. Image Analysis, Random Fields and Dynamic Monte Carlo Methods. Berlin, New York: Springer, 1995.

[43] 阿尔伯格　J H. 样条理论及其应用. 北京：科学出版社，1981.

[44] 邓建中, 刘之行. 计算方法. 第 2 版. 西安：西安交通大学出版社，2001.

[45] 关治, 陈景良. 数值计算方法. 北京：清华大学出版社，1990.

[46] 胡健伟, 汤怀民. 微分方程数值方法. 北京：科学出版社，2000.

[47] 胡祖炽, 雷功炎. 偏微分方程初值问题差分方法. 北京：北京大学出版社，1988.

[48] 胡祖炽, 林源渠. 数值分析. 北京: 高等教育出版社, 1986.

[49] 黄友谦. 计算方法. 北京: 高等教育出版社, 1994.

[50] 黄明游, 梁振珊. 计算方法. 长春: 吉林大学出版社, 1994.

[51] 康立山. 非数值并行算法: 模拟退火算法. 北京: 科学出版社, 1994.

[52] 李庆扬, 关治, 白峰杉. 数值计算原理. 北京: 清华大学出版社, 2000.

[53] 李庆扬, 王能超, 易大义. 数值分析. 北京: 清华大学出版社, 施普林格出版社, 2001.

[54] 李庆扬, 莫孜中, 祁力群. 非线性方程组的数值解法. 北京: 科学出版社, 1992.

[55] 李荣华, 冯果忱. 微分方程数值解法. 第 3 版. 北京: 高等教育出版社, 1996.

[56] 秦孟兆. 辛几何及计算哈密顿力学. 力学学报, 1990: 1-20.

[57] 施妙根, 顾丽珍. 科学和工程计算基础. 北京: 清华大学出版社, 1999.

[58] 王仁宏. 数值逼近. 北京: 高等教育出版社, 1999.

[59] 奚梅成. 数值分析方法. 合肥: 中国科学技术大学出版社, 1995.

[60] 徐萃薇. 计算方法引论. 北京: 高等教育出版社, 1985.

[61] 许进超. 多重网格方法讲义. 北京: 北京大学特别数学讲座, 1999.

[62] 徐树方, 高立, 张平文. 数值线性代数. 北京: 北京大学出版社, 2002.

[63] 徐树方. 矩阵计算的理论与方法. 北京: 北京大学出版社, 1995.

[64] 应隆安. 有限元方法讲义. 北京: 北京大学出版社, 1988.

[65] 余德浩. 计算数学与科学工程计算及其在中国的发展. 数学进展, 2002, 31(1): 1-6.

[66] 余德浩, 汤华中. 微分方程数值解法. 北京: 科学出版社, 2003.

[67] 袁亚湘, 孙文渝. 最优化理论与方法. 北京: 科学出版社, 1997.

[68] 郑慧娆, 陈绍林, 莫忠息, 黄象鼎. 数值计算方法. 武汉: 武汉大学出版社, 2002.

[69] 周蕴时, 梁学章. 数值逼近. 吉林: 吉林大学出版社, 1992.

符 号 说 明

$\|\cdot\|_p$	L^p 范数
$[A, B]$	对易运算
$\{F, G\}$	Poisson 括号
$\mathbb{C}$	复数域
$\mathrm{Cov}\,(\,,\,)$	相关系数
e_n	整体误差
$\mathrm{E}f$	数学期望
$\mathbb{F}$	浮点数系统
$H(\boldsymbol{p}, \boldsymbol{q})$	Hamilton 函数
$H_n(x)$	Hermite 插值多项式
k_{B}	Boltzmann 常数
$L_n(x)$	Lagrange 插值多项式
$\mathbb{N}$	自然数集
$N_n(x)$	Newton 插值多项式
$P(x)$	多项式
$\mathbb{P}_n$	实系数多项式线性空间
$\mathbb{R}$	实数域
$\mathbb{R}^n$	n 维欧氏空间
R_n	局部截断误差
$\mathbb{S}_m(x_0, x_1, x_2, \cdots, x_n)$	m 次样条函数空间
$S_n(x)$	样条函数
$Sp(2n)$	辛群
$\mathrm{Var}\,(f)$	方差
X	随机变量
Z	配分函数

名 词 索 引